U0613226

蔬菜集约化
育苗技术

尚庆茂　王天一　著

中国农业出版社
北　京

图书在版编目（CIP）数据

蔬菜集约化育苗技术 / 尚庆茂，王天一著. -- 北京：
中国农业出版社，2025.6. -- ISBN 978-7-109-32911
-9

Ⅰ.S630.4

中国国家版本馆CIP数据核字第202555H0U3号

中国农业出版社出版

地址：北京市朝阳区麦子店街18号楼

邮编：100125

责任编辑：孟令洋　郭晨茜

版式设计：杨　婧　　责任校对：吴丽婷　　责任印制：王　宏

印刷：北京金港印刷有限公司

版次：2025年6月第1版

印次：2025年6月北京第1次印刷

发行：新华书店北京发行所

开本：880mm×1230mm　1/32

印张：12

字数：320千字

定价：58.00元

作者简介

　　尚庆茂，中国农业科学院蔬菜花卉研究所二级研究员，博士生导师。兼任中国农村专业技术协会蔬菜专业委员会主任委员，中国农用塑料应用技术学会园艺分会主任委员，中国蔬菜协会种苗分会副会长兼秘书长，中国园艺学会设施园艺分会副会长，中国腐殖酸工业协会常务理事兼泥炭工业分会副会长。

　　2002年始，专业从事蔬菜种苗发育调控与繁育技术研发工作，主持和参与国家、省部级科研项目20余项，制定蔬菜种苗相关行业标准6个，获授权国家发明专利18件，实用新型专利16件，发表学术论著200余篇（本），获省部级科技成果奖励6项。2015年被评为全国农业科研杰出人才。2017年被评为中国农业科学院农科领军英才。2020年被评为山东省泰山产业领军人才。2021年享受国务院政府特殊津贴。

作者简介

　　王天一，中国农业大学工学院副教授，博士生导师，兼任中国农业技术推广协会精准农业航空技术分会副会长、美国农业与生物工程协会精准农业委员会常务委员、Journal of the ASABE 副主编、北京市朝阳区青年联合会第七届委员等。

　　2022年，作为优秀人才被中国农业大学引进，致力于智能农业装备与智慧农业研究，主持和参与了国家自然科学基金、国家重点研发计划、国家牧草产业技术体系等。获遥感领域与地信领域专业认证和美国棉花协会颁发的杰出贡献奖。

苗好三成收，秧好一半功。好苗子，就是希望和未来。

育苗，涵盖品种选择、种子处理、基质配制、穴盘选型、精量播种、苗期管控、病虫防治、成苗评定、包装运输等诸多环节。幼苗体量小，故有"狭隘之地面，可得养成多数之苗，且保护之，亦极容易。"幼苗生长相对缓慢，才有"揠苗助长"成语。如何通过科学精准操作高效培育蔬菜壮苗，涉及技术因素，亦关管理因素。综合考量，统筹要素，科学施策，是育苗优质高效的根本所在。

2002年初，在中国农业科学院蔬菜花卉研究所创立蔬菜工厂化种苗生产技术课题组，倾心、倾力于蔬菜种苗发育调控与繁育技术的研发，岁月蹉跎，恍惚间20余载，蔬菜集约化育苗由孕育、诞生、成长、壮大，终成蔬菜产业现代化靓丽风景和重要支撑。年届花甲，偶有总结过往的冲动和意愿，但是，碍于日常工作，终未执笔成文。半夏之时，中国农业出版社编辑提议出版一本关于蔬菜育苗方面的书籍，要求简洁，突出实用性。久慕孟编辑，爽然应允，遂有今日之事。

2011年，在《中国蔬菜》开设"蔬菜集约化育苗技术讲座"专栏，刊发12篇文章，系统介绍了蔬菜集约化育苗基质配制、水肥施用、幼苗株型调控、苗场规划与管理。2022年，为宣传"十三五"国家重点研发计划经作专项"蔬菜优质轻简高效生产技术集成与示范"科技成果，在《中国蔬菜》开设"优质轻简高效专栏"，刊发了8篇文章，全面介绍了甘蓝类、白菜类、茄果类、瓜类、绿叶菜类、葱蒜类蔬菜集约化育苗技术规程，茄果类、瓜类又包括实生苗和嫁接苗。吸纳上述材料，增补设施与设备、检测方法，构成本书基本内容。

为了便于读者理解和掌握技术内容，插入了大量彩图。

本书编写坚持理论与实践相结合，共性技术与个性技术相融合，适于蔬菜育苗一线及相关科研、教学、推广人员参阅。

限于个人能力和见识，难免谬误之处，恳望广大读者理解和批评指正。

借此，真诚感谢本书编辑大力支持！感谢各位同仁友人提供丰富照片！

尚庆茂

2025年01月27日于北京

●　●　● ／ 目录

自序

》第一章《
蔬菜集约化育苗背景与意义

1 蔬菜育苗历史回顾

我国蔬菜育苗技术，凝集了广大农民长期蔬菜生产实践中充分利用有利自然条件、克服不良自然条件、发展生产的聪明智慧，是我国精耕细作传统农业的典型体现，是鲜明东方农耕文化组成。我国蔬菜育苗技术的形成与进步，有历史的沉积，有客观现实的要求，也与现代科技、经济发展有着密切的关系。

回顾和审视我国蔬菜育苗技术发展历史，无疑对我国未来蔬菜育苗科技发展大有裨益。

1.1 古代蔬菜育苗技术（—1840年）

根据历史文献考证，西汉时期（前206—公元25年）我国已有瓜类蔬菜嫁接方法相关的记述；东汉时期（25—220年）始现葱蒜类蔬菜移栽；南北朝时期（420—589年）初步明确了瓜类蔬菜采种方法、种子盐水消毒方法；宋朝（960—1279年）提出了壮苗对后期生长的作用；元朝（1271—1368年）普遍采用浸种催芽方法，并开始使用矮棚覆盖育苗方法；明朝（1368—1644年）育苗移栽的蔬菜已包括喜温春播蔬菜和喜冷凉的秋播蔬菜，多达20余种。表1-1为我国古代蔬菜育苗相关文献及记载内容。

表1-1 我国古代蔬菜育苗相关文献及记载内容

朝　代	文　献	主要内容	注　释
西汉 前206—公元25	氾胜之书	候水尽，即下瓠子十颗，复以前粪覆之。既生长二尺余，便总聚十茎一处，以布缠之五寸许，复用泥泥之。不过数日，便合为一茎。留强者，余悉掐去，引蔓结子，子外之条，亦掐去之，勿令蔓延。	"聚"，即嫁接在一起。
东汉 25—220	四民月令	正月别芥、薤，三月别小葱，六月别大葱。	"别"，是指移栽。
南北朝 420—581	齐民要术	常岁岁先取"本母子瓜"，截去两头，止取中央子。本母子者，瓜生数叶便结子，子复早熟。用中辈瓜子者，蔓长二三尺，然后结子。用后辈子者，蔓长足，然后结子，子亦晚熟。种早子，熟速而瓜小；种晚子，熟迟而瓜大。去两头者：近蒂子，瓜曲而细，近头子，瓜短而喝。 食瓜时，美者收取。即以细糠拌之，日曝向燥，挼（ruó）而簸之；净而且速也。 先以水净淘瓜子，盐和之。盐和则不笼死。	"止"，即"只"；"喝"，即"歪"；挼，即揉搓；"不笼死"，即不患病死亡。
宋朝 960—1279	陈旉农书	凡种植，先治其根苗以善其本，本不善而末善者鲜矣。欲根苗壮好，在夫种之以时，择地得宜，用粪得理，三者皆得，又从而勤勤顾省修治，俾无旱乾、水潦、虫兽之害，则尽善矣。根苗既善，徙植得宜，终必结实丰阜。若初根苗不善，方且萎顇微弱，譬孩孺胎病，气血枯瘠，困苦不暇，虽日加拯救，仅延喘息，欲其充实，盖亦难矣。	"徙植"，即"移植"。

（续）

朝　代	文　献	主要内容	注　释
元朝 1206—1368	农桑衣食撮要	莴苣，作畦下种，如前（种萝卜）法。但可生芽：先用水浸种一日，于湿地上铺衬，置子于土，以盆碗合之。候芽微出，则种。 此月（正月）预先以粪和灰土，以瓦盆盛或桶盛储，候发热过，以瓜、茄子插于灰中，常以水洒之，日间朝日影，夜间收于灶侧暖处。候生甲时，分种于肥地，常以少粪水浇灌，上用低棚盖之。待长茂，带土移栽，则易活。	"候生甲时"，即待种皮脱落出苗。
明朝 1368—1644	便民图纂	（姜）宜耕熟肥地，三月种之，以蚕沙或腐草灰粪覆盖。每陇阔三尺，便于浇水。待芽发后，又攫去老姜。上作矮棚蔽日，八月收取，九、十月宜掘深窖，以糠秕合埋暖处，免致冻损，以为来年之种。 （芋）其种拣圆长尖白者，就屋南檐下掘坑，以砻糠铺底，将种放下，稻草盖之，至三月间取出，埋肥地，待苗发三四叶，于五月间，择近水肥地移栽，其科行与种稻同。或用河泥，或用灰粪烂草壅培，旱则浇之，有草者锄之。若种旱芋，亦宜肥地。 （芥菜）八月撒种，九月治畦分栽，粪水频灌。 （乌菘菜）八月下种，九月治畦分栽。 （夏菘菜）五月上旬撒子，粪水频浇，密则芟之。 （菠菜）七八月间，以水浸子，壳软捞出，控干，就地以灰拌撒肥地，浇以粪水，芽出，惟用水浇，待长，仍用粪水浇之则盛。 （甜菜）即莙荙：八月下种，十月治畦分栽，频用粪水浇之。 （白菜）八月下子，九月治畦分栽，	"子"，即"籽"；"芟（音 shan）"，意为除去；"壅（音 yong）"，意为把土或肥料培在植物根上；"科"，即"棵"。

（续）

朝　代	文　献	主要内容	注　释
明朝 1368—1644	便民图纂	粪水频浇。 （苋菜）二月间下种，三月下旬移栽于茄畦之旁，同浇灌之则茂。 （莴笋）八月下种，待长移栽，以粪频壅则肥大。 （冬瓜）先将湿稻草灰拌和细泥铺地上，锄成行陇，二月下种，每粒离寸许，以湿灰筛盖，河水洒之。又用粪盖，干则浇水。待芽顶灰，于日中将灰揭下，搓碎壅于根旁，以清水浇之，三月下旬，治畦锄穴，每穴栽四科，离四尺许。浇灌粪水须浓。 （黄瓜）二月初撒种，长寸许，锄穴分栽，一穴栽一棵。每日早，以清粪水浇之，旱则早晚皆浇，待蔓长，用竹引上。 （葫芦、瓠）三月间下种，苗出移栽，以粪水浇灌，待苗长，搭棚引上。 （韭）三月下旬撒子，九月分栽，十月将稻草灰盖三寸许，又以薄盖之，则灰不被风吹。	"子"，即"籽"；"芟（音shan）"，意为除去；"壅（音yong）"，意为把土或肥料培在植物根上；"科"，即"棵"。
明朝 1368—1644	二如亭群芳谱	（西瓜）秋月择其瓜之嘉者，留子晒干，收作种。欲种瓜地，耕熟加牛粪。至清明时，先以烧酒浸瓜子，少时取出，漉净拌灰一宿。相离六尺，起一浅坑，用粪和土瘗之于四周，中留松土，种子其中，不得复移。瓜易活而甘美。栽宜稀，浇宜频，粪宜多。	"嘉"，即佳；瘗（yi），意为掩埋。
清朝 1616—1911	马首农言	瓜类甚多，栽时不甚相远。如中瓜则先栽，倭瓜次之，黄瓜、甜瓜与葫芦、瓠子相继并栽。其法将子用温水浸过，扑于地上，一一入盆芽之，然后栽之。	

1.2　近代蔬菜育苗技术（1840—1949年）

清朝末年，《蔬菜栽培法》《甘蓝栽培法》《蔬菜栽培学》《蔬菜教科书》《蔬菜栽培新法》等园艺方面科技书籍开始出现，对我国蔬菜育苗技术的进步发展起到了重要作用。20世纪20年代，我国北部和中部的大城市郊区开始建设玻璃覆盖温床和冷床，并用于蔬菜育苗。蔬菜育苗技术的进步，使"反季节"蔬菜产品开始走向市场，正如"近因菜园艺术之进步，故有蔬菜不时之贩卖者也"。

《蔬菜栽培新法》详细叙述了苗床、播种、移栽等育苗技术方法。对苗床进行了定义，"苗床者，加特别之注意与保护，养成嫩苗之场所也。"谈及苗床的作用和优点，则"温度比外气高，补气温之不足，以养苗之早成。""狭隘之地面，可得养成多数之苗，且保护之，亦极容易。""养成苗于床地，他作物收获之后，直可移植以补其迹，费土地之时日少，而收利速。""至于肥料，可以减少，种子亦可节省。""所获利益，实难枚举。"对于苗床位置，则要求"温暖且不受风之处。土质为排水良好，干燥而水分不停滞之处。在井或流水附近之处。便于管理之处。"

提出"温床""冷床"结构建造方面的区别。"温床，用酿熟物而使发生温热，以补地温与气温二者之不足。"说明温床的热量来源是有机物发酵产热。当时的温床又分高设、低设两种类型，认为高设较低设容易放散温热，需要有经验丰富的操作人员，否则"鲜克奏效"。

如低设温床，所用木框粗四寸，长度因宜而定。温床前面高八寸，后面高一尺三寸，可用玻璃窗覆盖，也可用油纸覆盖，但油纸比玻璃接受阳光少而容易散热。温床四周用茎秆围成，茎秆外面覆盖菰草，以加强保温性。图1-1为我国近代低设温床示意图。

建造温床时，按照木框的大小尺寸，先地表下挖1～2.5尺，

注：寸、尺均为非法定计量单位，10寸=1尺=1/3m—编者注。

放入新鲜厩肥与树叶等的混合料，踩实，保证厚度1尺左右，然后，嵌入木框，有机物料上面再覆盖3～4寸肥沃土壤，覆盖玻璃窗，大约1周以后，有机物料经过酿热高峰期后开始下降至一定温度。为了延长发热持续时间，可在木框外再添加1尺左右的有机物料，有机物料上面覆盖土壤。这样，温床内可保持5～6周20℃左右温度。当温床建造地方土壤紧实，容易发生水涝时，应在温床的前面或后面部位设置排水沟，防止温床内积水。

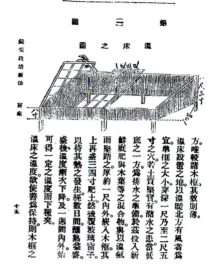

图1-1 近代低设温床示意图
（引自吴▇，1924）

播种时，先耙平温床表土，并轻轻压实，然后洒施稀释的肥料溶液，当肥料溶液全部被土壤吸收后，撒播种子，种子上面覆盖一薄层肥沃土壤，土壤上面覆盖茎秆，盖上顶部玻璃窗，等待种子萌发后，撤去土壤上面覆盖的茎秆，让秧苗正常生长。

温床内秧苗生长发育非常迅速，加之，苗床内温度高（特别是添加过多有机物料时），苗床内有时会出现干旱。为此，可以每日用喷壶灌水1次。灌溉用水，应预先在阳光下暴晒一段时间，早春阴雨低温之时，还可将水在温床内放置一段时间，水温与温床内温度相差无几时，再用于温床灌水。

冷床，用于不需要比外界气温更高温度的育苗季节。冷床内，填充腐熟、肥沃的土壤，上面覆盖玻璃窗、菰草等，防止雨水冲淋和阳光直晒。

对于蔬菜播种，提出应根据种子大小覆盖不同厚度的土壤。

另外，还阐述了种子萌发所需条件及其与覆土厚薄的关系。

"种子依水分、温度、空气之作用而发生者也。苟缺其一，即不能完全发生矣。夫下种过深，温度与空气之透彻不完；过浅，不免水分缺乏。二者之过不足，皆非种子发生完全之状态，下种后，种子不能发生而腐败者，其理皆基诸是。"

对于蔬菜地上部、地下部协调生长的重要性，也有精彩论述。如"植物之根，以吸收水分为本能，而茎叶以蒸发水为主机，是实两相作用，常相平行而不偏废。苟两者失其平均，则植物遂不能完全其生机，必至于枯死而不生活矣。"

《满洲蔬菜提要》介绍了近代种苗消毒方法，有福尔马林、石灰乳液、硫酸铜溶液、升汞、波尔多液等。如将种子用2%福尔马林溶液浸泡5～6h，然后，清水冲洗，晒干。地下茎类，用1%福尔马林溶液浸泡，不必清洗，而是风干即可。此书将蔬菜分为直播和床播。蔬菜的种子，种于本圃，叫做直播。播种于苗床而后定植于本圃，叫做床播。认为"忌移植者，强健而易于发芽者，可用直播从事。不容易发芽者，由于移植结果方能良好者，以及有在早春寒冷时培养秧苗之必要者，便须以床播从事。"

对于苗床的种类、建设选址、防风墙设置、苗床结构等也进行了详尽论述。如防风墙设置，用材选择当地容易获得、且价格低廉的材料，东北地区推荐选用秫秸。防风墙北面2～3m，南面1～2m。

因此，由上述资料可知，19世纪20～40年代，温床或冷床等简易育苗设施已广泛用于我国北方蔬菜育苗，一些西方发达国家的育苗技术也被引进、应用。

1.3　现代蔬菜育苗技术（1949—）

新中国成立以来，随着我国经济体制改革的进程，蔬菜生产销售逐步经历了自由购销、统购包销、放管结合、全面放开等若干阶段。与此同时，蔬菜育苗也发生了巨大变化。

20世纪50～60年代，蔬菜科技人员认真总结北京市郊区菜农蔬菜种植经验，出版了《阳畦蔬菜栽培》《温室蔬菜栽培》《露地蔬菜栽培》等重要专著。50年代末期，从日本引进农用聚氯乙烯薄膜，用作蔬菜小拱棚生产覆盖材料。60年代末期，吉林省长春市郊区建造了我国第一栋塑料大棚。至此，我国蔬菜育苗呈现简易覆盖畦、风障畦、阳畦、中小拱棚、大棚、温室等多种形式兴起并存的局面。早期阳畦、大小拱棚、温室类型见图1-2。

设有烟道临时加温阳畦　　　　　　　　　一面坡棚室

双面温室　　　　　　　　　　原始改良温室

图1-2　早期阳畦、温室类型（源自祝旅）

20世纪70～80年代，我国相继从荷兰、保加利亚、美国、意大利、罗马尼亚、日本等国家引进屋脊形或拱圆形连栋玻璃温室或塑料温室，总面积达到19hm²，其中60%用于蔬菜生产。1976年，开始发展推广"工厂化"育苗技术。1980年全国成立了蔬菜育苗"工厂化研究"攻关协作组；1983年农业部设立"农16-1蔬菜工厂化生产技术的研究"重点攻关项目，组织全国24个省（自治区、直辖市）46个单位对蔬菜育苗的"工厂化"进行了协作研究，取得相关基础研究成果和设备成功研制，使"工厂化"育苗设施得以初步配套和完善，同时提出了适于不同地区、不同经济基础的以催芽室、绿化室、育苗室三室配套或电热畦育苗为主体的"工厂化"育苗程序与操作流程，与传统育苗方法相比使育苗期缩短20%～30%，壮苗百分率提高约30%，经济效益提高15%～50%。据统计，1983—1984年两年中，全国采用新育苗技术定植的蔬菜面积达3.3万hm^2。这一阶段的"工厂化育苗"也有人称为初级工厂化阶段。蔬菜初级工厂化育苗操作流程见图1-3。

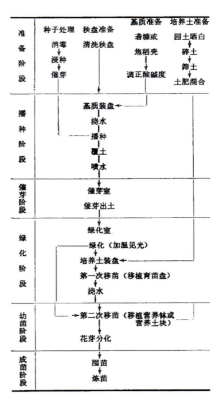

图1-3　蔬菜初级工厂化育苗操作流程
（引自连翰安，1983）

　　20世纪80年代中期，我国开始从美国引进以轻型基质、穴盘为主要特征的蔬菜工厂化育苗技术。北京市农林科学院蔬菜研究中心较早承担了技术设备引进和消化吸收等工作，并在北京市郊区的花乡建立了我国第一座蔬菜穴盘育苗生产厂。"八五"期间，农业部还将穴盘育苗列为重点科研项目，对精量播种机和幼苗质量等软、硬件技术进行研究。

20世纪90年代，科技部组织实施了"工厂化高效农业示范工程"重大产业化工程项目，并于1997年正式启动。工厂化育苗作为重点研究项目，进行了下列技术的研究开发：

（1）基质选配技术。吸收国外的研究成果，结合国内的实际情况，研究了多种物料如草炭、蛭石、岩棉、珍珠岩、碳化稻壳、食用菌种植下脚料及其相互复配后的物理、化学性质，并研究了在茄果类、瓜类、叶菜类等蔬菜上的应用效果。

（2）精量播种技术。农业部规划设计研究院在消化吸收国外先进技术的基础上研究设计制造了ZXB-360型、ZKB-400型穴盘育苗精量播种机。

（3）育苗资材及装备开发。初步设计研制了行走式喷水车、滚动式床架、塑料穴盘、土壤蒸汽消毒机等。

（4）主要配套管理技术。通过对多种蔬菜工厂化育苗技术进行生产性研究，总结出了包括基质配方、种子处理、精量播种、催芽温度和时间、肥水调控、病虫害防治、环境控制、炼苗等多种技术，为提高秧苗质量提供了一定技术保证。

2 蔬菜集约化育苗的提出

进入21世纪，我国经济持续保持良好发展态势，中央和地方高度重视现代农业的发展，在政策、资金方面大力引导社会技术人才和资金进入现代农业建设领域，蔬菜产业作为比较优势产业得到迅速发展，蔬菜种植规模化程度不断提升，蔬菜经营、投资主体开始由单一农户个体向企业（包括专业合作社）逐步转变。

相对于快速发展的蔬菜生产，育苗技术明显滞后，秧苗成本高、质量不尽如人意，难以适应蔬菜规模化、周年生产需要。主要表现为：

（1）育苗规模小。多数菜农采取自己育苗自己使用，"自育自栽"，通常农户育苗面积小（多为100 ~ 200m²），在有限的育苗设施里，喜温与喜凉蔬菜秧苗同时培育，有时育苗与生产同在一个设施内，生产中的植株往往是秧苗的病虫源，很难培育出无病虫的健康秧苗（图1-4）。

甜瓜苗

茄子苗

育苗与栽培同室

图1-4　不同管理要求秧苗同室培育及育苗栽培同室

　　（2）育苗设施简陋。一家一户小规模育苗，决定了投资能力和水平，育苗设施简陋（图1-5），防寒保温和遮阳降温能力差，影响幼苗生长发育。

　　（3）育苗方式滞后。主要体现在：①营养土配制难以标准化，影响秧苗的正常生长；②病虫草害发生蔓延难以控制。蔬菜土传病害发生和危害严重，育苗营养土带菌是苗期病害发生主要原因；③育苗工序难以简化。传统育苗需要准备床土、添加肥料、消毒、装钵、分苗，工序繁杂，且劳动强度大（图1-6）。

图1-5 简陋的育苗设施和操作环境

育苗土破碎和平整　　　　　划块和钻孔　　　　　营养土配制与装钵

图1-6 传统育苗繁杂的工序

（4）育苗标准缺乏。蔬菜育苗既没有育苗基质标准，也没有生产管理、适龄壮苗质量标准，育苗管理尚属经验型，距工艺流程化、质量指标化、操作标准化的现代农业要求还相去甚远，造成秧苗质量参差不齐。

基于对我国农业整体发展形势的认识、蔬菜产业自身发展的客观需求、蔬菜育苗技术应用存在的重大问题，农业部于2006年6月首次提出发展以营养泥炭块育苗和穴盘育苗为主的蔬菜集约化育苗。

营养泥炭块是根据蔬菜苗期养分需求规律，以泥炭为主要原料，辅以缓释配方肥，采用先进工艺压制而成，集基质、营养、容器于一体，营养适量均衡、理化性状优良、水气协调。该项技术不仅解决了传统育苗中营养土配比难以掌握、病虫草害难以控制等长期困扰我国蔬菜育苗生产的难题，而且可以使农民从烦琐的育苗劳动中解脱出来，适用于一家一户育苗和小规模商品化育苗（图1-7至图1-12）。

图1-7　畦面育苗

图1-8　畦面划块育苗　　　　　图1-9　塑料平盘育苗

图1-10　营养钵育苗

图1-11　营养块育苗

结球甘蓝苗

芹菜苗

番茄苗

辣椒苗

图1-12　穴盘育苗

　　穴盘育苗，顾名思义，以穴盘为容器进行的育苗。具有机械适配性好、单位育苗量高、便于远距离运输等优点，适用于规模化、专业化、商品化蔬菜育苗。与传统的营养钵育苗相比，采用穴盘育苗，单位苗床承载苗量由100～120株/m²提高到300～600

株/m^2，苗床利用效率提高3～5倍；蔬菜单株幼苗基质用量由150～200cm^{3}减少至8～55cm^3，节约基质用量72%～95%；苗龄由50～90天缩短至28～45天，育苗周期缩短44%～50%。因此，有效地节约了设施使用面积、建筑面积和占地面积，光热资源的利用效率得到显著提高，草炭等资源得到大量节省。

3　蔬菜集约化育苗的意义

3.1　节种节能省工的重要途径

传统育苗方式出苗率、成苗率差，播种后秧苗的有效利用率不足60%，而集约化育苗普遍采用订单式、有计划育苗，播种后秧苗的有效利用率可达90%以上，为良种的推广和节约利用提供了条件。单位面积有效苗量的提高，为设施加温/降温能源消耗、水电用量、劳动用工节约打下了基础。此外，蔬菜集约化育苗操作过程或秧苗定植，更适合机械化操作，轻简高效。

3.2　防灾抗灾应灾的重要手段

集约化育苗以集中、集约、节约为基本特征和要求，改变了以往一家一户投资不足、设施简陋的状况，能够充分发挥现代科技优势，管理更加科学，设备更加先进，应对自然灾害的能力得到显著加强。另外，当蔬菜生产遭遇恶劣自然条件，通过集约化育苗也可以快速培育大量秧苗，供生产需要。

3.3　优质丰产高效的重要保障

集约化培育的蔬菜秧苗健壮、整齐度高、抗逆性强、病原物侵染机会少，独立成苗定植时不伤根，定植后可以快速生长发育，为蔬菜优质丰产高效创造了有利条件。

3.4　现代产业发展的重要先导

现代农业以"现代物质条件装备农业，用现代科学技术改造农业，用现代产业体系提升农业，用现代经营形式推进农业，用现代发展理念引领农业，用培养新型农民发展农业"为显著特征和根本路径。蔬菜集约化育苗积极采用精量播种机、设施环境调控设备、秧苗运输设备等现代装备，融合现代种业、现代种植业、现代制造业、现代服务业，吸纳生物科学、材料科学、工程建筑、信息技术最新成果，推广以企业或专业合作社为主体的经营模式，引进全成本核算、效益优先、服务至上的理念，不断培养、壮大蔬菜育苗技术人才队伍，提高育苗操作管理人员素质，对现代蔬菜产业乃至现代农业发展具有不可忽视的重要引领作用。

主要参考文献

刁希强，2005.《齐民要术》中园圃蔬菜科技分析[J]. 安徽农业科学，33(9): 1782- 1784.

顾智章，吴肇志，1981. 全国第二次蔬菜育苗工厂化攻关协作会在呼市召开[J]. 园艺学报 (2): 80.

蒋毓隆，1981. 关于中国蔬菜育苗工厂化若干问题的商榷[J]. 中国蔬菜 (2): 29-32.

李崇光，包玉泽，2010. 我国蔬菜产业发展面临的新问题与对策[J]. 中国蔬菜(15): 1- 5.

连翰安，1983. 蔬菜工厂化育苗操作流程与育苗技术 [J]. 中国蔬菜 (1): 26-30.

刘步洲，陈端生，1989. 发展中的中国设施园艺[J]. 农业工程学报(3): 38-40.

柏仓真一，1944. 满洲蔬菜提要 [M]. 长春: 满洲书籍株式会社.

王德槟，1980. 全国"蔬菜育苗工厂化研究"攻关协作会议在北京召开[J]. 园艺学报(8):38.

魏文铎，徐铭，钟文田，等，1999. 工厂化高效农业[M]. 沈阳: 辽宁科学技术出版社.

吴耕民，1924. 蔬菜栽培新法 [M]. 上海: 上海新学会出版社.

西宁市东郊公社农科站，1980. 蔬菜"工厂化"育苗好处多[J]. 青海农林科技 (4): 26-27.

阮雪珠，1989. 京郊蔬菜工厂化育苗发展概况 [J]. 长江蔬菜 (6): 13-14.

中国农业科学院蔬菜花卉研究所，2010. 中国蔬菜栽培学 [M]. 2 版. 北京: 中国农业出版社.

» 第二章 《
我国蔬菜育苗科技与产业现状

1　蔬菜产业概况

近年来，我国蔬菜生产规模趋于稳定，播种面积保持在2 000万hm^{2}左右，总产量约7亿吨，年移栽需苗量6 000亿～7 300亿株。经过20余年的发展，以多孔连体穴盘为容器，草炭、蛭石、珍珠岩等物料混配而成轻量基质替代土壤，集约化批量商品苗生产，已成为我国蔬菜育苗主要形式。根据各省份粗略统计，目前我国建有蔬菜集约化育苗场，包括各类种苗公司、育苗中心、育苗专业合作社等，约3 000余个，单个规模化育苗场年育苗量已超过10亿株。全国年生产蔬菜商品苗约3 500亿株，其中实生苗约3 000亿株，茄果类、瓜类嫁接苗约500亿株。如2012年，山东省已建成规模化育苗场300个，年育苗量40.2亿株；河北省已建成117个，年育苗量20亿株。围绕蔬菜育苗，种子精选加工、穴盘和播种机制造、商品基质生产、成苗包装等支撑性分支产业基本形成，专业嫁接、专业播种等社会化服务快速发展。相较本世纪初，育苗从设施条件到技术对策，以及应对自然灾害能力得到显著提升，保供应、稳市场的作用更加显著。

视频内容请
扫描二维码

17

2　科技进展

2.1　种子处理技术

（1）种子消毒　种子是传播蔬菜病原的途径之一。种子消毒能够有效杀灭种子表面，甚至胚内部的病原，避免侵染种苗，阻遏种传病害扩散蔓延。近年来，种带病原检测方法更加先进、准确，消毒方法更加低毒、高效、环保。

①化学消毒。1.0% $CuSO_4$溶液或1.5%漂白粉溶液对南瓜种子表皮携带果腐病菌，或5%甲醛溶液浸种20min，对西瓜种子细菌性果腐病，均有较好的杀灭和防治效果。

②物理消毒。西瓜砧木种子（葫芦）低温烘干含水量降至2%，72℃干热处理12h，显著降低细菌性果斑病、黄瓜绿斑驳病毒病发病率。西瓜种子28～30℃下预热24h，激活病原，然后，温度上升到45～55℃处理36h，保持空气干燥，降低种子含水量，再提高温度至78℃继续处理36h，对黄瓜绿斑驳病毒杀灭效果接近100%。

③化学与高温复合消毒。番茄种子消毒用洗衣粉液清洗→灭菌水冲洗4～5次→75%乙醇消毒30s→灭菌水冲洗4～5次→8%次氯酸钠浸泡5min→灭菌水冲洗4～5次→50℃灭菌水浸种15min。青岛金妈妈农业科技有限公司已建成番茄、南瓜、瓠瓜等蔬菜种子干热消毒线13条，批次处理种子量达6t，年处理量达300t。

（2）种子加工　为了提高蔬菜种子机械适播性、出苗整齐度等，除种子精选外，种子引发、包衣、丸粒化等种子加工技术也取得显著进展。0.05%黄腐酸或0.05%腐植酸或0.05%生化腐植酸、16℃、黑暗条件下浸种48h，回干，培养皿发芽试验，发现腐植酸引发可有效提高低温（5℃，72h）胁迫下西葫芦种子发芽率、发芽势、发芽指数和活力指数，缓解低温对西葫芦种子萌发的抑制作用。对萌发整齐度较差的番茄砧木品种金棚1号，蛭石固体引发

5d, 回干处理, 种子发芽率提高约19%。菠菜种子经15% PEG-6000浸种4d, 或1.2g/L谷氨酸钠浸种6h, 缓解干旱胁迫效果显著。在−1.5MPa条件下, KNO$_3$溶液渗透引发, 辣椒、茄子出苗率提高了5.7%～17.1%。

为了节本增效, 蔬菜集约化育苗对出苗率、整齐度提出更高要求, 种衣剂、种子加工机械、加工质量鉴定方法随之不断改进。针对蔬菜种子包衣过程中种子包衣完整性、包衣颜色深浅、包衣颜色均匀性3个重要指标, 提出了基于机器视觉的蔬菜种子包衣品质鉴定方法。陈凯等 (2018) 编制了蔬菜种子丸粒化包衣技术规程, 对蔬菜种子丸粒化包衣的作业、丸粒化包衣机的试运行、生产作业、蔬菜种子丸粒化包衣质量、检验方法、安全性、标志、贮存及建档提出了具体要求。此外, 国内蔬菜种子商业化包衣、丸粒化服务日渐普遍。荷兰Incotec公司2006年进入中国, 提供优质种衣剂, 同时从事蔬菜和大田作物种子包衣、种子引发、种子包壳和种子丸粒化、种子检测、种子消毒等服务。重庆迪巨农业技术有限公司现有10条大型全自动种子丸粒化生产线和10套大型种子激光精选设备, 选用符合欧盟环保要求的德国丸粒化材料Eurocon、Bellerophon、Valine、Rolexo和德国百灵鸽系列专用种衣剂, 主营蔬菜、花卉和药材种子丸粒化加工和种子包衣。此外, 还有青岛住丰世茂农业科技有限公司、青岛弘义融利农业发展有限公司、潍坊种丸农业科技有限公司、厦门丸美播农业科技有限公司等, 也在开展蔬菜种子加工业务。西瓜种衣剂噻霉酮及种子处理效果见图2-1。

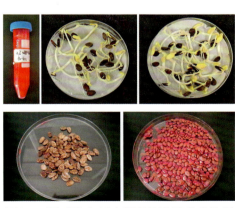

图2-1 西瓜种衣剂噻霉酮及种子处理效果
(源自孙小式)

2.2 基质生产技术

育苗基质是培育壮苗的基础，固定支撑幼苗植株，并提供种子萌发、幼苗生长所需水分、矿质养分。国内外多用草炭、蛭石、珍珠岩、椰糠、木纤维为原料配制育苗基质，具有质量轻、孔隙度适宜等优点，如美国康奈尔大学经典配方，即50%苔藓草炭＋50%珍珠岩或蛭石（V/V）。

我国草炭主要分布在东北大小兴安岭区域，腐熟度较高，粒径小，开采受生态保护限制，为此，国内持续进行了草炭替代性物料的筛选试验，如菇渣、稻壳、牛粪、秸秆、醋糟或酒糟、中药渣、河道底泥、蚯蚓粪等生物固体废弃物，经堆置发酵工艺，先后用于育苗基质配制。

为了改善育苗基质理化、生物学性状，加入湿润剂，促进水分向基质的快速渗透，或加入适量保水剂，增强水分持续、稳定供给能力。接种植物促生菌，如地衣芽孢杆菌、枯草芽孢杆菌、解淀粉芽孢杆菌、丛枝菌根菌、木霉菌等，抑制病原菌的发生，提高幼苗对磷、钾等矿质元素的吸收利用率。基质配制过程中混拌入腐殖酸、聚谷氨酸等有机大分子物质，补充碳源，促进基质对矿质养分吸持、持续释放能力，有助于提高养分利用率和壮苗育成。

依托国家公益性行业（农业）科研专项，现代农装科技股份有限公司研制了蔬菜育苗基质标准化生产工艺。无锡悦扬机械制造有限公司，开发了微量给料机、配料秤、破碎机、齿轮筛等核心装备，集成原料粒径筛选、原料分库、配料、微量添加、增湿、混合、成品包装、入库工艺流程，实现时产10～150m³基质生产线国产化。山东商道生物科技股份有限公司、广州市生升农业有限公司、杭州锦海农业科技有限公司、寿光鲁盛生物科技股份有限公司、湖南湘晖农业技术开发有限公司、镇江培蕾基质科技发展有限公司等大型育苗基质生产企业快速成长，除生产各类蔬菜专用或通用育苗基质，还提供花卉、草莓、水稻等育苗基质。

2.3　幼苗生长发育调控技术

（1）幼苗生长发育对环境的应答机制　幼苗生长发育，是内在遗传信息和外在环境因子互作下细胞分裂、膨大、分化的过程。探知细胞行为及分子作用机制，精准调控组织或器官发育，是培育耐逆、紧凑、丰产、优质壮苗的基础。"十三五"期间，蔬菜幼苗发育及环境响应机制研究主要集中在以下3个方面。

①内在机制。特异伸长的胚轴，特别是下胚轴，导致幼苗易倒伏，增加苗期管理和机械移栽难度等，因此，胚轴长度是壮苗的重要标志指标。以95份黄瓜核心种质为试验材料，检测到8个与下胚轴长度显著关联的位点（$Hl1.1$、$Hl1.2$、$Hl2.1$、$Hl3.1$、$Hl3.2$、$Hl4.1$、$Hl5.1$、$Hl6.1$），获得8个与黄瓜下胚轴长度有关的候选基因，$Csa1G074930$、$Csa1G475980$、$Csa2G381650$、$Csa4G051570$、$Csa5G174640$在短下胚轴材料高表达，$Csa3G141820$、$Csa3G627150$、$Csa6G362970$在长下胚轴材料高表达。

此外，还有众多的基因、转录因子参与了幼苗的发育进程。RSM1（radialis-like sant/myb 1）与HY5/HYH相互作用，调控种子萌发、幼苗形态建成以及对ABA和盐胁迫的应答。GSM1（glucose-hypersensitive mutant 1）通过ABI4介导的葡萄糖-ABA信号通路，在幼苗早期发育中发挥重要作用。

②环境应答。高温、低磷、重金属、盐胁迫，导致番茄、黄瓜、白菜等幼苗叶片磷脂酶Dα（$CsPLD\alpha$）和促分裂原活化蛋白激酶（$CsNMAPK$）基因表达差异，抗氧化系统失衡，膜结构损伤，光合功能下降。光照强度、温度和水势协同调控白菜下胚轴伸长的细胞学及蛋白质组学机制，发现高温、高水势、弱光均可显著诱导下胚轴伸长，其中光照强度是调控下胚轴伸长的主效环境因子，且光照强度、温度和水势之间存在交互作用。

③外源信号物质。外源施用NO、H_2S、水杨酸、2，4-表油菜素内酯、肌醇等，提高植株肌醇加氧酶基因$CsMIOX1$表达水平和核酮糖-1，5-二磷酸羧化酶、Rubisco活化酶、景天庚酮糖-1，7-

二磷酸酯酶和果糖-1，6-二磷酸醛缩酶活性，促进了ASA合成和光合碳同化，缓解高温、低温、NaCl胁迫对番茄、黄瓜等幼苗的伤害。光质作为重要的环境信号，对幼苗生长发育具有显著的调控作用，如红光增加黄瓜幼苗生长量，蓝光则表现为抑制生长，建议补充蓝光抑制徒长。

（2）育苗设施环境控制技术及装备　目前，蔬菜育苗设施环境因子基本实现单一或综合自动监测。"十三五"期间，为了减少空气污染和雾霾，各地出台了禁止温室加温燃煤管理办法或规定，蔬菜集约化育苗企业开始"煤改气""煤改电"，节能成为亮点，碳晶电热膜、空气源热泵、太阳能热泵、太阳能-空气能双能源加温系统以及基于毛细管网的苗床加温系统相继应用于育苗温室空气加温和根际加温。

弱光是导致蔬菜幼苗徒长、抗逆性下降的重要诱因。LED（light emitting diode）光源具有节能、光质可调、寿命长等优点，在番茄、辣椒、黄瓜、甜瓜、苦瓜、瓠瓜、生菜苗期得到广泛研究，并用于育苗实践。

为了实现育苗环境智能监控，李硕等（2017）研制了基于图像处理的育苗箱环境控制系统；岳云东等（2018）针对作物苗期适宜生长的温度、湿度、CO_2浓度等环境参数，设计了育苗温室大棚智能控制系统，该系统主要由监控中心、管理子节点及终端节点组成，终端监测节点通过温度传感器和湿度传感器等检测环境参数，并通过Zigbee无线网络模块将数据传送到各个大棚管理子节点，管理子节点通过GPRS模块将检测到的环境参数及设备运行参数传到监控中心，监控中心通过GPRS模块将终端设备运行指令传到各个大棚管理子节点，大棚的管理子节点通过Zigbee无线网络传送到终端执行设备；冯一新研制的"寒地日光节能温室通风自动控制系统及控制方法"，采用"活塞挤压式+环流风机"结构，通风方向与流量均为可控，排湿、降温效果显著。

（3）灌溉施肥技术及装备　目前，蔬菜集约化育苗普遍采用灌溉施肥一体化供给技术，主要有喷灌、漂浮灌溉、潮汐灌溉三种形式，其中多元水溶肥、比例施肥器、双臂行走式喷灌车联用的顶部喷灌最为广泛，但由于是开放式，"有出路，没回路"，存在水肥利用率低、幼苗叶片渍水渍湿、增加环境湿度等问题。漂浮灌溉与潮汐灌溉均属于底部灌溉，利用育苗基质毛细孔隙吸水，使水肥进入根际，均匀分布，由于实现了水肥闭合循环利用，具有水肥利用率高、易于智能化组网控制等优点。

漂浮灌溉，分浅水槽和深水槽，采用泡沫塑料穴盘。云南、贵州、湖南、河南等地多用于辣椒、大白菜、结球甘蓝育苗。

潮汐式育苗系统，从结构上可分为4个部分：幼苗生长部分、植床部分、循环管路部分和控制部分。用于番茄、黄瓜等蔬菜育苗。

目前，蔬菜育苗灌溉施肥装备智能化水平显著提升。山东安信种苗股份有限公司率先将5G技术引入苗期灌溉施肥。尚庆茂等（2020）发明了一种蔬菜潮汐式穴盘育苗营养液处理方法，等离子气体经气泵作用进入回液池，与营养液充分接触，显著降低营养液病原菌数量，减少苗期病害发生。温江丽等综合考虑潮汐育苗灌水技术参数、环境因子、基质类型、幼苗生育阶段、幼苗蒸腾规律、幼苗不同生育阶段获得最佳的水分需求量，基于基质水分吸持特性、阶段太阳辐射值控制和幼苗蒸腾等综合灌溉决策模式，发明了基于多源信息的潮汐育苗灌溉决策方法和系统，灌溉精准度显著提高。

2.4　嫁接育苗技术

嫁接是防治土传病害、克服连作障碍、提高抗逆性和丰产性的有效技术措施，已广泛用于瓜类、茄果类蔬菜生产。

嫁接方法直接影响嫁接工效和嫁接苗质量。近年来，革新传统嫁接方法，开发了双断根双头嫁接、砧木零子叶嫁接、双砧木嫁接等新方法。番茄双断根双头嫁接技术，主要优势是苗期即保留2个结果蔓，减少单位面积定植株数，降低菜农购苗成本，产量比常规嫁接苗可提高8%～10%。黄瓜砧木零子叶顶端套管嫁接育苗法，具有操作简单，砧木无萌蘖再生，嫁接成活率高，发病率低，定植后丰产性好等优点。双砧木嫁接方法，综合两个砧木的优良特性，增强嫁接植株生长势和抗逆性，提高产量和品质。

愈合是嫁接育苗关键环节。嫁接苗愈合速率、愈合质量与愈合环境条件密切相关。普遍认为蔬菜嫁接愈合进程可分为3个阶段：创伤响应、愈伤组织形成、维管束重连。按照每个阶段细胞生理学、组织形态建成要求，进行变温、变湿、变光管理，更有利于嫁接愈合。为了实现愈合环境的智能精准调控，简易型或智能型愈合室正在成为大型育苗场的标配。

嫁接育苗季节性、时效性很强，劳动高度密集，面对从业人员短缺、老龄化及用工成本快速攀高等社会性问题，机械化嫁接育苗是未来发展必然趋势。北京农业信息技术研究中心、浙江理工大学、华南农业大学、中国农业大学等科研教学单位相继研发出多款嫁接装备，但鉴于幼苗质量要求、嫁接操作效率、性价比等，并未在生产上大规模推广应用。华南农业大学、浙江博仁工贸有限公司还推出多工位组合式嫁接平台，实现了砧木幼苗、接穗幼苗、嫁接苗分层机械传送，大幅度提高了嫁接操作效率。

3 蔬菜育苗主要问题与建议

3.1 主要问题

（1）发育调控理论创新不足　良好的株型，是茎叶和根系整体均衡表观，包括：①茎叶部分，下胚轴、上胚轴、节间长度，子叶开展度，真叶叶柄长度和叶面积；②根系构型，如主根长度和粗度，侧根数、长度和粗度。运用现代生物学研究方法和手段，探知幼苗组织或器官发育规律，明确遗传－环境互作机制，是育苗资材与技术开发的前提，也是规模化高效育苗的基础。此外，瓜类、茄果类蔬菜花芽分化多在苗期完成，明确花芽分化和形成规律，改进环境管理技术措施，是提高花芽质量以及蔬菜优质丰产高效的必然要求。

（2）高效实用技术装备缺乏　降低劳动强度，减少用工量，是蔬菜育苗提质增效的重要途径。目前，我国育苗专用设施、环境精准监控装备、高效操作装备等依然缺乏，特别是与区域或茬口、规模水平的适配性，应用的精准稳定性，操作的高效便捷性等，均待进一步提高和完善。

（3）运营管理技术亟待加强　蔬菜育苗的规模化、商品化已取得长足进步，但企业内、外运营管控却比较滞后，如育苗场（基地、中心）内部科学化、高效化布局，企业内部人、财、物科学配置及成本管控，种—苗—订单—种植户—市场—消费可溯源品控等系统尚未建立，严重影响企业经营效益提升。

3.2　展望与建议

（1）加强基础理论创新与应用　幼苗组织或器官发育内在规律及环境互作是核心。采用现代影像学、生理生化学、多组学关联分析等手段，从生理生化代谢、遗传、分子作用网络探知种子萌发和茎、叶、花芽、根系发生及发育规律，提高种子萌发速率和整齐度，以及组织或器官发育的人为可控性，开发种苗发育调控新产品，培育生理活力高、适应性强、株型紧凑的壮苗，不断适应小根域、高密度、机械化移栽的需求。

（2）研发新型装备及配套应用技术　建立种子质量、基质质量、苗期在线养分快速检测技术体系，包括检测方法、检测设备、标准化可鉴量值等；开发节能、高效、智能化专用育苗设施；开发育苗设施内外温、光、气、湿（空气相对湿度和基质湿度）、风速等环境因子综合采集以及与幼苗发育需求偶联的数学模型及控制系统；研制省工高效转运传送装置、人工辅助型嫁接机械等。

（3）构建数字种苗生产系统　至少应包括3个单元：①物料贮备。如种子、基质物料、穴盘、水源、肥料、植保制品及机械装备等，不单单是基于经济性的贮备数量，更是特性或特征参数的数字化。②育苗流程。播种至出苗整个育苗过程（包括运输），种苗生物学需求、育苗环境实时采集、需求与环境信息耦合、数控等。③市场反馈。农户对秧苗质量的完整信息反馈，移栽质量、缓苗时间、采收时间、丰产性、优质性、经济性等数字化。3个单元频繁磨合、融会贯通、修正提高，构建数字种苗生产系统。

（4）完善产学研协同创新机制　高效种苗生产体系建立，非一个学科，亦非一个单位可以完成，需要大联合，才能高效推进。长期以来，政府从政策制定、项目设置等积极鼓励种苗产、学、研联合，协同创新，快速推动种苗产业提质增效。其实，从产业发展与科技进步，产、学、研联合也是必由之路。2018年中国农业科学院蔬菜花卉研究所联合全国30余个科研院所，依托山东安信种苗股份有限公司，组织成立全国蔬菜种苗科技协同创新中心，在技术与产品创新、试验示范、运行机制等方面进行了尝试。

主要参考文献

陈凯，张端喜，徐华晨，等，2018.蔬菜种子丸粒化包衣技术规程[J].江西农业学报，30（12）：51-55.

李颀，胡艺聪，武付闯，2017.基于图像处理的育苗箱环境控制系统[J].浙江农业学报，29（11）：1912-1919.

孙小武，武占会，冯一新，2021."十三五"我国蔬菜育苗技术研究进展[J].中国蔬菜（8）：18-26.

岳云东，2018.育苗温室大棚智能控制系统设计[D].内蒙古：内蒙古科技大学.

第三章

蔬菜集约化育苗设施与装备

1　蔬菜集约化育苗设施

1.1　育苗设施主要作用

蔬菜幼苗对高温、低温、强光、大风、大雨、大雪、病虫害等逆境适应性差，集约化育苗采用的轻量基质也经不起风吹、雨冲。为此，必须采用设施进行防护。

育苗设施的主要作用：

（1）保温作用。阻断和延缓设施内外热交换，防止室内温度随外界气温下降而快速下降及低温冷冻伤害。

（2）降温作用。通过设施侧通风、顶通风、湿帘风机等措施和设备，防止室内温度快速升高发生热害。

（3）防风作用。防止外界大风侵袭造成幼苗机械损伤或吹跑幼苗和基质。

（4）避雨防雪作用。防止大雨冲刷、大雪积压，或避免造成设施内积水，发生水涝淹苗。

（5）防强光作用。幼苗保护组织不发达，特别是刚出苗和幼苗生长早期，不耐强光辐射，极容易发生日灼。需要覆盖遮阳网等防止强光辐射。

（6）防虫作用。在设施放风口、人员和物流进出口、湿帘风机侧覆盖防虫网，有效防止蚜虫、粉虱等害虫为害幼苗。

（7）附属材料和设备承载作用。蔬菜集约化育苗设施诸多附属设备，如保温被、内外遮阳网、内保温幕（布）、补光设备、喷灌机、环流风机、植保装置、环境监测控制装置，甚至悬挂式运输车等，需要在设施骨架和墙体予以固定。

1.2 育苗设施主要类型和型式

目前，常有的大型育苗设施类型有连栋玻璃温室、连栋塑料薄膜温室、日光温室、塑料大（中、小）棚、网室等。另外，近年来植物工厂也开始用于蔬菜育苗。

1.2.1 连栋温室

连栋温室因覆盖材料，分玻璃、阳光板、塑料薄膜等类型；因屋面结构，分拱型、人字屋面型、锯齿型、文洛型、全开敞屋面型。图3-1、图3-2为连栋温室立面图和育苗场景。

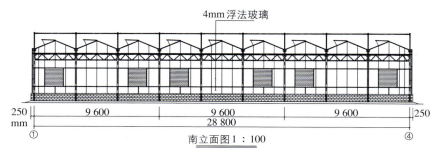

南立面图 1：100

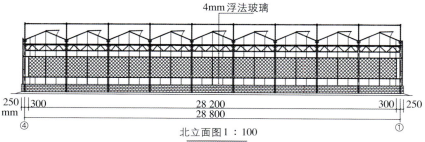

北立面图 1：100

图3-1　连栋玻璃温室立面图（跨度9.6m）与育苗场景（立面图源自周增产）

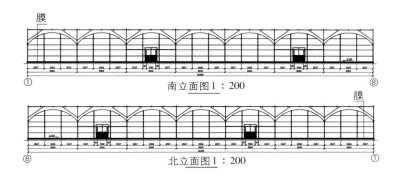

图3-2　连栋塑料薄膜温室立面图（跨度8m）与育苗场景（立面图源自周增产）

玻璃受力易碎，阳光板易老化和被粉尘污染。个别地方育苗温室采用顶部阳光板、侧部采用玻璃，使用效果并不理想。

1.2.2 日光温室

蓄热保温为主。有些地方建造的日光温室前屋面角度过大，增温快，降温也快，并不适合育苗。育苗期间，搬运频繁，应做好进出口的设计，防止过于单一、窄小。必要时，要考虑前屋面骨架设计临时可拆装搬运口。图3-3为日光温室立面图和育苗场景。

1.2.3 塑料大棚

设计和建造时，应充分考虑到苗床尺寸，两侧放风口高度也应比苗床高出20cm左右，防止侧风直接吹拂幼苗。图3-4示塑料大棚育苗。

1.2.4 小拱棚

小拱棚主要用于多层覆盖和嫁接后幼苗遮阳、保温、保湿。单独作为一种育苗设施已很少使用。图3-5示竹架小拱棚育苗。

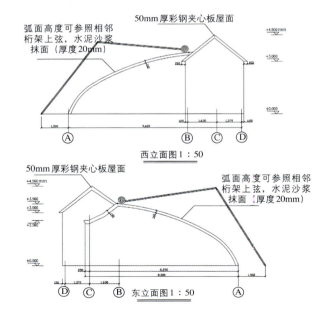

图3-3 日光温室立面图与育苗场景（立面图源自周增产）

图3-4 塑料大棚育苗

图3-5 竹架小拱棚育苗（左：黄瓜；右：番茄）

1.3　育苗设施选型

正确选择适宜的育苗设施结构型式，对于节约设施建造成本、缩短施工时间、方便苗期管理、降低能耗等至关重要。一味追求或盲目选择"高、大、上"，只会造成生产经营巨大负担。

育苗设施正确选择依据是：

（1）区域气候条件　认真分析所在区域长年风、雨、雪、雹、冷、热、光照等气象资料，根据气象因子发生强度和频度，选择适宜的育苗设施结构型式。如我国东北地区冬寒夏凉，宜选择日光温室；华南地区冬暖夏热，宜选择单栋塑料大棚。

（2）海拔高度　近年来，选择高海拔地带和塬上进行夏季育苗，效果很好。但必须考虑大风，特别是冬季寒风凛冽，无法周年使用，并且通常距离栽培地较远，因此宜选择建造成本低、防风能力强塑料大棚或中棚。

（3）育苗主茬口季节　如果育苗主茬口是夏季，宜选择塑料大、中拱棚，便于通风降温；如果育苗主茬口是冬春季，特别是华北、东北地区，宜选择日光温室，便于增温保温。

（4）热源和加温方式　加温能耗是我国大部分地区育苗成本主要构成。火力发电厂、焦化厂、地热等热源充分、成本低廉地区，可适当选择连栋玻璃温室、连栋塑料薄膜温室；若以天然气、电力加温为主，则尽可能选择保温性能优异的高效节能日光温室。

（5）劳动用工成本　连栋玻璃温室、连栋塑料薄膜温室育苗用工量、用工成本明显低于单栋日光温室和单栋塑料大、中拱棚。因此，劳动力资源非常紧张、薪资水平高的区域，建议选择连栋玻璃温室、连栋塑料薄膜温室。

（6）育苗主要蔬菜种类　各类蔬菜对温、光、湿等环境因子需求和耐受性迥异，如西瓜耐热，番茄喜温，芹菜喜凉，大葱耐寒。浙江台州温岭地区，采用连栋薄膜温室生产青花菜苗，为维持适温和室内适宜湿度，通过打开棚头上部侧墙覆盖，在温室顶部和内部保温幕之间形成风道，取得良好降温排湿效果。

1.4 育苗设施发展的建议

育苗设施是集约化育苗重要条件，直接关系投资成本与育苗效益。育苗设施选型不当，与育苗设备难配套，运行能耗成本过高，雨水倒灌、雪压坍塌、台风损坏等多有发生（图3-6）。因此，在育苗设施选型和建造方面，特别建议做好以下几点。

图3-6 蔬菜苗期低温冷害（左）和设施雪灾坍塌（右）

（1）育苗的农业属性 蔬菜集约化育苗属于农业生产活动范畴，自然是环境高度影响、投资高回报慢。因此，育苗设施首要具防灾、应灾能力，在设施型式、结构、骨架强度等予以高度重视。其次，要精算投资成本，做到投资最小化、效益最大化。

（2）育苗的个体属性 蔬菜幼苗生长期短，植株矮小，侧高3.5m以上大型连栋温室，建筑成本高、散热面积大、维护困难，作为主要育苗设施是否恰当？应加快蔬菜集约化育苗专用设施的研究，做到设施与幼苗个体属性相匹配。

（3）育苗的高值属性 蔬菜集约化育苗，高密度，规模大，一次性投入高。如采用高质量种子，每粒种子0.5元计，1 000万株订单，播种量约需1 100万粒，仅种子费用就达550万元。与蔬菜种植相比，蔬菜集约化育苗风险更大，理应有充分认识，认真做

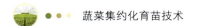

好育苗设施选型，保证建造质量。

（4）育苗的装备属性　蔬菜集约化育苗装备水平高，相对于种植设施，荷载应该加大。

2　蔬菜集约化育苗技术装备

蔬菜集约化育苗涉及基质配制、精量播种、环境控制、灌溉施肥、嫁接、搬运等诸多环节，单纯依靠人工作业效率低、成本高，且人工主观经验无法保证育苗生产管理的标准化、精细化，不利于壮苗培育和高效生产。为此，国内外开发了多种类、成系列育苗技术装备。

视频内容请
扫描二维码

2.1　基质配制设备

蔬菜集约化育苗企业自用基质配制，多采用基质破碎机（或粉碎机）—混拌机联机作业。大、中、小型专业化商品基质生产企业，多采用流水线生产设备，包括物料粉碎、筛分、输送、配料、混拌、包装等装置。也有部分育苗企业，购置或组装小型基质生产线，兼营商品基质业务。

基质混合方式，有立式强制混拌、卧式单轴或双轴强制混拌、上下翻转式混拌、连续旋转式混拌等。由于育苗基质具组分多样、轻量、易粉末化特点，旋转式混拌效果较好。

杭州赛得林智能装备有限公司制造的2YB-J10型基质搅拌机（图3-7），适用于混合各种基质配料，单次搅拌可达1 000L，具有自动提升、出料功能，搅拌均匀，并且不破坏基质成分和结构，可控制基质湿度，能与播种流水线配套使用。

2YB-JH10拖链式基质混合机（图3-8），适用于混合各种基质配料，单次搅拌≤800L，不破坏基质成分和结构，可选装加湿装置，调整基质含水量，能与播种流水线配套使用。

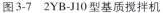

图 3-7　2YB-J10 型基质搅拌机　　　图 3-8　2YB-JH10 基质混合机

2.2　精量播种设备

目前，蔬菜集约化育苗精量播种设备有手动或半自动翻转式播种机、针吸式播种机、滚筒式播种机等，育苗企业应根据单次播种盘数，选购性价比高的播种设备。大型育苗企业建议购置供盘—基质填装—压穴—播种—覆盖—喷淋—传送流水线播种设备。

杭州赛得林智能装备有限公司制造的 2YB-G500气吸滚筒式蔬菜精量播种流水线（图 3-9），播种速率400～500 盘/h。插拔式播种滚筒可实现滚筒快速更换，适于各种形状种子，圆形或丸粒化种子播种精度

视频内容请
扫描二维码

图 3-9　2YB-G500 气吸滚筒式蔬菜精量播种设备

可达99%，播种滚筒具备防堵塞功能。

2.3 环境控制设备

育苗设施环境控制，包括温度（空气温度、根际温度）、湿度（空气湿度、根际基质湿度）、光照（光照强度、光周期、光质）、CO_2浓度、有害气体含量等环境因子监测设备、控制设备，内容多，涉及面广，更新快，这里只作简要介绍。

2.3.1 加温设备

（1）燃烧加温　这是一种传统的加温方式，通过燃烧煤炭、天然气、石油、生物燃料，以水、汽、风将燃烧产生的热量传送至设施内部。这种加温方式能耗较大，燃烧时会排放出含有大量有害气体的物质，如CO、SO_2、NO等，对设施内、外环境均可能造成污染。目前，我国多地已禁止燃煤加温。

（2）电热加温　电能转化为热能，通过风带、风机、管道以及其他介质将产生的热能输送至设施内部。电热加温设备主要有暖风机、热风炉、电暖器、红外辐射加温器等。石墨烯加热装置近年来开始应用于育苗设施加温，可以夹在塑料膜中间，"毯状"铺设于穴盘底部，实现根际局部加热；也可以"风页"状悬挂于设施内部，实现整个设施空间加热（图3-10）。

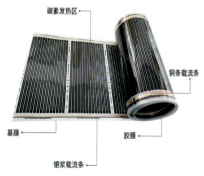

图3-10　石墨烯加热装置（左：悬挂式；右：毯状）

电热加温，提温快，操作简单，缺点是成本高，但随着电能的开发和成本降低，应该是发展方向。

（3）太阳能加温　太阳能是育苗设施保温、增温的主要热源。具体到育苗设施加温：①收集昼间太阳能，蓄热，夜间释放热能，增加设施内温度。如墙体蓄热加温、水等介质蓄热加温、地下蓄热加温。②将光能转换为电能进行育苗设施加温。

（4）地源热泵加温　地源热泵技术兼具加温和制冷双重功能，能效比是空气源热泵的两倍以上。柴立龙和马承伟（2012）根据供暖期北京地区能源价格水平，对比广泛使用的燃煤供暖系统和天然气供暖系统，系统地评价了地源热泵技术的碳排放和供暖经济性，认为地源热泵供暖成本低于同期燃气供暖，但高于燃煤供暖，地源热泵的CO_2气体排放量低于燃煤供暖，高于燃气供暖。

（5）空气源热泵加温　空气源热泵机组由蒸发器、冷凝器、压缩机、膨胀阀构成封闭系统，内部含有一定量介质，通过冷凝器和蒸发器与外部进行热交换。当热泵工作时，会吸收外界的低温热源（空气）在蒸发器中发生热交换，与此同时，蒸发器内用于能量交换的介质会吸收低位热源的热量，将自身转化为低温低压的过热气体进入压缩机内，压缩机利用电能将其压缩为高温高压气体后，介质由冷凝器在固定的压强下冷凝为高温高压的液体注入膨胀阀，此时放出的热量与水泵流进的水进行热交换，水温升高后流出供热，介质则被膨胀阀绝热节流后变回低温低压液体再次流入蒸发器（图3-11）。空气源热泵是以空气作为热源的新型节能设备，通过消耗电能将外界的空气低位热源转化为能够利用的高位热能，不受季节限制，系统初始投资较低，具有较好的应用前景。

（6）其他热源利用　利用自然温泉、工业生产余热、农业废弃物发酵产生的热量进行育苗设施加温，可能是最经济有效的途径。火力发电产生大量余热，通过管道接入育苗设施，配套温控元器件，对育苗设施加温，在一些地方已经有成功案例。在蔬菜集约化育苗场、基地选址时，应充分考虑。

多种加热方式也可联合用于蔬菜集约化育苗设施的加温。

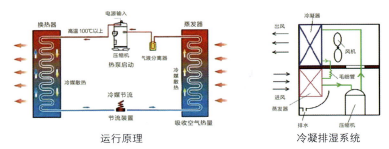

图 3-11　空气源热泵工作原理示意图
（引自吴翠南等，2021）

2.3.2　灌溉施肥设备

蔬菜育苗水肥供给系统，决定着灌溉施肥设备配套集成程度和投入水平。此处重点介绍常用的施肥器，其他设备将在后续灌溉施肥技术中一并介绍。

施肥器是水肥一体化装置的核心部件，性能的优劣对每一次施肥都有影响。施肥器的种类很多，国内常用的主要有压差式施肥罐、文丘里施肥器和水力驱动式比例施肥器。压差式施肥罐是我国普遍应用的一种施肥器，但目前逐渐被其他施肥装置替代。文丘里施肥器具有结构简单、投入成本低和无需外加动力等优点，但在实际运用中面临施肥量控制不精确、压力损失过大等问题，限制了文丘里施肥器的使用。水力驱动式比例施肥器利用水力驱动泵内活塞或隔膜将肥料溶液吸入至管道内与灌溉水混合从而进行施肥（图 3-12）。相较于其他施肥器，比例施肥器不但有更高的施肥精度和均匀度，施肥比例可调，还具有工作稳定、易于控制等优点。

但是，施肥器必须定期校准。在个别育苗企业，施肥器长期使用，从未校准，导致灌溉肥料浓度失准和幼苗生长失常。

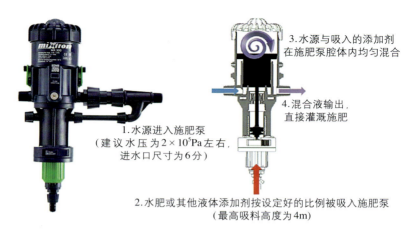

3.水源与吸入的添加剂
在施肥泵腔体内均匀混合

4.混合液输出，
直接灌溉施肥

1.水源进入施肥泵
（建议水压为2×10^5Pa左右，
进水口尺寸为6分）

2.水肥或其他液体添加剂按设定好的比例被吸入施肥泵
（最高吸料高度为4m）

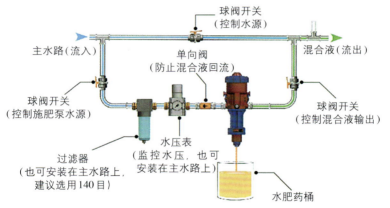

图3-12　Mixtron比例施肥器工作原理及安装方式
（源自http://cn-mixtron.com）

2.3.3　植保设备

育苗设施相对封闭，空气对流弱，温度和湿度比较稳定，光照低于露地，周年利用率高，难免发生病虫害。植保设备除了常用手动、电动或悬臂式喷雾器、烟雾机、弥粉机、臭氧消毒机也日趋普遍。

（1）烟雾机　烟雾机是一种以脉冲汽油发动机为动力，通过高温高压气流将药液雾化喷出的植保机械。主要由喷射式汽油发动机和供药系统组成。烟雾机工作时，喷射式发动机产生的高温高压气流从喷管喷口处喷出，打开药阀后，供药管路将药液压送至喷管内与高温高压气流混合，在相遇的瞬间药液被破碎成小于50μm 的烟雾，从喷管中喷出，并迅速扩散弥漫，当被防治的对象接触到药液烟雾时，就起到防治或处理作用。植保烟雾机具有效率高、质量轻、操作使用方便、应用范围广等特点。它释放的烟雾颗粒直径小，穿透性和弥漫性强，附着性好，抗雨水冲刷，烟雾扩散和上升能达到的防治高度和广度，是其他植保机械难以做到的。

（2）弥粉机　弥粉机与药粉配套使用。根据育苗设施内部空间和育苗面积，施药者可自行调节出粉量和风力。主风机负载转速达到 15 000r/min，射程 8 ～ 10m。

主要优点：①施药后，药粉呈弥散状，容易做到育苗设施内"无死角，全覆盖"。②射程远，弥散性好，缩短施药时间，节约工时。③不额外增加设施内空气湿度。

（3）臭氧消毒机　北京市农林科学院信息技术研究中心研制了一款多功能植保机（图3-13），含臭氧杀菌、光源诱杀害虫和智能控制等技术，同时，还可以对育苗设施内环境参数进行实时监测。

图3-13　多功能植保机
(源自乔晓军)

该设备采用断续臭氧施放，连续送风的方式，增加臭氧与空气混合、稀释，利用害虫成虫的趋光性开启黄、蓝光源，将害虫成虫吸引到设备底部，风机产生的负压将其吸入，高压作用杀灭害虫。

2.3.4　嫁接装备

（1）嫁接机　为了实现蔬菜嫁接操作规范化和机械化，中国及日本、韩国、荷兰、西班牙、意大利等国相继开发了多种型式的嫁接机。

选择嫁接机必须考虑的因素：①嫁接成活率；②工效，即单位工时完成嫁接苗量（要考虑时间，也要考虑参与人数）；③购置成本；④砧木和接穗苗龄要求；⑤配套条件，如电力、固定资材（嫁接夹或套管）、切削刀片、消毒液等。

意大利GR300嫁接机（图3-14），适于茄果类蔬菜套管贴接和瓜类蔬菜单子叶贴接，单人嫁接速率300～360株/h。

（2）嫁接操作平台　杭州赛得林智能装备有限公司制造的JT-1嫁接平台（图3-15），采用了立体4层设计，实现了工位制多人作业及砧木幼苗、接穗幼苗、嫁接苗、嫁接残余物的自动传送，可大幅度提高生产效率，降低劳动强度。

图3-14　意大利GR300嫁接机

图3-15　JT-1嫁接平台

主要参考文献

柴立龙，马承伟，2012.玻璃温室地源热泵供暖性能与碳排放分析[J].农业机械学报，43(1): 185-191.

吴翠南，杨禹尧，吴宜文，等，2021.空气源热泵系统加温效果及温室热环境分析[J].农业工程技术，41(19): 28-35.

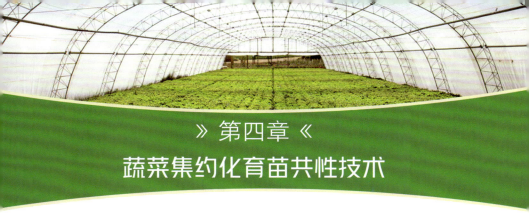

» 第四章 《
蔬菜集约化育苗共性技术

育苗是品种选择、催芽、出苗、成苗直至定植的过程。每个环节紧紧相连、相扣，构成蔬菜集约化育苗技术链和生产链。只有逐一认真审视每个环节，解析每个环节外延辐射关联因素，基于安全稳健、现实可行、经济高效原则，准确把握技术选型、设备选型、资材选型，才能最终实现"真正意义"的蔬菜集约化育苗。

1 蔬菜种子吸水与萌发促进技术

1.1 种子吸水

干燥的种子含水量很少，一般占种子总质量的5%～10%，并且大多以结合态形式存在，无法满足生命活动需要。因此，种子萌发的首要步骤是吸水。

1.1.1 种子吸水的作用

（1）软化种皮 种子遇水、吸水，坚硬的种皮软化，使更多的氧气透过种皮，进入种子内部，启动细胞呼吸和新陈代谢，同时，使呼吸产生的CO_2透过种皮排出种子。

（2）分解养分 种子贮藏的有机大分子物质，干燥的状态下无法被酶解和细胞生命活动利用，足量的水分，使细胞原生质由不活跃的凝胶状态转变为活跃的溶胶状态，分解酶活性表达，分解贮藏大分子物质成为溶解状态小分子物质，如蛋白质水解为氨基酸，淀粉分解为蔗糖、葡萄糖，脂肪分解为脂肪酸，供生命再组装。

（3）吸胀作用　种子吸水膨胀，体积增大，撑破或突破软化的种皮，胚根、胚芽外向生长，完成呼吸自养向光合自养过渡。

1.1.2　种子吸水过程

通常，种子吸水过程分为3个阶段，即：吸胀吸水、缓慢吸水和生长吸水（图4-1）。

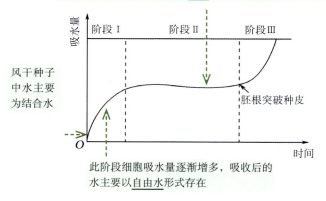

图4-1　种子吸水曲线

（源自https://image.baidu.com/search/）

（1）吸胀吸水　或称物理吸水。此阶段吸水动力主要是渗透势和毛孔吸力，与种子代谢无关，处于休眠状态的种子，甚至失活的种子，均可完成吸胀吸水。吸胀吸水，原生质由凝胶状态转变为溶胶状态，种子贮藏物质"解绑""松绑"。

（2）缓慢吸水　种子吸水渐进饱和状态，种子内部呼吸作用和分解代谢开始缓慢启动，种子贮藏物质逐步分解，形成可溶性小分子物质。

（3）生长吸水　水分主要用于种子生命活动。物质运转与组装持续进行，细胞开始分裂、分化，种子吸胀压力逐步减小，新生组织外向压力增大。

1.1.3　种子吸水量

种子吸水量，主要取决于贮藏物质多少及其特性。含蛋白质较多的种子，萌发时吸水量较大，含淀粉较多的种子吸水较少，含脂肪较多的种子介于二者之间。

蔬菜种子吸水量迥异。甘蓝类蔬菜和黄瓜种子的吸水膨胀，需要吸收约为种子重量50%的水分，胡萝卜、葱和甜菜种子的吸水量约为本身重量的100%，豌豆种子吸水量约为其重量的150%。

1.1.4　种子吸水速率

种子吸水速率与种皮构造、基质渗透势、温度及通气性关系较大。

种皮薄、透水性好的种子吸水就快，种皮致密、透水性差的吸水就慢。十字花科、豆科及番茄、黄瓜等蔬菜种子的种皮透水性较好，吸水速度较快；伞形花科及茄子、辣椒、西瓜、冬瓜、苦瓜、葱、菠菜等蔬菜种子的种皮透水较为困难，吸水相对较慢。

浸种时，应根据以上特点合理掌握时间。吸胀时间过长，会导致种子营养外渗而种子活力衰退。如十字花科蔬菜种子，浸种4～5h就可完成吸水过程，而葱、韭菜种子则可能需要12h左右。

播种基质添加肥料过多，造成渗透势过高和种子吸水过慢。当基质含水量过高，导致氧气不足和种子呼吸释放的CO_2积累，种子吸水也将受到抑制。

1.2　种子萌发

1.2.1　种子萌发过程

种子萌发，即种子胚组织细胞继续分裂、伸长，胚根完全突出种皮，并达到一定长度。种子萌发和出苗过程见图4-2。

视频内容请
扫描二维码

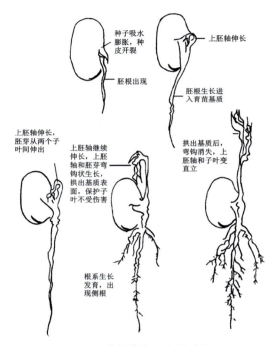

图4-2　种子萌发和出苗过程

1.2.2　种子萌发影响因素

（1）自身因素　影响种子萌发的自身因素，包括：

种子结构：主要是种皮结构的致密性，种皮薄、软，水分容易渗入种子内部，种子吸水速度快，如十字花科、豆科蔬菜种子；种皮坚硬、厚或者有其他保护组织，透水性差，种子吸水缓慢，如茄果类、部分瓜类和叶菜类蔬菜种子等。

种子成熟度：种子成熟度越高，萌发率越高，这是因为正常成熟的种子能为其萌发提供充足的营养物质，而未正常成熟的种子则不能。

种子含水量：在一定的含水量范围和相同的萌发条件下，种子本身含水量越高越有利于萌发。如种子烘干时间过长或水泥地长时间暴晒，种子水分急剧下降而形成僵籽，降低萌发率。

种子休眠状态：大多数种子成熟后，遇适宜的环境条件即可萌发，但有些种子具休眠期，结束休眠期或打破休眠后，才可萌发。

药害：种子加工过程中由于药剂质量不过关，或药种比过大，或存在时间过长，导致种子药害，种子活力全部或部分丧失，萌发时间延长，或降低萌发率。

机械损伤或热伤：采收、脱粒、加工、精选等操作造成种子机械损伤，致使种子破碎，种胚或胚乳受损，降低萌发率；烘干或晾晒过程中，温度超过种子可以耐受的极限温度，种子内蛋白质或酶失活，也会影响萌发。

种子贮藏时间：贮藏时间过久或贮藏环境高湿、高温等，种子失去活性，无法萌发。

常见蔬菜种子大小及贮藏寿命见表4-1。

表4-1　蔬菜种子大小及贮藏寿命

（引自 Dale T. Lindgren，2011）

蔬菜种类	种子大小（粒/g）	低温、干燥条件下相对寿命（年）	蔬菜种类	种子大小（粒/g）	低温、干燥条件下相对寿命（年）
黄瓜	40	5	番茄	250～430	3
南瓜	4～11	4	辣椒	160	2
西葫芦	4～11	4	茄子	200	4
西瓜	10～20	4	结球甘蓝	320	4
网纹甜瓜	45	5	抱子甘蓝	320	4
莴苣	900	5	羽衣甘蓝	320	4
菊苣	900	4	球茎甘蓝	320	3
根芹	2 500	3	芜菁甘蓝	430	4
芹菜	2 500	3	花椰菜	320	4
欧芹	660	1	青花菜	320	3
洋葱	300	1	大白菜	650	3

（续）

蔬菜种类	种子大小（粒/g）	低温、干燥条件下相对寿命（年）	蔬菜种类	种子大小（粒/g）	低温、干燥条件下相对寿命（年）
韭菜	400	6	萝卜	90	5
生菜	900	5	甜玉米	4～6	2
新西兰菠菜	12	3	甜菜	55	4
秋葵	20	2	叶用甜菜	57	4
欧洲防风	430	1	根用芥菜	500	4
胡萝卜	820	3	青豆	1～3	3
菠菜	100	3	食夹菜豆	4	3
婆罗门参	70	1	豌豆	3～6	3

（2）环境因素

①水分。水分是种子萌发的首要条件，种子萌发的第一步就是吸水。所以说无论是室内催芽，还是田间直播，保持充足的水分供应是种子萌发的必要条件。生产中往往由于播种过浅，表层水分蒸散变干，使种子得不到应有的水分，导致种子不能正常萌发或停滞。

②温度。温度为种子萌动、生理代谢、细胞分裂和组织分化等一系列活动所必需。种子萌发对温度最为敏感。不同蔬菜种子萌发要求的温度不同。一般而言，耐寒性的根、茎、叶菜类蔬菜萌发的最低温度为2～4℃，适宜温度为18～25℃，超过28～30℃则萌发不良，所以在炎夏播种耐寒性蔬菜时，遮阴育苗比露地直播育苗萌发快且整齐；喜温性的果菜类蔬菜，种子萌发最低温度为8～12℃，尤其是较喜温的辣椒、茄子、瓜类等，低于10℃很难萌发，适宜温度为20～30℃，所以在早春育苗时，若土壤温度低于10℃，往往造成萌发停滞，烂籽缺苗。不同蔬菜种子萌发温度见表4-2，以及与温度的关系见图4-3。

表4-2　蔬菜种子萌发温度

（引自 Dale T Lindgren，2011）

蔬菜种类	萌发率（%）	温度范围（℃）			最佳温度、湿度条件下萌发所需天数（d）
		最低	最佳	最高	
黄瓜	80	16	35	41	2～5
南瓜	75	18	32	41	4
西葫芦	75	18	35	41	4
西瓜　有籽	70	21	35	41	4～5
西瓜　无籽	70	30	35	41	5～6
网纹甜瓜	75	18	35	41	3～4
番茄	75	10	27	35	6
辣椒	55	16	30	35	8
茄子	60	16	30	35	6～8
结球甘蓝	75	4	30	35	4
抱子甘蓝	70	—	27	—	5
羽衣甘蓝	75	—	27	—	4
球茎甘蓝	80	4	27	41	3
芜菁甘蓝	75	—	27	—	3
花椰菜	75	4	27	35	5
青花菜	75	4	30	35	4
大头菜（根芥）	75	4	27	41	3
大白菜	75	—	—	—	4
萝卜	75	4	27	35	4
青豆	70	16	30	30	7
菜豆	70	16	27	35	6
豌豆	80	4	24	30	6
根用甜菜	65	4	30	35	5
叶用甜菜	65	4	30	35	4
胡萝卜	55	4	27	35	5
根芹	55	—	21	—	11
芹菜	55	4	21	30	7
欧芹	60	4	24	32	13

（续）

蔬菜种类	萌发率（%）	温度范围（℃）			最佳温度、湿度条件下萌发所需天数（d）
		最低	最佳	最高	
菊苣	65	—	27		6
莴苣	70	0	24	24	6
生菜	80	2	24	24	2～3
洋葱	70	0	27	35	4～5
韭菜	60	—	21		7
新西兰菠菜	40	—	21		6
菠菜	60	0	21	24	5
秋葵	50	16	35	41	6
欧洲防风	60	2	18	30	14
婆罗门参	75	—	21	—	6
甜玉米	75	10	30	41	3

注：萌发率指集约化育苗最低萌发率。"—"表示未提供数据。同一种蔬菜，因类型和品种不同，萌发率和所需温度存在差异。

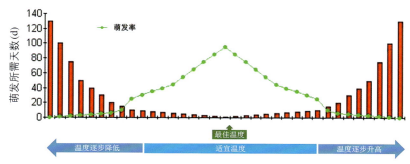

图4-3 种子萌发与温度的关系

（3）氧气 种子贮藏期间，呼吸微弱，需氧量极低，但种子一旦吸水萌动，则对氧气的需求急剧增加。种子萌发需氧浓度在10%以上，无氧或氧气不足，种子不能萌发或萌发不良。含脂肪类物质较多的种子，萌发时需要较多的氧气供应。实践中往往忽视氧气的作用，如将种子集中催芽时，若不能每日用清水洗去种子表面的黏液，或去除种子表面的水膜，因黏液或水膜阻碍氧气吸收，常常会造成种子萌发缓慢，甚至出现种子腐烂等现象。这些现象归根结底是由于缺氧造成。

（4）光　根据种子萌发对光的要求，可将蔬菜种子分为需光种子、嫌光种子和中光种子三类。①需光种子是指种子萌发时需要一定的光照，在黑暗条件下萌发不良，如莴苣、紫苏、芹菜、胡萝卜等。②嫌光种子是指种子要求在黑暗条件下萌发，有光照时萌发不良，如芥菜、葱、韭以及一些百合科蔬菜种子等。③中光种子，即在有光或黑暗条件下均能正常萌发，大多数蔬菜种子为中光种子。此外，波长小于280nm紫外光也可提高种子的发芽率。高强度紫外线则降低种子萌发率，波长290～320nm的中波紫外线辐射将显著降低圆叶菠菜种子的发芽率和出苗率，延缓萌发进程、出苗速度，影响幼苗长势（何雨红等，2001）。

（5）矿质营养　高浓度矿质营养液（或者高EC值），降低水分渗透势，抑制种子对水分的吸收，对蔬菜种子萌发有一定抑制作用。$1.5 \sim 7.5$mmol/L浓度K^+处理对于番茄种子的萌发有抑制作用。随着K^+浓度升高，番茄种子萌发率先降低后升高，种子的萌发时间有一定的延迟，出苗整齐程度下降。适当浓度的稀土金属元素La^{3+}处理，对于番茄种子萌发有一定的促进作用。10^{-5}mol/L La^{3+}处理虽然萌发起始时间较对照稍晚，但萌发高峰时间与对照相同，结束萌发的时间比对照要早，出苗比较整齐；10^{-4}mol/L处理与对照萌发时间相同；10^{-6}mol/L和10^{-7}mol/L La^{3+}对于番茄种子的萌发无明显促进作用。10^{-2}mol/L La^{3+}处理由于浓度过大，对于种子萌发有较强的抑制作用（杨德菊，2016）。

（6）重金属　在水培条件下，重金属元素铜（Cu）、铬（Cr）、铅（Pb）对莴苣种子萌发、幼苗生长有明显的影响，Cu^{2+}、Pb^{2+}在低浓度（$\leqslant 50$mg/L）下与对照组相比，对莴苣种子萌发影响无显著差异（$P>0.05$），随着浓度的增高则逐渐转变为抑制作用。Gr^{6+}对莴苣种子萌发有明显的抑制作用（刘健晖等，2014）。用

0、100、200、300、400、500mg/L的硝酸铅溶液处理水果黄瓜种子，结果表明，随着Pb^{2+}浓度的提高，黄瓜种子的发芽率、发芽势、发芽指数、活力指数均呈下降趋势（彭文露等，2013）。Zn^{2+}、Cr^{6+}对花椰菜和甘蓝种子的萌发均有抑制作用，随着Zn^{2+}、Cr^{6+}浓度的增加，对花椰菜种子萌发的抑制作用也逐渐增强。不同浓度的Zn^{2+}、Cr^{6+}均使萌芽后甘蓝幼芽的抗氧化活性降低，且浓度越大，降低程度也越大。而Cr^{6+}为50mg/L时，对花椰菜种子的抗氧化活性有一定的促进作用。

（7）生长活性物质　如腐植酸、生长调节剂等。高活性腐植酸稀释液处理显著提高NaCl胁迫下西葫芦种子发芽率、发芽指数、活力指数、根长、下胚轴长、一级侧根数及下胚轴与根中超氧化物酶、过氧化物酶活性，并降低下胚轴与根系丙二醛含量。

（8）植物促生菌　植物促生菌可以通过自身分泌生长素、细胞分裂素、赤霉素等植物激素，改善种子萌发周际微生态，促进蔬菜种子萌发。

环境因素对蔬菜种子萌发的影响，绝对不是孤立的单因素，各因素之间存在显著的相互作用，常常表现为协同促进或相互拮抗作用。

1.3　促进种子萌发技术

1.3.1　种子引发

种子引发是一种通过控制种子的水合作用，随后对种子进行干燥，从而使种子的发芽特性得到提高的技术。引发可以诱导种子活力，缩短种子萌发所需时间，提高种子萌发率和整齐度，增强种子在逆境条件下萌发能力，打破休眠，协助完成春化作用等。种子引发效果见图4-4。

目前，常用的种子引发方法主要有：

（1）液体引发　液体引发是将种子放在具有一定渗透压的溶液中，于适宜的温度下使种子缓慢吸水，然后干燥种子，再播种。

调节溶液渗透压的化学物质常用的是PEG 6000或PEG 8000。

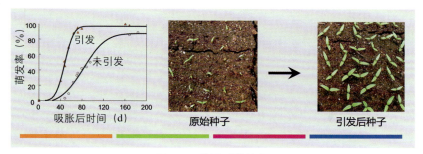

图4-4　种子引发效果
（源自陈佳，2017）

PEG（聚乙二醇）是一种高分子聚合物，化学稳定性高，不能透过细胞壁，因而不影响细胞的生化反应，PEG溶液通过胶体渗透势调控细胞吸水的程度和状态，能使种子的吸水趋于稳定和同步化，最终提高萌发率和整齐率，比采用单一的水浸泡引发要有效得多。盐溶液引发也是较常用的，例如$CaCl_2$、KNO_3等物质可以改变溶液的水势来降低细胞渗透势，是细胞吸水趋于平稳，同时这些盐分子还可以进入细胞，对代谢活动产生积极影响。抗坏血酸溶液浸种促进番茄种子萌发见图4-5。

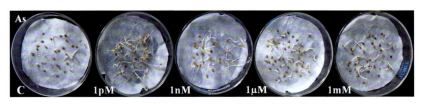

图4-5　抗坏血酸溶液浸种促进番茄种子萌发
（引自 P. Singh 等，2020）

液体引发也可用两种或两种以上药剂配制的组合引发剂，如$CaCl_2$＋NaCl、KNO_3＋K_2HPO_4、KNO_3＋K_3PO4、PEG＋6-BA、$KH_2PO_4^+$＋$(NH_4)_2HPO_4$；PEG＋链霉素、PEG＋四环素、PEG＋金霉素、PEG＋福美双、PEG＋福美双＋苄基青霉素、PEG＋GA_3、PEG＋$GA_{4/7}$、PEG＋$GA_{4/7}$＋6-BA等PEG与抗生素或杀

菌剂或植物生长调节剂的组合，以及 PEG + NaCl、PEG + 蔗糖等 PEG 与盐或糖组合的引发剂等。

（2）固体基质引发　种子、固体基质颗粒和水是构成固体基质引发体系的3个基本组分。种子能从固相载体中缓慢吸水直到平衡。

作为理想的引发固体基质应具备下列几个条件：具有较高的持水能力；对种子无毒害作用；化学性质稳定；水溶性低；表面积和体积大，容重小；颗粒大小、结构和空隙度可变；引发后易与种子分离等。

目前常用的固体基质有片状蛭石、页岩、多孔性黏土、软烟煤、聚丙酸钠胶、合成硅酸钙等。固体基质引发中所用的液体成分除水外，还有 PEG 溶液和小分子无机盐溶液。

种子与固体基质的比例通常为1∶（1.5 ～ 3），加水量常为固体基质干重的60% ～ 95%。

（3）滚筒引发　滚筒引发是先将种子放置在铝质的滚筒内，然后喷入水雾，滚筒以水平轴转动，速度为每秒1 ～ 2cm。为获得最佳的引发效应，应控制好种子吸水程度。一般来说，种子在滚筒内吸湿5 ～ 15d，然后用空气流干燥种子。Warren 和 Bennett 在此基础上做了改进，按一定间隔时间定量加水，控制甜玉米种子缓慢吸水。具体流程是：设置时间间隔和每个循环加入的水量→确定循环数→控制种子吸水过程（要求在开始下一个循环时无多余的水留下）→吸水完成后种子在滚筒内停留一段时间（以保证充分吸湿）→取出吸湿种子用空气流回干。

概括起来，滚筒引发包括4个阶段，即：①校准确定种子的吸水量；②吸湿1 ～ 2d；③培养，吸湿种子在滚筒内放置1 ～ 2周；④干燥。

（4）生物引发　生物引发是将种子生物处理与播前控制吸水方法相结合，引发期间采用有益真菌或细菌（如荧光假单胞菌 *Pseudomonas fluorescens* AB254或金色假单胞菌 *Pseudomonas aureofaciens*）作为种子保护剂，让其大量繁殖布满种子表面，通过微生物之间的拮抗作用使幼苗免遭病原菌的侵袭。

生物引发的一般步骤是先将种子进行表面消毒，用成膜剂（如甲基纤维素）包膜种子，将种子放在两层发芽纸或纸巾间在适宜的温度下缓慢吸水至一定水平，引发后的种子可直接播种。

据报道，用生物拮抗菌荧光假单胞菌 AB254 包衣番茄种子，然后将包衣种子浸在 −0.8MPa NaNO$_3$ 的溶液中4d，可抑制终极腐霉菌 *Pythium ultimum* 的生长，提高番茄健康苗的比率，促进番茄幼苗生长（图4-6）。Fujikura 等认为，用水引发花椰菜种子效果比PEG引发好，尤其是在10℃低温下发芽效果更好，但Warren 和 Bennett认为就老化种子的修复效果而言，水引发不如PEG引发，因为前者可能会引起种子吸湿不均和引发期间微生物易在种子表面繁殖生长。

图4-6 生物引发促进番茄幼苗生长
（引自 P. Singh 等，2020）

注：番茄播种后35d生长情况：T1表示未引发对照；T2表示抗坏血酸引发（浓度1pmol/L）；T3表示 *T. asperellum* BHU-P1 引发；T4表示 *Ochrobactrum* sp. BHU-PB1 引发；T5表示抗坏血酸和 *T. asperellum* BHU-P1 联合引发；T6表示抗坏血酸和 *Ochrobactrum* sp. BHU-PB1 联合引发。

已经成功的范例是采用含有荧光假单胞菌的1.5%甲基纤维素溶液包裹种子，包裹后短暂回缩水分2h，23℃下吸水20min即可播种，这样引发的种子几乎无病害和猝倒现象。

同时，引发也是一种种子老化过程，可能会影响种子的储藏寿命。应针对蔬菜种类和种子特性，试验和选择最适宜的引发方法，包括各项参数和工艺设备。并非所有种子都适合做引发，需要做小样测试。引发处理的条件可能会有利于微生物的生长，引发过程最好对微生物进行控制或与消毒结合进行。

1.3.2 催芽室设计与应用技术

通过催芽室设计和建造，创造蔬菜种子萌发最适宜温度、空气相对湿度、光照、风速等环境参数，促进种子萌发。

（1）目标参数　内部环境温度：0～65℃范围可控，温度控制误差≤±2℃，内部温差≤±2℃；内部环境湿度：70%～95% RH，湿度控制误差≤±5% RH，内部湿度差≤±2% RH；光照强度750～1 250lx；总功率：≤6 000W。

（2）总体结构　可以分为简易型和智能型两种（图4-7）。

图4-7　简易型催芽室（左）和智能型催芽室（右）

①简易型愈合室。充分利用现有空间和条件，因陋就简，搭建具有增温、增湿、补光的空间结构，尽管性能和空间有限，但经济实用。如有些集约化育苗场，在育苗温室内部开辟一小块区域，临时搭建催芽室，满足小规模临时辅助性催芽。

②智能型催芽室。通常包括室体、感知系统、决策系统、执行系统4个部分。

室体：采用标准化、模块化设计。高度280～350cm，室内面积30～50m²。室体材料多选择耐腐蚀、防火性好和保温性强的岩棉夹芯彩钢板（或增强纤维复合板），厚度10cm。

感知系统：包括开门感知、催芽室内外环境信息感知、氧气浓度的监控、种子发芽情况视频监测、能效监测系统等。催芽室环境控制系统见图4-8。

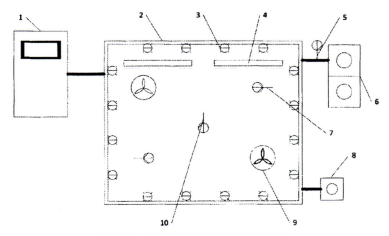

图4-8　催芽室环境控制系统示意图
1.系统控制箱　2.催芽室　3.补光灯　4.风机盘管　5.空调管道温度传感器
6.空调机组　7.温湿度传感器　8.超声波加湿器　9.循环风机　10.照度传感器
（引自龙星等，2014）

决策系统：由专用控制器组成，内置针对不同种子的多套催芽指标，采集感知系统的信息，并根据生产任务制定节能的催芽控制方案，向执行系统发送指令控制执行系统的运行。决策系统通过通信接口向工厂生产管理系统传递信息，通过人机界面显示催芽室运行状态、数据信息，接受人工操作指令。

执行系统：由电控门、温湿度控制系统、节能型智能循环呼吸系统、雾化喷淋系统、内部照明、紫外消毒、外部红绿双色指示及报警灯、内部扰流风机等组成。执行系统主要功能是根据控制指令实现自动开关门、自动温湿度调节、换气、照明、报警等。

催芽室应用场景如图4-9。

图4-9 催芽室应用场景

（3）催芽室应用技术 通常，将播种后穴盘置于催芽车或穴盘转运车，排列在催芽室内。车体与车体之间、车体与催芽室顶部、内墙之间均保持一定距离，保证气流通畅和环境一致性。

催芽车大小示意及室内排列示意见图4-10和图4-11。

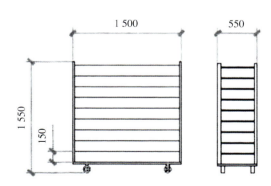

图4-10 催芽车尺寸示意图（单位：mm）
（引自龙星等，2014）

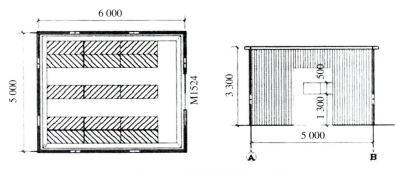

图4-11　催芽车室内排列示意图（单位：mm）

（引自龙星等，2014）

　　根据催芽室面积、催芽车摆放方式、每车苗盘放置数量等，可计算出催芽室批次催芽量。以龙星等（2014）设计催芽室为例，催芽室内部长6 000mm，宽5 000mm，面积30m²。催芽车高1 550mm，长1 500mm，宽550mm，层间距150mm，每车10层，可放置50张穴盘。催芽室排放15个催芽车，750张穴盘。通过穴盘孔数，计算出催芽室可最大催芽量。如采用72孔穴盘，单批次催芽54 000株。

　　催芽前，认真掌握本批次蔬菜萌发最适环境参数和萌发所需天数。催芽过程中，务必定时观测室内环境参数和种子萌发情况，及时发现和纠正环境参数异常现象，当60%左右种子呈现拱出情形，立即推出催芽室，进入育苗室（或称绿化室），接受光照，避免出苗即徒长。

2　蔬菜种子消毒技术

　　未经处理的蔬菜种子常携带有病原微生物，如番茄细菌性溃疡病菌、白菜霜霉病菌、黄瓜角斑病菌、甘蓝黑斑病菌等。蔬菜种传病害中，真菌性病害约占70%，细菌性病害约占20%，病毒性病害约占10%。蔬菜集约化育苗供苗范围广，种子消毒对防止病原菌的异地随苗扩散传播有重要意义。部分蔬菜主要种传病害见表4-3。

表4-3　蔬菜主要种传病害

（引自 Steven Roberts，2015）

蔬菜种类	病原学名	病害名称
茄子	*Verticillium dahliae*	黄萎病
甜菜、芥菜	*Cercospora beticola*	叶斑病
	Pleospora betae	黑胫病、叶斑病、猝倒病
	Pseudomonas syringae pv. *aptata*	细菌性叶斑病
	Peronospora farinosa f. sp. *betae*	霜霉病
	Curtobacterium flaccumfaciens subsp. *betae*	银灰病、细菌性青枯病
	Beet western yellows virus	甜菜黄化病毒病（BTYV）
十字花科蔬菜	*Alternaria brassicae, A. brassisicola*	黑斑病
	Mycosphaerella brassicicola	环斑病
	Peronospora parasitica	霜霉病
	Phoma lingam	黑腐病、溃疡病
	Pseudomonas syringae pv. *maculicola*	细菌性叶斑病
	Pseudomonas cannabina pv. *alisalensis*	细菌性枯萎病
	Xanthomonas campestris pv. *campestris*	黑腐病
胡萝卜	*Alternaria dauci*	黑斑病
	Alternaria radicina	根腐病
	Cercospora carotae	叶枯病
	Xanthomonas hortorum pv. *carotae*	细菌性枯萎病
芹菜	*Cercospora apii*	叶斑病
	Septoria apiicola	叶斑病、枯萎病
	Pseudomonas syringae pv. *apii*	细菌性叶斑病
芫荽	*Pseudomonas syringae* pv. *coriandricola*	细菌性枯萎病
葫芦科蔬菜	*Pseudomonas syringae* pv. *lachrymans*	细菌性角斑病
	Xanthomonas cucurbitae	细菌性叶斑病
	Cucumber mosaic virus	黄瓜花叶病毒病（VMV）

（续）

蔬菜种类	病原学名	病害名称
葫芦科蔬菜	*Zucchini yellow mosaic virus*	西葫芦黄化病毒病（ZYMV）
	Didymella bryoniae	蔓枯病
	Acidovorax citrulli	细菌性果斑病
豆科蔬菜	*Pseudomonas syringae* pv. *phaseolicola*	叶斑病
	Xanthomonas axonopodis pv. *phaseolicola*	细菌性疫病
	Ascochyta phaseoli	斑点病
	Colletotrichum lindemuthianum	炭疽病
	Bean common mosaic virus	菜豆花叶病毒病（BCMV）
韭菜	*Pseudomonas coronafaciens* pv. *porri*	细菌性叶枯病
生菜	*Septoria lactucae*	叶斑病
	Fusarium oxysporum	枯萎病
	Verticillium dahliae	黄萎病
	Xanthomonas campestris pv. *vitians*	细菌性叶斑病
	Lettuce mosaic virus	生菜花叶病毒病（LMV）
洋葱	*Botrytis aclada/allii*	茎基腐病
	Pseudomonas coronafaciens pv. *porri*	细菌性枯萎病
	Xanthomonas axonopodis pv. *allii*	细菌性叶枯病
	Ditylenchus dipsaci	根结线虫病
欧芹	*Septoria petroselini*	叶斑病
欧洲防风	*Itersonilia pastinaceae*	溃疡病
豌豆	*Ascochyta pisi*	褐斑病
	Fusarium oxysporum f. sp. *pisi*	枯萎病
	Mycosphaerella pinodes	斑点病
	Pseudomonas syringae pv. *pisi*	细菌性斑点病
	Pea seed-borne mosaic virus	豌豆花叶病毒病（PMV）
	Pea early browning virus	豌豆早褐病毒病（PEBV）
辣椒	*Xanthomonas vesicatoria*	细菌性疮痂病
	Pepper mild mottle virus	辣椒轻斑驳病毒病（PMMoV）
	Tobacco mosaic virus	烟草花叶病毒病（TMV）
	Tomato mosaic virus	番茄花叶病毒病（ToMV）

（续）

蔬菜种类	病原学名	病害名称
萝卜	*Pseudomonas syringae* pv. *maculicola*	细菌性叶斑病
	Pseudomonas cannabina pv. *alisalensis*	细菌性枯萎病
菠菜	*Peronospora farinosa* f. sp. *spinaciae*	霜霉病
	Verticillium dahliae	枯萎病
	Pseudomonas syringae pv. *spinaceae*	细菌性叶斑病
番茄	*Clavibacter michiganensis* subsp. *michiganensis*	细菌性溃疡病
	Pseudomonas syringae pv. *tomato*	细菌性斑点病
	Xanthomonas vesicatoria	细菌性疮痂病
	Alternaria solani	早疫病
	Pepino mosaic virus	凤果花叶病毒病（PepMV）
	Tobacco mosaic virus	烟草花叶病毒病（TMV）
	Tomato mosaic virus	番茄花叶病毒病（ToMV）

种子消毒就是利用物理、化学的方法杀灭种子表面或内部携带的病原微生物。种子消毒时黏附于种子表面的化学杀菌剂，对可能引起种子腐烂或幼苗猝倒病的育苗基质土著病原菌也有杀灭作用，特别是当种子萌发期遭遇低温高湿环境，种子萌发缓慢时作用更加明显。种子消毒可以显著减少苗期杀菌剂、杀虫剂施用量，有益于环境生态保护和育苗效益提升。

但是，消毒处理方法不当，极可能伤害或致死种子。因此，种子处理前必须做到：

（1）每种处理方法，或每次处理，必须首先取少量种子进行种子活力、发芽势和消毒效果测试。

（2）用于处理的种子，应是未经过杀菌剂、杀虫剂消毒和未包衣的"原种"。

（3）用于种子处理的杀菌剂、杀虫剂必须经过我国农药管理部门登记，且被允许使用。

（4）种子消毒处理通常一次即可，不宜多次进行。

2.1　种子内部消毒技术

主要通过热水和干热杀灭种子内外病原。

正确的热水高温消毒方法，可以杀灭绝大多数种子表皮和内部携带的病原真菌和细菌，而不伤害种子。对于劣质种子或一年以上的陈种子，热水高温消毒可能使其丧失萌发能力。因此，建议每次对大批量种子进行热水高温消毒前，都要先用少量种子进行试验，观测热水消毒后种子萌发率和出苗情况。

热水高温消毒必须严格控制水温和浸种时间，水温稍低或浸种时间不够，无法完全有效杀灭种带病原菌；水温过高或浸种超时，则极可能严重伤害种子，造成种子萌发力丧失或萌发不整齐。

种子热水高温消毒必须严格按操作流程进行。蔬菜种子热水高温消毒温度和时间见表4-4。

表4-4　蔬菜种子热水高温消毒温度和时间

蔬菜种类	温度（℃）	时间（min）
青花菜	50	20～25
抱子甘蓝	50	25
结球甘蓝	50	25
胡萝卜	50	15～20
白菜花	50	20
芹菜	50	25
大白菜	50	20
芫荽	53	30
水芹	50	15
黄瓜	50	20
茄子	50	25
大蒜	49	20
羽衣甘蓝	50	20
生菜	48	30
薄荷	44.5	10
芥菜	50	15

（续）

蔬菜种类	温度（℃）	时间（min）
新西兰菠菜	49	60 ～ 120
洋 葱	46	60
辣 椒	51.5	30
芜菁甘蓝	50	20
大 葱	46	60
菠 菜	50	25
甘薯块茎	46	65
甘薯芽	49	10
番 茄	50	25
山药块茎	44.5	30

注：未列出蔬菜种类，可能热水高温消毒效果不佳，或热水对种子伤害较大，请谨慎使用。

种子干热消毒，首先将种子晾晒或进行其他脱水处理，使种子含水量降至7%以下，然后置于70°左右的烘箱中热处理，或者40℃和70℃变温循环处理（图4-12）。

图4-12　种子干热处理

2.2　种子表面消毒技术

存在于种子表面的细菌性病原体，如引发辣椒和番茄细菌性斑点病、番茄溃疡病的细菌性病原体，以及芦笋种子携带的镰刀枯萎病菌和根腐病菌，采用次氯酸钠浸种，能够取得较好消毒效果。但必须严格按照操作流程进行。

磷酸三钠水溶液浸种可有效杀灭辣椒、番茄种子携带的烟草花叶病毒（TMV）。120g磷酸三钠加入1L水中，制成磷酸三钠水溶液，浸泡种子30min，然后用无菌水冲淋种子，种子风干后，再用漂白液处理杀灭其他病原菌。

0.1%～0.2%高锰酸钾溶液浸种，也可以起到一定的种子消毒作用（图4-13）。高锰酸钾水溶液浸种时，应使用洁净、卫生的水源；严格掌握浓度，浓度过低，起不到氧化杀菌功能，浓度过高，可能灼伤种胚，降低出苗率和出苗整齐度；不与农药、化肥等混配混用。

浸种消毒

晾晒

图4-13　高锰酸钾溶液浸种消毒

2.3　种子保护性消毒技术

种子保护性消毒主要防治育苗基质土传病原菌引起的种子腐烂、幼苗猝倒病等。蔬菜种子保护性消毒常用杀菌剂有：福美双、克菌丹、土菌灵、甲霜灵、地茂散、代森锰、代森锰锌、五氯硝基苯等。

有时将杀菌剂和杀虫剂混合用于种子保护性消毒，混合时务必注意两者的兼容性。在混合中还应注意以下几点：

（1）酸碱度是影响各组分有效性的重要因素。在碱性条件下，氨基甲酸酯、拟除虫菊酯类杀虫剂，福美双、代森环等二硫代氨基甲酸盐类杀菌剂易发生水解或复杂的化学变化，从而破坏原有结构。在酸性条件下，2，4-D钠盐、2-甲基-4-氯钠盐、双甲脒等会分解，因而降低药效。

（2）有机硫类和有机磷类农药不能与含铜制剂的农药混用。如二硫代氨基甲酸盐类杀菌剂、2，4-D盐类除草剂与铜制剂混用，因与铜离子络合，而失去活性。

（3）微生物源杀虫剂和内吸性有机磷杀虫剂不能与杀菌剂混用。

（4）乳油或可湿性粉剂混用，要求不出现分层、浮油、沉淀等现象。

（5）应避免混合物出现药害。例如石硫合剂与波尔多液混用可产生有害的硫化铜，也会增加可溶性铜离子含量；敌稗、丁草胺等不能与有机磷、氨基甲酸酯杀虫剂混用。

种子保护性消毒方法主要有两种，即粉剂拌种法（简称拌种法）和泥浆包裹法（简称包裹法）。

拌种法是将种子和杀菌剂放入密闭的容器中，如滚筒，通过不断转动容器使药剂均匀地附着在种子表面。拌种容量是消毒种子体积量的2倍时效果较佳。

包裹法是添加适量的水使杀菌剂成胶糊状，放入种子，漩涡式震荡，种子表面被含杀菌剂的胶糊均匀包裹，然后风干。

每35L蔬菜种子用30 ～ 100g保护性杀菌剂，尽量不要超过此比例。

表4-5为蔬菜种子福美双、克菌丹保护性处理推荐使用剂量；表4-6为蔬菜种子消毒方法与控制病害。

表4-5　蔬菜种子福美双、克菌丹保护性处理推荐使用剂量

（引自 D. C. Hamim et al., 2014）

蔬菜种类	福美双（50% WP）用量 [g/kg（干种子）]	克菌丹用量 [g（液剂）/kg（干种子）]
荷兰豆	1.8	—
搭架菜豆	1.3	1.5
西蓝花	5.0	1.0
抱子甘蓝	5.0	1.0
结球甘蓝	5.0	1.0
厚皮甜瓜	2.7	1.5
黄瓜	2.7	1.5
胡萝卜	5.0	—
青花菜	5.0	1.0
豇豆	1.3	1.5
菊苣	5.0	—
茄子	3.5	—
羽衣甘蓝	5.0	—
苤蓝	5.0	—
叶用甜菜、生菜、芥菜、菠菜	5.0	1.0
秋葵	3.5	—
豌豆	1.8	1.5
辣椒	5.0	1.5
南瓜	3.5	1.0
萝卜	5.0	1.0
西葫芦	3.5	1.0
番茄	3.6	—
西瓜	3.5	1.0
其他蔬菜种子	5.0	—

注：—表示不适用于该种蔬菜种子处理。

表4-6　蔬菜种子消毒方法与病害控制

蔬菜种类	药剂名称及其使用方法	控制病害
芦笋种子	漂白液浸种	镰刀枯萎病
芦笋宿根	代森锰锌拌种法	根腐病
豆类蔬菜	克菌丹拌种法、包裹法 地茂散包裹法 氯唑灵拌种法、包裹法 甲霜灵包裹法 五氯硝基苯拌种法、包裹法 链霉素包裹法 福美双拌种法、包裹法	种子腐烂、苗期猝倒病、腐霉菌和丝核菌引起的根腐病。 链霉素对控制种子表面携带晕疫病菌有一定效果。 五氯硝基苯杀灭丝核菌。 甲霜灵杀灭腐霉菌
甜菜	克菌丹拌种法、包裹法 福美双拌种法、包裹法	种子腐烂、苗期猝倒病、黑腐病。 施用硼砂可降低缺硼引起的猝倒病发生率
胡萝卜	热水消毒后，福美双拌种法、包裹法	热水消毒控制种带细菌性疫病。 福美双控制种子腐烂和苗期猝倒病
甜玉米	克菌丹拌种法、包裹法 甲霜灵包裹法 福美双拌种法、包裹法 萎锈灵包裹法	种子腐烂和苗期猝倒病。 甲霜灵杀灭腐霉菌
十字花科蔬菜，包括结球甘蓝、芜菁甘蓝、抱子甘蓝、羽衣甘蓝、萝卜、青花菜、花椰菜、芥菜等	热水消毒后，克菌丹拌种法、包裹法 热水消毒后，福美双拌种法、包裹法	热水消毒控制种带黑粉病、黑茎病、霜霉病、炭疽病、黑斑病、枯萎病病菌。 克菌丹和福美双控制种子腐烂和苗期猝倒病
茄子	热水消毒后，克菌丹拌种法、包裹法 热水消毒后，福美双拌种法、包裹法	热水消毒控制种带褐纹病菌和炭疽病菌。 福美双控制种子腐烂和苗期猝倒病
菊苣	福美双拌种法、包裹法	种子腐烂和苗期猝倒病
大蒜	五氯硝基苯拌种法、包裹法	白腐病

（续）

蔬菜种类	药剂名称及其使用方法	控制病害
黄秋葵	甲霜灵包裹法 福美双拌种法、包裹法	种子腐烂和苗期猝倒病。
洋葱	福美双拌种法、包裹法	种子腐烂、苗期猝倒病和黑穗病。
豌豆	克菌丹拌种法、丸粒化、拌基质 氯唑灵和五氯硝基苯拌基质 甲霜灵包裹法 五氯硝基苯拌种法、包裹法 福美双拌种法、包裹法	种子腐烂和苗期猝倒病。 对控制褐斑病和褐纹病有一定效果。
辣椒	热水消毒或漂白液浸种后，克菌丹拌种法 热水消毒或漂泊液浸种后，福美双拌种法	浸种控制种带炭疽病、细菌性斑点病病菌。 克菌丹和福美双控制种子腐烂和苗期猝倒病。
马铃薯	克菌丹拌种法 代森锰拌种法 甲基托布津拌种法	镰刀菌、种子腐烂、苗期黑茎病。
菠菜	热水消毒后，克菌丹拌种法、包裹法 热水消毒后，福美双拌种法、包裹法	浸种控制种带霜霉病和炭疽病。 克菌丹和福美双控制种子腐烂和苗期猝倒病。
甘薯	氯硝胺浸蘸	黑腐病、茎腐病、粗皮病。
番茄	热水消毒后，克菌丹包裹法 热水消毒后，福美双拌种法、包裹法 热水消毒后，福美双拌种法、包裹法 热水消毒后，代森锰锌包裹法	热水消毒控制种带细菌性斑点病、炭疽病、茎基腐病。 杀菌剂控制种子腐烂和苗期猝倒病。

蔬菜种类	药剂名称及其使用方法	控制病害
番茄	磷酸三钠浸种后，克菌丹包裹法	磷酸三钠浸种控制种带TMV。杀菌剂控制种子腐烂和苗期猝倒病。
	磷酸三钠浸种后，福美双拌种法、包裹法	
	磷酸三钠浸种后，代森锰锌包裹法	
	磷酸三钠和漂白液浸种后，克菌丹包裹法	磷酸三钠浸种控制种带TMV、炭疽病和细菌斑点病。杀菌剂控制种子腐烂和苗期猝倒病。
	磷酸三钠和漂白液浸种后，福美双拌种法、包裹法	
	磷酸三钠和漂白液浸种后，代森锰锌包裹法	
瓜类，包括甜瓜、黄瓜、南瓜、西瓜	克菌丹拌种法、包裹法、拌基质	种子腐烂、苗期猝倒病、种带镰刀菌、黑腐病、南瓜根腐病。
	福美双拌种法、包裹法	
其他瓜类	克菌丹拌种法、包裹法	种子腐烂和苗期猝倒病。

蔬菜种子保护性消毒时应选择室外或通风良好的地方，并穿戴防护衣服、面具、橡胶手套，尽量减少皮肤与化学药剂的接触。操作过程中，严格按照杀菌剂包装上面的说明，如浓度、用量、组分、操作须知进行。每次消毒后，及时用肥皂清洗皮肤。保护性消毒后的种子携带有一定量的杀菌剂，绝对不能再用于饲料、食物或榨油原料。

2.4 蔬菜种子规范化消毒技术

2.4.1 热水－福美双复合消毒方法

只要方法适当，热水处理可以杀灭种子表面或种子内部的细菌性病原微生物。建议茄子、辣椒、番茄、胡萝卜、菠菜、生菜、芹菜、芜菁甘蓝、萝卜及其他十字花科蔬菜采用此方法，对于瓜类蔬菜，如南瓜、瓠瓜、西瓜等，热水处理可能伤害种子，不建议使用。热水处理后，结合福美双拌种，可以有效预防各种病原菌特别是病原真菌引起的苗期猝倒病。

（1）主要用具 水浴锅两个：一个用于预处理，另一个用于种子热水处理，可以从实验仪器设备公司购得。玻璃温度计、棉纱布或尼龙袋、超净工作台。

（2）操作流程 热水－福美双复合消毒操作流程如图4-14。

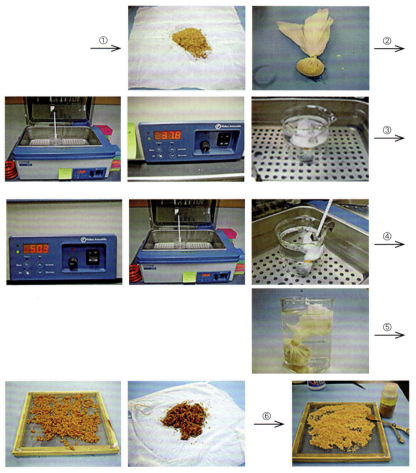

图4-14 热水－福美双复合消毒操作流程

①将种子用绵纱布包裹，或装入尼龙袋。种子要比较松散，不要太紧。

②37℃水浴锅中预热10min。

③将预热后的种子置另一个水浴锅中，在表4-7推荐的温度和时间下进行种子消毒。温度和时间必须严格控制，否则可能消毒不彻底，或伤害种子。

④处理后，立即用自来水冲洗种子5min，停止热作用。

⑤解开棉纱布，或从尼龙袋中取出种子，将种子平摊在纱布或尼龙袋上，置超净工作台上晾干种子。要避免消毒后的种子被外界病原菌再感染。避免晾干过程中接触杀菌剂、杀虫剂和化学药品。

⑥种子完全晾干后，用75%福美双可湿性粉剂拌种。用量是500g种子用约5g福美双。

表4-7　部分蔬菜种子热水处理温度和时间

蔬菜种类	温度（℃）	时间（min）
抱子甘蓝、茄子、菠菜、结球甘蓝、番茄	50	25
花椰菜、羽衣甘蓝、芜菁甘蓝	50	20
芥菜、水芹、萝卜	50	15
辣椒	51	30
芹菜、根芹菜、生菜	47	30

2.4.2　次氯酸钠-福美双复合消毒方法

次氯酸钠处理可以有效地去除种子表面的细菌性病原菌，对种子内部的病原菌则无效。种子处理前最好确认种子未用其他方法处理过，或种传病原菌不是在种子内部。次氯酸钠处理后，结合福美双拌种，也可以有效预防各种病原菌特别是病原真菌引起的苗期猝倒病。

（1）主要用具　含量5.25%次氯酸钠溶液，Activator 90或

Silwet等表面活性剂，以及玻璃烧杯、超净工作台。

（2）操作流程　次氯酸钠-福美双复合消毒操作流程见图4-15。

① 1 000mL 5.25%次氯酸钠溶液中加入4 000mL水（1∶4，V/V），搅拌均匀，再加入约6g表面活性剂，搅拌均匀。每千克种子用8 500mL消毒液，消毒时间为1min。消毒液必须是现用现配，不能用已用过的消毒液。

②用自来水冲洗种子5min。

③将种子平摊在无菌滤纸上，无菌条件下晾干。避免晾干过程中接触杀菌剂、杀虫剂和化学药品。

④种子完全晾干后，用75%福美双可湿性粉剂拌种。用量是500g种子用约5g福美双。

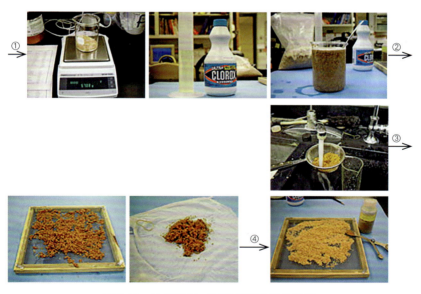

图4-15　次氯酸钠–福美双消毒操作流程

2.4.3　双氧水（H_2O_2）种子消毒方法

双氧水可有效杀灭种子表面携带的病原菌，增加浸种过程氧气供给，软化种皮等。操作流程如下：

①取适量种子，液体密度分选，去除杂质和瘪种。

②配制种子体积5～8倍、0.1%双氧水溶液（商品双氧水为3%，按32∶1稀释即可）。

③分选后的种子倒入双氧水溶液，并充分搅拌。

④浸种30min。

⑤取出种子，自来水冲淋数遍，即可用于播种或催芽。

2.4.4　盐酸消毒方法

用稀盐酸溶液处理番茄种子，可杀灭种带病原细菌，如：细菌性叶斑病菌、细菌性斑点病菌和细菌性溃疡病菌，还可清除种子表面的烟草花叶病毒。操作流程如下：

①选择通风良好的区域，按盐酸和纯净水1∶19(*V/V*)的比例，配制5%盐酸溶液。配制过程中切忌盐酸接触到皮肤。

②种子倒入盐酸溶液，浸种6h，期间轻轻搅拌数次。

③小心地排放盐酸溶液，种子用流水冲淋30min，或冲洗10～12次，洗脱种子表面残存的盐酸。

④选择洁净、无菌、远离农药（杀菌剂、杀虫剂及其他化学品）的地方，将种子摊开在干净纸巾或筛网上晾干。

2.4.5　磷酸三钠浸种

磷酸三钠固体属强碱弱酸盐，具有较强的碱性和较高的溶解度，化学性质稳定，能够长期保存。磷酸三钠在干燥空气中易潮解风化，生成磷酸二氢钠和碳酸氢钠，在水中几乎完全分解为磷酸氢二钠和氢氧化钠。1%的水溶液pH为11.5～12.1。

磷酸三钠水溶液处理番茄、辣椒种子可减少烟草花叶病毒为害。操作流程如下：

①称取500g磷酸三钠，加入4.2L水中，搅拌直至完全溶解。

②加热使磷酸三钠水溶液达到122℃，放凉。

③蔬菜种子装入棉布口袋，放入磷酸三钠水溶液，浸种40min。

④取出种子袋，清水冲淋数遍。

⑤选洁净场地晾干种子，再进行杀菌剂处理。

2.5　种子萌发测试

为了确保安全高效，任何一种种子消毒方法，均应先行测试后再批量进行，以避免不必要损失。简单测试方法如下：

①将种子混合均匀，每批次取种子100粒。

②分为两组，每组50粒种子。一组用于种子处理，另一组不处理。

③待处理的种子完全晾干后，用于萌发试验，直到种子第一片真叶出现。允许萌发率有差异。

④计算每组种子出苗率，用%表示。

⑤两组之间允许有5%以内的差异。

图4-16为番茄、南瓜种子萌发试验。

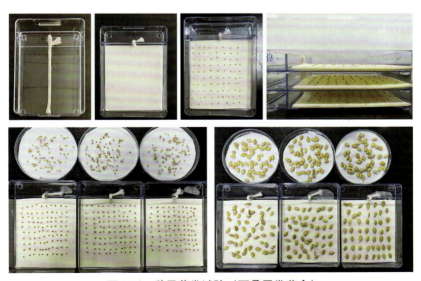

图4-16　种子萌发试验（可叠置发芽盒）

3 蔬菜育苗基质的科学配制技术

育苗基质是一种能够代替土壤，为幼苗生长发育提供足够水分、营养、适宜pH值等良好根系生长环境的物质。可以起到固定支撑幼苗直立生长，提供种子萌发、幼苗生长必需的水分、营养成分及根系呼吸氧气，缓冲生长环境温度剧烈变化对根际温度的冲击，维系根际良好菌群结构的作用，对培育壮苗至关重要。

蔬菜集约化育苗多以多孔连体式穴盘为容器。目前，生产上常用穴盘包括聚乙烯、聚苯乙烯吸塑形成的厚约1mm片状穴盘和聚乙烯发泡模压成型的泡沫穴盘两种类型，孔穴数量有32、50、72、105、128、288、300孔，单穴容积6 ~ 100cm³，底部有直径7mm左右的排水孔。穴盘育苗具有良好机械适配性、搬运便捷性、单位面积成苗量大等优点，在世界各国广为推广应用，也是我国蔬菜集约化育苗的主要技术形式。

我国传统育苗以精制营养土为主，就地取材、价格低廉、营养全面，但存在容重大、粉末状、理化性状不稳定、病原菌与害虫（卵）及杂草种子携带概率高等问题，不适合穴盘育苗。因此，穴盘育苗多采用泥炭、蛭石、珍珠岩、复混肥等混配的轻量基质。

然而，近年来，由于原料选用不科学、生产工艺不标准、产品质量检测方法缺乏等，基质质量问题引发的纠纷时有发生，如除草剂污染基质原料引发幼苗畸形、有机肥未完全腐熟引起烧苗、病原菌侵染引发后期根肿病等。

3.1 育苗基质的质量要求

通常从物理特性、化学特性、生物学特性表现评判蔬菜育苗基质质量。

3.1.1 物理特性

包括粒径、容重、孔隙度、持水力、阳离子交换量等。基质中水分过多，易造成缺氧；水分过少，会造成幼苗干旱胁迫。幼苗对矿质养分吸收是依存于水分的，干旱缺水条件下幼苗也无法获得足够的矿质养分。基质中0.1mm以上的孔隙，其中的水分在重力作用下很快流失，主要容纳空气，称为通气孔隙（也称大孔隙）；0.001～0.1mm的孔隙，主要贮存水分，称为持水孔隙（也称小孔隙），两者的比例（简称气水比）决定持水力大小。粒径大小、容重等都会影响基质的孔隙大小和分布。阳离子交换量（CEC）表示基质对养分的保持能力。蔬菜集约化育苗基质物理性状推荐标准见表4-8。

表4-8 蔬菜集约化育苗基质物理性状推荐标准

项目	推荐范围
容重（g/cm³）	0.2～0.8
粒径大小（mm）	1～10
总孔隙度（%）	＞60
通气孔隙度（%）	＞15
持水孔隙度（%）	＞45
气水比	1：（2～4）
含水量（%）	≤35.0
持水力（%）	100～120
阳离子交换量（cmol/kg，以NH_4^+计）	＞15.0

3.1.2 化学特性

包括有机质含量、pH值、EC值、矿质养分含量，其中pH值、EC值最为关键。基质pH值决定矿质养分的有效性和微生物多样性。低pH值增加Fe、Mn、Al的可溶性，这些元素与P作用，降低P的有效性。低pH值易使Ca、Mg、S、Mo的有效性降低；反之，提高pH值，有可能造成多种微量元素的潜在缺乏。EC值反映基质可溶性盐的含量，EC值过高，降低基质水势，造成幼苗根系吸水困难，根尖变褐，根毛发生少；EC值过低，极可能说明基质养分缺乏，叶色变黄，胚轴和茎细弱。蔬菜集约化育苗基质化学性状推荐标准见表4-9。

表4-9 蔬菜集约化育苗基质化学性状推荐标准

项目	推荐范围
pH	5.5 ～ 7.5
电导率*（mS/cm）	0.1 ～ 0.2
有机质（%）	≥20.0
碱解氮（mg/kg）	50 ～ 100
有效磷（mg/kg）	10 ～ 30
速效钾（mg/kg）	50 ～ 100
硝态氮/铵态氮	（4：1）～（6：1）
交换性钙（mg/kg）	50 ～ 100
交换性镁（mg/kg）	25 ～ 50

* 测定方法采用1：10（V/V）稀释法。

3.1.3 生物学特性

包括基质微生物群落结构、微生物生物量、酶活性，这些指标与根际病原菌的繁殖、有机质分解有关。育苗基质应杜绝病原菌（如枯萎病菌、腐霉菌、丝核菌、细菌性斑点病菌、TMV、根结线虫等）、害虫虫卵（如蕈蚊、沼泽蝇等）和杂草种子（如藜、马齿苋、马唐草、牵牛花、黍子等）的存在。

育苗基质接种植物促生菌或添加生物菌肥，有益于改善育苗基质生物学特性和苗期根际微生态，拮抗病原菌侵染和蔓延。国外主要商品育苗基质及质量指标见表4-10。

表4-10 国外主要商品育苗基质及质量指标

国别	品牌	基质基本组分	主要质量指标
美国	BACCTO	小粒径园艺级苔藓泥炭和珍珠岩，湿润剂	营养平衡，灰分含量低，酸碱缓冲性好

（续）

国别	品牌	基质基本组分	主要质量指标
美国	CORNER	每立方米基质含泥炭、蛭石、珍珠岩各0.33m³，水溶肥（N-P-K为5-10-10）1kg，粉末状石灰1kg	容重小，排水性好
	SUNGRO	55％～65％苔藓泥炭及蛭石、珍珠岩、启动肥、石灰、湿润剂	pH 5.5～6.5
德国	KLASMANN	1～7mm草本泥炭，复合肥料0.7kg/m³，微量元素，湿润剂	pH 6.0，通气孔隙度7％～12％，持水孔隙度75％～85％
荷兰	JIFFY	85％～100％白色苔藓泥炭，珍珠岩＜15％，无或少量黏土颗粒，无或少量肥料	通气孔隙度14％～17％，相对含水量74％～76％，pH 5.7～5.8，EC值0.2～0.9mS/cm
意大利	VIGORPLANT	0～10mm爱尔兰产黄色泥炭、树皮粉末、蒙脱石黏土	pH 6.0～6.8，EC值0.20～0.30mS/cm
丹麦	PINDSTRUP	＜10mm苔藓泥炭98％，三元复合肥0.55kg/m³，微量元素0.55kg/m³	pH 5.5，EC值0.5mS/cm
英国	FARGRO	苔藓泥炭、珍珠岩、磷吸附剂	—
爱沙尼亚	MIKSKAAR	0～5mm白色苔藓泥炭，N 65～145mg/L，P_2O_5 145～245mg/L，K_2O 185～305mg/L	有机质含量≥85％，灰分含量≤15％，吸水可达自身干重量的7～8倍，pH 5.5～6.0，EC值0.7mS/cm，持水量40％～60％

注：启动肥指基质配制过程中加入的少量肥料，以满足种子萌发和幼苗早期生长养分需求。

3.2 育苗基质常用物料

为了达到上述育苗基质理化、生物学性状，单靠一种材料很难实现，因此，育苗基质多由几种组分混配而成。

3.2.1 主料

应选择容重小、粒径适宜、离子含量低、pH7.0左右、持水保肥能力强且不携带病原菌、害虫（卵）和杂草种子的物料，如泥炭、蛭石和珍珠岩、椰糠、生物固体废弃物等（图4-17）。

草炭　　　　　　椰糠　　　　　　蛭石　　　　　珍珠岩

图4-17　基质组分

（1）泥炭　泥炭是高湿厌氧环境下未被微生物完全分解的植物残体。泥炭通常处于高湿地带，含水量较高，须经风干、粉碎、筛分才能用于育苗基质生产。如用于蔬菜育苗的德国泰林康泥炭产品，产自波罗的海，直接在当地进行加工、筛选和分级，添加湿润剂，基质纤维长度≤10mm，pH 5.5～6.5。

（2）蛭石和珍珠岩　应选择高强度、混拌不易粉化的产品。蛭石和珍珠岩粒径对基质物理特性影响较大，蔬菜穴盘育苗通常选用2～4mm粒径产品。

（3）椰糠　应选择经过脱盐处理，纤维细，盐分和EC值低的产品。如上海青都园艺椰糠系列产品，产品pH 5.4～6.5，EC值0.5～1.0mS/cm。椰糠为压缩产品，使用时加水膨胀、解压和松解。

（4）生物固体废弃物　主要来源于农业和林业生产、加工后的植物残留，如秸秆、牧草、稻壳、木屑、落叶、薯渣、甘蔗渣、菇渣、果壳、畜禽粪便等，种类繁多，营养丰富，但C/N比普遍较高，极易携带植物病原、虫（卵）。因此，使用前必须经过充分发酵或消毒处理，要求C/N＜25，粒径≤10mm，不含任何病原和虫（卵）。

3.2.2　辅料

应选择水溶性好或粉末状、易于与基质均匀混拌的物料，如复合肥料、大量元素水溶肥、矿质肥料、石灰质物料、硅藻土、湿润剂等。矿质肥料等固体辅料必须经过粉碎、研磨、过筛，呈粉末状，不得有结块，以便均匀与主料混拌；水溶性物料必须具有良好的水溶性，以便于以雾化喷注的方式均匀混入主料。

（1）复合肥料　符合《GB/T 15063—2020复合肥料》之规定，如1.00 ～ 4.75mm粒度占比≥90%，氯离子含量≤3.0%。

（2）大量元素水溶肥料　符合《NY/T 1107—2020大量元素水溶肥料》之规定，如水不溶物含量：固体产品≤1.0%，液体产品≤10g/L；氯离子含量：固体产品≤3.0%，液体产品≤30g/L。

（3）矿质肥料　富含钾、钙、镁、铁、铜、锌等幼苗生长所需的矿质元素，还能提高基质持水保肥能力及幼苗抗病菌能力。钙镁磷肥是育苗基质生产常用的矿质肥料，化学稳定性弱，2%柠檬酸溶液即可将其溶解，与根系分泌的弱酸相匹配，释放养分并被幼苗吸收。

（4）石灰质物料　通常包括钙、镁的氧化物、氢氧化物、碳酸盐等，如生石灰、熟石灰、石灰石、白云石等。其中生石灰白色（或灰色、棕白），有吸水性，含钙量71.4%；熟石灰为细腻的白色粉末，强碱性，含钙量54.1%；白云石灰白色，含钙32.1%、镁21.19%。

（5）硅藻土　硅藻土可提高基质的毛细孔隙度和持水力，促进水分和养分横向移动，缓慢释放幼苗生长所需的硅元素（Si）等。生产上可选择粒径＜1mm的硅藻土。

（6）湿润剂　是一类表面活性剂。添加湿润剂可提高基质填装穴盘后初次吸水能力和育苗期间基质失水后回湿能力。湿润剂种类、添加方式和添加剂量等应以不影响种子萌发、幼苗生长为准。

3.2.3　微生物肥料

微生物肥料是含有特定微生物活体的制品，通过所含微生物的生命活动来增加养分的供应量或促进幼苗生长，改善农产品品质及农业生态环境。微生物肥料包括植物促生菌剂、复合微生物肥料和生物有机肥。

（1）植物促生菌剂　植物促生菌剂是生活在菜田土壤或附生于蔬菜根系的一类可促进植物生长及对矿质营养吸收和利用，并能抑制有害生物的有益菌类。如解淀粉芽孢杆菌、地衣芽孢杆菌、枯草芽孢杆菌等促生、分解磷钾化合物细菌；巴西固氮螺菌、褐球固氮菌等根瘤菌类；绿色红假单胞菌、固氮红细菌等光合细菌类；短乳杆菌、鼠李糖乳杆菌、植物乳杆菌等乳酸菌类等。分为液体和固体两种剂型。液体多以发酵液直接灌装；固体多以泥炭、蛭石为吸附载体，少数由发酵液浓缩、冷冻干燥而成。根据菌种（株）数量，有单菌株制剂和多菌株制剂等。通过蔬菜育苗试验，筛选高效植物促生菌剂种类、接种量。

（2）复合微生物肥料和生物有机肥　分为液态和固态两种形式。液态肥料应通过过滤去除结块和沉淀；固体肥料应通过分筛去除粒径＞2mm的结块或超大部分。

3.3　育苗基质配方例示

育苗基质混配或配方的选择至少要遵循两个基本原则，即适用性原则和经济性原则。

适用性是指基质必须适合幼苗根系健康发育的需要，为此，要考虑到蔬菜种类和育苗季节的需要。夏季育苗，环境温度高，基质水分蒸发速度快，基质混配时应提高基质的持水力，降低肥料用量，防止含水量降低、EC值升高引起的意外烧苗；反之，冬季育苗，环境温度低，通风时间短，基质水分蒸发速度慢，基质混配时应提高基质的孔隙度，防止基质长时间高湿引发烂种和苗期病害。不同蔬菜种类适宜pH范围见表4-11。

表4-11　不同蔬菜种类适宜pH范围

蔬菜种类	pH范围	蔬菜种类	pH范围
芦　笋	6.0～8.0	生　菜	6.0～7.0
豆　类	6.0～7.5	洋　葱	6.0～7.0
根用甜菜	6.0～7.5	豌　豆	6.0～7.5
花椰菜	6.0～7.0	辣　椒	5.5～7.0
抱子甘蓝	6.0～7.5	南　瓜	5.5～7.5
结球甘蓝	6.0～7.5	萝　卜	6.0～7.0
胡萝卜	5.5～7.0	菠　菜	6.0～7.5
羽衣甘蓝	6.0～7.5	芹　菜	6.0～7.0

续

蔬菜种类	pH范围	蔬菜种类	pH范围
大白菜	6.0 ～ 7.5	番　茄	5.5 ～ 7.5
甜玉米	5.5 ～ 7.0	芜菁甘蓝	5.5 ～ 7.0
黄　瓜	5.5 ～ 7.5	西　瓜	5.5 ～ 6.5

　　经济性是指育苗基质购买费用也是商品苗生产成本的重要组成。大约每株苗基质费用0.05元左右。在选择基质组分时，可以考虑当地资源特点，选择价廉实用的材料。如东北可选用草炭，海南可选用椰子壳纤维，广西可选用甘蔗渣等。目前，人们已对育苗基质进行了大量比较研究，针对不同蔬菜提出多种配方，基质配制时不妨参考使用（表4-12）。

表4-12　育苗基质配方例示

蔬菜种类	基质配比（V/V）	每立方米肥料施用量
番　茄	木糖渣、煤灰、煤渣（60：30：10）	尿素0.54kg，磷酸二氢钾0.54kg，鸡粪2.16kg
	蛭石、有机肥、炉灰渣（7：2：1）	幼苗第一片真叶展开后浇施邢禹贤1/2浓度营养液
	稻草腐熟物、炉渣、腐熟鸡粪（7：2：1）	
	草炭、蚯蚓粪、有机肥（50：20：20）	大约含N 100mg/L，P_2O_5 300mg/L，K_2O 400mg/L，
	草炭、有机肥、珍珠岩（65：30：5）	
辣　椒	芦苇末、蛭石（3：1）	幼苗第一片真叶展开后浇灌1/4浓度Hoagland & Arnon营养液
	稻草腐熟物、炉渣、鸡粪（75：15：10）	
	椰子壳纤维粉、草炭、珍珠岩（4：2：2）	N-P_2O_5-K_2O-MgO-Mo（18-18-18-3-0.003）完全肥3.025kg，硫酸镁0.015kg，硝酸钾0.202kg，硝酸钙0.189kg，其他微量元素

蔬菜种类	基质配比（V/V）	每立方米肥料施用量
茄 子	草炭、蛭石、炉灰渣 （3：3：4）	10-6-17专用肥2.8kg，三元复合肥2.0kg，硫酸钾0.8kg，尿素1.4kg
黄 瓜	椰子纤维粉、蛭石 （50：50）	子叶平展时浇灌1/2山崎黄瓜专用营养液
	草炭、蛭石 （7：3）	选用尿素、钙镁磷肥、硫酸钾加入N 0.2kg、$P_2O_5$0.1kg、K_2O 0.2kg
黄 瓜	草木灰、蛭石 （2：1）	子叶平展后浇灌营养液（1 000L水加入硫酸钙0.7kg，硫酸镁0.5kg，磷酸二氢钾0.45kg，尿素0.48kg）
	锯末、菇渣、草炭 （45：37：18）	完全复合肥1.08kg
西葫芦	芦苇渣、珍珠岩 （3：1）	子叶平展后浇灌EC值1.5mS/cm、pH6.0营养液
甜 瓜	草炭、蛭石、珍珠岩 （6：2：2）	选用尿素、磷酸二铵和硫酸钾加入N 0.4kg、$P_2O_5$0.4kg、K_2O 0.1kg
	草炭、蛭石 （7：3）	播种后每周浇施含N 100mg/L 的20-8.6-16.6完全复合肥水溶液
西 瓜	草炭、蛭石、珍珠岩 （6：2：2）	选用尿素、磷酸二铵、硫酸钾加入N 0.4kg、$P_2O_5$0.4kg、K_2O 0.1kg
	草炭、蛭石 （7：3）	
西 芹	棉籽壳、糠醛渣、蛭石、猪粪 （4：2：2：2） 棉籽壳、炉渣灰、蛭石 （6：2：2）	磷酸二铵0.825kg，尿素0.5kg，复合肥1kg，硼砂0.05kg，硝酸钙0.66kg
生 菜	蛭石、砻糠灰 （2：1）	出苗后浇灌完全营养液
	蛭石、有机肥、炉灰渣 （7：2：1）	第一片真叶展开后浇灌EC值1.2mS/cm营养液
结球甘蓝	草炭、蛭石 （9：1）	播种后灌溉浓度0.02%完全肥料溶液
花椰菜	草炭、蛭石、珍珠岩 （70：15：15）	10%的蚯蚓粪，约4kg的磷酸石粉
青花菜	草炭、污泥 （70：30）	

3.4　育苗基质配制工艺

3.4.1　主料预处理

（1）泥炭　须经过晾晒、粉碎、过筛，收集粒径10mm以下部分，并检测粒径＜0.5mm，0.5mm＜粒径＜1.0mm，1.0mm＜粒径＜2.0mm、2.0mm＜粒径＜5.0mm，粒径＞5.0mm的占比，以及持水力、孔隙度、pH值、EC值，加入白云石灰石粉调节pH值至5.0～6.5。

（2）生物固体废弃物　采用生物固体废弃物时必须去除杂物，经过堆置、刨翻，多次60℃以上高温消毒处理，必要时可以添加适量速腐菌剂，提高堆制温度和腐熟质量，加快腐熟进程，然后粉碎、过筛，收集10mm以下部分进行质量检测，加酸调节pH值至5.5～6.0。

（3）椰糠　椰壳经腐熟、粉碎、过筛、脱盐处理后才可以使用。若采用成品椰糠，须经过泡发、解压和松散，搅拌均匀，质量检测合格后使用。

3.4.2　混拌

目前，基质混拌有多种方式和机型，鉴于育苗基质多组分、多形态等特性，规模化专业基质生产应采用传送带平面混配、旋转搅拌相结合的连续作业生产线。蔬菜育苗基质生产工艺流程示意见图4-18。

（1）首次混配　将泥炭、蛭石、珍珠岩、椰糠等主料，分别填装至各料斗，按设定体积比或质量比，依次分层、均匀地进入底部传送带，通过传送带两侧和中央的翻料器完成首次混配。

（2）二次混配　将复合肥料、矿质肥料、石灰质物料等固态辅料，分别填装至各料斗，按设定体积比或质量比，依次分层、均匀地进入传送带，最终进入混拌筒完成二次混配。

（3）三次混配　混合物料进入混拌筒（出料容量1 000～3 000L），随着混拌筒的旋转，筒内的桨叶将混合物料提升到一定的高度后自由散落，达到设定时间后流出混拌筒。将液态植物促生菌剂或微生物肥料等按设定比例溶于水，弥雾状喷射于旋转混合物料表面，并混合均匀。

视频内容请扫描二维码

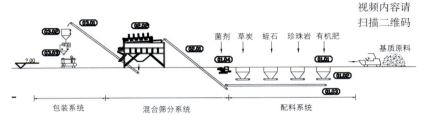

图4-18　蔬菜育苗基质生产工艺流程示意

3.5　育苗基质调制技术及注意事项

3.5.1　物理性状的调制

参考例示的基质配方，将有机组分和无机组分按体积比混合，测试混合基质物理性状指标，基于各组分的独立特性不断调整配比，初选确定数个配方，进行蔬菜育苗试验，根据蔬菜幼苗发育表现确定基本配方。开发应用新的基质组分材料，或大批量育苗前，都要进行育苗试验。同种基质组分，不同产地、同一产地不同批次之间物理性状也会差异较大。

3.5.2　养分含量的调制

根据不同蔬菜种类苗期对养分的需求规律以及后期管理方式，选择单一化学肥料或完全肥料进行添加，并进行育苗试验。蔬菜苗期对养分需求较少，且对EC值比较敏感，因此，基质初始养分含量可控制在较低的水平，EC值过高将降低种子的萌发率以及灼烧根系。蔬菜集约化育苗技术推广初期，为了简化播种后施肥管理，在基质中加入大量肥料，如在基质中加入 $1.5 \sim 2.5$ kg/m^3 完全复合肥（15N：15P$_2$O$_5$：15K$_2$O），整个苗龄不再施肥，其实是很不科学的，也不适用于规模化育苗。种子萌发阶段基本不需要养分，前期养分含量较高，容易引起幼苗徒长。在规模化育苗中，在基质中添加少量启动肥料，后期根据幼苗发育进程和长势，采用灌溉施肥技术补充必要的养分，更有利于肥料节约高效利用，也符合幼苗发育的生物学规律。

3.5.3　酸碱度的调制

由于草炭酸性居多，且基质中使用比例大，蛭石是微碱性，珍珠岩为中性，因此，通常情况下（包括添加少量有机肥）混配基质呈酸性。为了提高基质的pH值，可以加入过100目（0.25mm）筛的白云石灰石（图4-19），或采用生理碱性的化学肥料（如硝酸钙），或用1.2g/L的氢氧化钙水溶液混拌基质。石灰石添加入基质7～10d，基质pH值才会稳定。

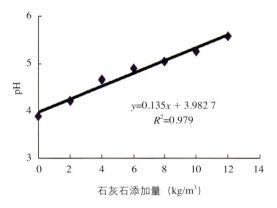

$$y = 0.135x + 3.982\ 7$$
$$R^2 = 0.979$$

图4-19　白云石灰石添加量与草炭pH值的关系
（源自董亮和张志国，2005）

当使用非草炭为主的基质，灌溉硬度较大的水源，基质pH值可能高出蔬菜幼苗需求的范围，为此，可以选择使用生理酸性肥料如硫酸铵，或用120g/L的硫化铁水溶液浇灌，使用硫化铁后，要用清水冲洗叶面的酸液，避免灼伤叶片。

3.5.4 粒径调制

基质粒径对基质孔隙分布和后期管理影响较大。对于同一种基质，粒径越大，容重越小，总孔隙度越大，气水比越大，通气性较好，但持水性较差；反之，粒径越小，容重越大，总孔隙度越小，气水比越小，持水性较好，通气性较差。基质各组分尽可能过筛使混配基质整体处于1～10mm粒径范围内。部分国产草炭产品，结块现象比较严重，导致混拌不均匀和后期的漏水漏肥，需要进行粉碎。蛭石、珍珠岩粒径0.3～0.4cm较好。蛭石和珍珠岩运输和贮放期间，有可能碎化，粒径变小甚至粉末化，最好过筛去除粉末部分。粒径过小，降低基质有效水含量，即水分被基质吸附，根系难以吸收利用。

3.5.5 基质混拌

基质混拌必须使基质各组分彻底均匀，但混拌也会导致基质碎化，粒径变小，因此，基质混拌的时间要严格控制，避免混拌时间过长。基质混拌还可能破坏缓释肥颗粒状结构。目前，基质混拌可通过人工或机械完成，机械搅拌相对比较均匀且效率高。搅拌机械有专用搅拌设备（如荷兰Visser基质搅拌机、北京西达农业工程科技发展中心JB-4型基质搅拌机）和兼用搅拌设备（图4-20）。搅拌过程中使基质含水量达到50%左右。

视频内容请
扫描二维码

立式混凝土搅拌机　　　　卧式混凝土搅拌机　　　　流水线混拌装备

图4-20　基质混拌装备

3.5.6 卫生条件

基质各组分贮放和混拌必须选择洁净、远离病虫害源的地方，尤其不能掺入带病土壤，基质混拌器皿必须经过消毒处理。必要时可以在基质中加入少量杀菌剂，如五氯硝基苯、多菌灵等，添加量以每立方米基质100g左右为宜。成品基质不要贮放过久，尽量及时使用。

3.5.7　测定方法

基质的适用性取决于性状指标的测定，而测定方法或操作过程对数据准确性至关重要。只有采用标准、通用的方法，测定结果才有参照性。如基质EC值测定，国际上有饱和浸提法（SME法）、1∶2（V/V）稀释法、1∶5（V/V）稀释法、1∶10（V/V）稀释法，也有配套的杯具，每一种方法测定结果相差较大。因此，在方法选定和结果比较时必须结合实际和具体测定方法。

3.6　包装、标识、贮放和运输

3.6.1　包装

基质用编织袋内衬聚乙烯薄膜袋或覆膜袋包装，以升为容量计量单位，实际容量不可低于所标识容量。

3.6.2　标识

包装袋上应印有下列标识：蔬菜育苗专用、产品名称、商标、有机质含量、总养分含量、含水量、净容量、执行标准号、企业名称、生产地址、生产日期、保质期、联系电话、使用方法以及注意事项。此外，应标注植物促生菌种名称、活菌数。

3.6.3　贮放和运输

基质应贮放于阴凉干燥处，在运输过程中注意防潮、防晒、防破裂。

4　液体促生菌剂制备及其在蔬菜苗期的应用技术

蔬菜功能性育苗基质是指向基质中接种植物促生菌或混拌微生物肥料，使育苗基质具有防病、增抗、促生等作用，该作用主要是由添加促生菌剂种类及其功能所决定的。

根际促生菌是指一类能增强植物吸收利用土壤营养元素，生活在植物根际周围或依附于根系表面，或者可以抑制有害微生物，同时促进植物生长的有益菌。目前，国内已商品化的促生菌菌剂多由液态发酵或固态发酵方式生产，液态发酵相比于固体发酵具有速度快，周期短，产量高，均匀性好；便于机械化操作，过程易于控制；促生菌菌体可与培养基分离，可产出高浓度的促生菌制剂等优点，基于这些优点，促生菌发酵制剂多采取液体发酵制备。

4.1 发酵原料选择

（1）碳源 是促生菌维持正常生长与繁殖的物质基础，是构成促生菌发酵培养液的重要组成部分。常见的碳源有碳水化合物、脂肪、有机酸、醇类等。促生菌发酵多以碳水化合物作为碳源，如葡萄糖、蔗糖、麦芽糖、糖蜜、淀粉等。葡萄糖最容易被利用，几乎所有促生菌均可直接利用，葡萄糖作为发酵培养基基本组分，是一种速效碳源，可以加速促生菌生长。糖蜜是制糖工业的副产物，含有丰富的糖、无机盐和维生素等，营养丰富，价格低廉，也可作促生菌液体发酵的优选碳源。

（2）氮源 在发酵中主要用于细胞含氮物质（氨基酸、蛋白质、核酸等）合成，促进菌体生长。促生菌发酵的氮源可分为有机氮源和无机氮源两大类。液体发酵常用花生饼粉、黄豆饼粉、棉籽饼粉、玉米浆、酵母粉、鱼粉、蚕蛹粉、蛋白胨等可溶性有机氮源。有机氮源成分比较复杂，还含有一些糖类、脂肪、无机盐、维生素以及某些生长因子，可以满足促生菌对营养物质的多种需求。无机氮源如铵盐、硝酸盐和氨水等。无机氮源吸收利用较快，且容易改变发酵体系pH，实际使用中应注意发酵罐pH变化，及时进行补料。

（3）无机盐及微量元素 促生菌在生长、繁殖过程中需要大量磷、硫、镁、钾、钠、钙、铁、锰等矿质元素，为合成活性物质、调节生理活性和渗透压提供物质基础。芽孢杆菌液体发酵过程中，适量地添加硫酸镁、碳酸钙、氯化锰可以提高促生菌芽孢的形成率，有利于菌剂的储存。无机盐和微量元素在较低浓度下对促生菌的生长具有促进作用。

（4）代谢调节物质　发酵过程中加入代谢调节物质有助于调节促生菌的生长及其产物形成，常用代谢调节物质有生长因子、代谢抑制剂、代谢促进剂、前体物质、辅因子等。

（5）消泡剂　发酵过程中发酵液会产生大量泡沫，若泡沫得不到及时控制，易造成菌液漫溢现象，进而影响生产过程控制、设备操作和产品质量，严重时腐蚀设备。常见消泡剂种类有脂肪类、聚醚型、有机硅型、聚醚改性有机硅型。

植物促生菌工业液体发酵基本营养源见表4-13。

表4-13　植物促生菌工业液体发酵基本营养源

（源自穆文强等，2022）

营养源		基本物质	特点
碳源	粮食碳源	低聚糖、淀粉、有机酸、动植物油脂等	小分子好利用，大分子需要降解为小分子糖才能被利用
	非粮碳源	糖蜜、烃类、醇类、石蒜淀粉、纤维素、黄姜淀粉等	节约粮食，降低发酵成本
氮源	有机氮	黄豆饼粉、花生饼粉、棉籽饼粉、玉米浆、鱼粉等	需要被分解为氨基酸或寡肽才能被利用
	无机氮	铵盐、硝酸盐、氨水等	可以直接被利用
无机盐及微量元素	无机盐	氯化钾、碳酸钙、硫酸镁、硫酸铁、硫酸铜、氯化镁等	可以直接被利用
	微量元素	含钴、铁、锌、钼等盐类	可以直接被利用

4.2 液体发酵工艺

4.2.1 菌种选择

选择安全、适合生产且抗病、促生等性能优异菌种（株），多菌种（株）复合发酵时需要保证各菌种（株）最适生长条件和培养参数相近，无拮抗作用。

4.2.2 生产环境要求

发酵车间与吸附等后处理车间保持一定距离，相对隔离；发酵菌种（株）储藏间、无菌操作间与生产车间距离适当，防止保藏菌种被污染。发酵车间、控制车间等生产关键性车间，应采用双路供电或备用发电机，防止因意外停电对生产造成损失。无菌操作间应配置更衣室区域，生产人员进入无菌操作间应遵循如下流程：

（1）脱去外套，将个人衣物存放入衣柜，填写无菌操作间进出记录，双手浸泡消毒，戴好防护口罩、手套，穿戴无菌工作服，方可进入清洁区域。

（2）工作完毕，将废料、使用后的器皿等集中在一起，对内部环境进行清扫，操作员在退出无菌间之前，将垃圾推入缓冲间，然后到更衣室换回自己的衣服。

（3）在无菌操作间，工作人员不能同时开启两扇门进出，做到随手关门。更衣室不能逆向进入。工作人员一旦进入污物区后，不得直接返回无菌操作间。

离开无菌操作间应开启紫外消毒灯，每周用过氧乙酸、新洁尔灭等消毒剂对操作间进行消毒与清洗。生产车间应保持整洁，生产过程中采用蘸有过氧乙酸、新洁尔灭等消毒剂的抹布除去发酵罐外表液体，保持发酵罐清洁。厂区空气质量达到《环境空气质量标准》（GB 3095—1996）Ⅱ类标准要求、发酵用水达到地表水《地表水环境质量标准》（GB 3838—2002）中Ⅲ类标准要求，冷却水及其他用水等符合Ⅳ类水质要求。

4.2.3 发酵设备灭菌

（1）高压灭菌　灭菌效果好坏直接关系到发酵工艺是否能正常进行、产品是否合格。基于工业发酵设备的特点，普遍采用湿热蒸汽灭菌法。高温蒸汽使液体培养基、补料罐、管道、发酵设备达到120℃左右，发酵罐压力90～100kPa，保持20～30min。当高温灭菌会产生对菌体生长有害的物质，或某些物料不耐高温，应对该物料单独采用其他方式灭菌，再行混合，或降低灭菌温度和气压，延长灭菌时间。

（2）空气标准　不同菌种（株）生长速度、发酵周期长短不尽相同，不同生产车间对空气质量要求也不同，如控制区要求空气菌落数≤10个，洁净区要求空气菌落数≤1个。测定方法为：9cm肉汤固体培养基平板，露置30min后，37℃培养24h。发酵过程无菌空气，需要满足《农用微生物菌剂生产技术规程》NY/T 883—2004规定。

4.2.4　发酵过程控制

液体菌剂发酵生产工艺流程示意如下（图4-21）：

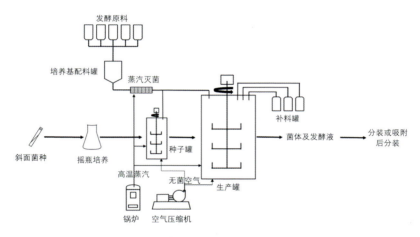

图4-21　液体菌剂发酵生产工艺流程示意
（源自穆文强等，2022）

（1）接种量　种子发酵罐接种种子液的接种量应在0.5%～5%。多级发酵生产阶段对代时<3h、生长繁殖快菌种（株），从一级种子罐转向二级种子罐的接种量以5%～10%为宜；对代时>6h、生长繁殖较慢菌种（株），接种量不宜<10%。

（2）发酵温度　应根据不同菌种（株）生长特性而定，一般为30～40℃。发酵过程中，不同发酵阶段，可根据目的产物对象、促生菌生长和代谢特性，采用不同温度进行生产发酵。

（3）供氧　根据发酵罐特点，供氧口在发酵罐底部，底部供氧可使氧气与液体培养基充分接触，与发酵罐的搅拌相配合，可最大限度提升培养基溶氧量。植物促生菌多为好氧菌种（株），发酵过程中应保证培养基足够溶氧量，以满足促生菌生长需要。

（4）发酵终点判断　发酵末期，促生菌生长和代谢能力逐渐降低或停止，部分菌体开始衰老进入自溶阶段，通过监测发酵液pH、溶氧量、透光率及黏度等理化参数判定发酵终点。对于芽孢杆菌，可镜检观察菌体形态、密度，要求芽孢杆菌发酵结束时芽孢形成率 ≥ 85%，便于后期储存。

4.2.5　后处理

后处理工艺可分为两类：发酵液直接分装和发酵液被载体物料吸附。通过载体物料吸附，使菌液转化为固态粉末，便于运输和使用。常见的载体物料有草炭、泥炭、腐殖酸、黄腐酸、蛭石等。

促生菌发酵液应与吸附载体混合均匀。混合时可适量添加保护剂或采取适当措施，减少菌体死亡率。常见保护剂有蔗糖、海藻糖、脱脂乳、可溶性淀粉等。吸附和混合环节注意无菌操作，减少杂菌污染。

4.2.6　建立生产档案

每批产品生产和检验结果都应有档案记载，内容包括产品检验项目信息、检验结果、检验人信息、审定人信息、检验日期等。

4.2.7　产品质量跟踪

定期对产品质量进行检查，并建立产品申报档案，对产品申报情况进行跟踪。

4.3　质量要求

按每个发酵罐菌液为一批次产品进行抽样检测，抽样应严格做到无菌操作。

4.3.1　有效菌数量和杂菌率

液体产品有效活菌数应 ≥ 2×10^8 cfu/mL，霉菌杂菌数 ≤ $3 \times$

10^6cfu/mL，杂菌率＜10%。经过后处理，固体粉末状促生菌剂，效活菌数应≥$2×10^8$cfu/g，霉菌杂菌数≤$3×10^6$cfu/g，杂菌率＜20%，水分＜35%，细度≥80%。多菌种（株）复合菌剂，每一种有效菌含量应≥$1×10^6$cfu/g（mL）。

对于高活性、高数量促生菌剂，应符合《农用微生物浓缩制剂》（NY/T 3083—2017）之规定，有效活菌数≥$2×10^{10}$cfu/g（mL），杂菌率≤1.0%，霉菌杂菌数≤$3×10^6$cfu/g。

4.3.2 粪大肠菌群数要求

应符合《农用微生物菌剂》（GB 20287—2006）之规定，粪大肠球菌数≤100cfu/g（mL）。

4.3.3 蛔虫卵死亡率要求

应符合《农用微生物菌剂》（GB 20287—2006）之规定，蛔虫卵死亡率≥95%。

4.3.4 Cr、Pb、As、Cd、Hg含量要求

应符合《农用微生物菌剂》（GB 20287—2006）之规定，铬及其化合物含量（以Cr计）≤150mg/kg，铅及其化合物含量（以Pb计）≤100mg/kg，砷及其化合物含量（以As计）≤70mg/kg，镉及其化合物含量（以Cd计）≤10mg/kg，汞及其化合物含量（以Hg计）≤5mg/kg。

4.4 商品菌剂质量指标参考

我国商品化的蔬菜促生菌制剂产品种类较多，主要是芽孢杆菌，其次是霉菌。根据菌种（株）差异，使用对象有黄瓜、番茄、辣椒、白菜等（表4-14）。

表4-14 国内蔬菜根际促生菌液体发酵制剂主要商品化产品

企业	产品名称	菌种	含菌量	适用蔬菜
	淡紫紫孢菌	淡紫紫孢菌、侧孢芽孢杆菌	≥100亿/mL	马铃薯
绿陇生物	活菌360	枯草芽孢杆菌、哈茨木霉菌	≥10亿/g	生菜
	枯草芽孢杆菌	枯草芽孢杆菌	≥400亿/g	广泛

（续）

企业	产品名称	菌种	含菌量	适用蔬菜
农保生物	多黏芽孢杆菌	多黏芽孢杆菌	≥50亿/g	广泛
	地衣芽孢杆菌	地衣芽孢杆菌	≥1 000亿/g	辣椒
益泰生物	真克腐	哈茨木霉菌、解淀粉芽孢杆菌、地衣芽孢杆菌、侧孢芽孢杆菌、放线菌	≥20亿/g	广泛
帝盟生物	液体菌肥	萎缩芽孢杆菌	≥100亿/mL	马铃薯
奥尔农化	植壮丰	枯草芽孢杆菌	≥10亿/g	瓜茄类
肥沃农资	复合微生物菌剂	哈茨木霉菌、枯草芽孢杆菌、解淀粉芽孢杆菌	≥2亿/g	芸豆、黄瓜
强兴生物	哈茨木霉	哈茨木霉菌	≥10亿/g	马铃薯、番茄
安克生物	追丰郎	枯草芽孢杆菌、侧孢芽孢杆菌	≥2亿/g	番茄、西瓜、辣椒
臻裕疆	根腐宁2号	枯草芽孢杆菌、地衣芽孢杆菌、侧孢芽孢杆菌	≥5亿/g	韭菜、黄瓜
鲁抗海伯尔	季萌	枯草芽孢杆菌	≥10亿/mL	白菜
盛达柏森	菌养元	哈茨木霉菌	≥5亿/g	番茄、辣椒、黄瓜

4.5 包装、运输和储存

（1）包装 液体菌剂的包装采用瓶或桶灌装，吸附后固体粉末菌剂采用袋装。

（2）运输 运输途中要有遮盖物，防止雨淋、太阳暴晒及高温。严禁与其他有毒有害物品混装、混运。装卸时，要做到轻装轻卸，以免包装破损。

（3）储存 产品应存放于库房或仓库，保持阴凉（避光）、干燥、通风，不得露天堆放，防止日晒雨淋和35℃以上高温。

4.6　苗期应用技术

4.6.1　应用方法

促生菌发酵液在经后处理后，可制成液体制剂和粉末制剂，剂型的差异对实际应用有一定的影响。促生菌剂在蔬菜育苗期常用于种子处理以及与育苗基质混拌和灌溉施入等（表4-15）。

（1）种子处理　可直接将促生菌黏附在种子表皮上，有利于后期促生菌的定殖，此方法促生菌的利用效果最好。该方法要求菌剂含菌量在 $10^7 \sim 10^9$cfu/mL，对菌剂中促生菌的含量要求较高，且粉剂较为适用，菌液效果较差。

（2）基质混拌　该方法粉剂和液剂均适用，促生菌在育苗基质中的添加量多为 $10^6 \sim 10^7$cfu/mL，添加量过大会增加生产成本，降低内源性植物激素水平。促生菌剂与育苗基质混拌。

（3）灌溉施入　灌溉施入的促生菌量多为 $10^5 \sim 10^6$cfu/mL，粉剂需提前加入一定量水进行溶解、稀释后方可施用。该方法对蔬菜幼苗可做到水分和菌剂的同时补充。可根据不同蔬菜生长期的不同，针对性地多次灌溉。

表4-15　植物促生菌剂在蔬菜育苗中应用的方法

应用方法	操作方式	优点	缺点
种子处理	粉剂在黏合剂作用下包裹在种子表面	促生菌可较好定殖在种子附近	无法与杀虫剂、消毒剂等同时使用，黏合剂会降低促生菌活性
基质混拌	基质混拌	操作简单，促生菌作用时间长，适用所有穴盘育苗	需要混合均匀，否则幼苗长势不一
灌溉施入	稀释后直接灌溉	操作简单，可多次灌施	未用完不易保存

4.6.2　应用效果

（1）促进生长发育　育苗阶段使用促生菌菌剂，可对蔬菜幼苗的发芽率、株高、茎粗、干重、鲜重、叶面积、根体积、叶绿素含量等有显著的提升效果，提高幼苗的壮苗率（图4-22）。

图4-22　植物促生菌促进番茄幼苗生长
(源自尚庆茂等，2013)

注：对照未作任何处理，壳聚糖表示每升基质加入7.5g壳聚糖，K103表示基质加入解淀粉芽孢杆菌（*Bacillus amyloliquefaciens*）菌剂，壳聚糖＋K103表示壳聚糖和解淀粉芽孢杆菌复合处理。

（2）防控病虫害　在育苗阶段，对于番茄根结线虫病、黄瓜枯萎病、辣椒灰霉病、茄子根腐病等易发病害，可按照上述的应用方法使用促生菌剂，防止病虫害发生。

（3）增强抗非生物逆境能力　种子生物包衣、播种前基质接种或混拌植物促生菌剂、苗期植物菌剂灌根或喷施，可以有效提高蔬菜幼苗对极端温度、干旱、盐胁迫等非生物逆境的胁迫能力（图4-23），维持幼苗正常生长。

图4-23　植物促生菌增强番茄幼苗耐旱性
(源自尚庆茂等，2022)

注：对照未施用菌剂，LH-15、LS-60、LPL-117表示施用解淀粉芽孢杆菌菌剂。

5 湿润剂在蔬菜育苗基质中的应用技术

近年来，蔬菜集约化育苗技术不断推广普及，育苗基质也越来越受到更多的关注。国外的商品育苗基质，如克莱斯曼（Klasmann）、阳光（Sunshine）、品氏（Pindstrub）等著名品牌产品，常添加一种化学物质，即湿润剂（Wetting agent）。但国内一些育苗企业、基质制造企业相关人员并不十分了解湿润剂的实质作用，多混淆为保水剂，认识上的错误也制约了湿润剂的正确使用，徒然增加基质生产成本，还不利于壮苗育成。

5.1 育苗基质的吸水持水特性

5.1.1 育苗基质的吸水特性

草炭、蛭石、珍珠岩是国内外蔬菜育苗基质常用组分。草炭是草本类、苔藓类等植物成煤时在沼泽湿地不断沉积形成的一种过渡产物，干基有机质含量40.2%～68.5%，组成较为复杂，其中，水溶物如阿拉伯糖、木糖、葡萄糖、半乳糖、糖醛酸等，具有亲水性，沥青类物质如纯蜡和树脂难水解物如纤维素，不可解物如木质素、类木质素结构物、角质素和木栓类等，都具有较强的疏水性。蔬菜育苗所用草炭都是经过脱水、粉碎后的加工产物，粒径范围0.5～10mm。其他基质有机组分，如有机肥、蘑菇渣、糠醛渣、树皮粉等也有草炭类似的吸水特性。

蛭石是一种层状结构的含镁的水铝硅酸盐次生变质矿物，通常主要由黑（金）云母经热液蚀变作用或风化而成。蔬菜育苗用蛭石是原矿经高温煅烧、失水膨胀的颗粒状晶体，常用粒径范围1～4mm。蛭石晶体表面和内部含有大量的水合能力较强的Mg^{2+}、Fe^{2+}、K^+、Ca^{2+}、Cs^+、Al^{3+}等金属离子，此外，膨胀后的蛭石含有大量的毛细孔隙，具有强大的吸水持水性。园艺蛭石的吸水性可达420%～480%。

珍珠岩是一种天然酸性玻璃质火山熔岩非金属矿物，SiO_2含量70%左右。珍珠岩矿砂在1 100 ～ 1 200℃高温火焰上，被急剧加热并迅速膨胀至原来体积的10 ～ 30倍，膨胀后的珍珠岩颗粒呈白色或浅灰色，内部含有蜂窝状结构。蔬菜育苗用珍珠岩全部为膨胀珍珠岩，常用粒径范围2 ～ 5mm，水分难以进入珍珠岩颗粒内部，但可以吸附充盈在珍珠岩颗粒粗糙多孔表面，使珍珠岩吸水性达195% ～ 350%。

因此，当多种物料按一定体积比混合后，就形成了一个疏水和亲水兼具的育苗基质。

5.1.2 育苗基质持水特性

由于基质物料组成以及粒径分布的特异性，蔬菜育苗基质中的水分主要以4种形式存在。

（1）吸湿水　指基质颗粒从空气中吸收的气态水分。吸湿水多寡取决于基质颗粒表面积大小和空气相对湿度。吸湿水被基质紧紧吸附，幼苗难以利用，其实是无效水分。

（2）膜状水　吸湿水外膜状吸附于基质颗粒表面的水分，重力无法使膜状水移动，但其自身可以从水膜厚的部分向水膜较薄的部分移动。幼苗可以利用膜状水，但由于膜状水移动速度极慢，不能及时供给幼苗需要。

（3）毛管水　基质颗粒间的小孔隙（＜100μm）会形成毛管力，毛管水由毛管力小的方向移向毛管力大的方向。毛管力与水的表面张力成正比，与毛管直径成反比。毛管水可以克服重力悬着于基质颗粒之间，且移动速度快，是可供幼苗利用的主要水分。

（4）重力水　不受基质颗粒和毛管力吸持，受重力作用向下由排水孔流失的水分。幼苗可以利用重力水，但重力水流失很快，导致重力水利用率很低。

蔬菜育苗基质的持水力，即单位质量基质可以吸持的水质量，常用百分率（%）表示。多数情况下，吸持水质量就是吸湿水、膜状水和毛管水的总和。显然，育苗基质持水力取决于基质物料的分子组成和毛管孔隙大小，而毛管孔隙又受物料粒径大小、填装紧实度等影响。

5.2　湿润剂的作用机理

无论顶部喷灌或底部潮汐灌溉，当水分与干的基质接触时，由于水分内聚力产生的表面张力和基质组分的疏水性，水分很难快速地进入基质并均匀分布到各个位点，而直接表现为基质表面或底部水分充溢，而基质内部干燥，种子和幼苗根系无法吸收到水分，养分也无法被运输和被幼苗根系利用，进而种子萌发和幼苗发育不良。

为此，蔬菜育苗实践中，多采取两种途径解决干基质吸水困难的问题。

（1）基质预湿处理　基质填装育苗容器前混拌的同时，逐次加入少量水分，通过机械或人工混拌，破坏水分张力，增加基质与水分的接触面积，促进水分的吸收，当基质含水量达到40%左右时，再填装入育苗容器。

（2）加入一定比例的湿润剂　湿润剂是一种特别的表面活性剂，其分子结构一般包括非极性部分的疏水基团（也称亲油基）和极性部分的亲水基团两部分，所以也称作双亲化合物。当基质中添加适量的湿润剂，湿润剂分子的疏水基团与基质颗粒结合，亲水基团暴露在外面，并与水分子结合，水滴表面与疏水固体表面的接触角变小，从而显著降低水分子表面张力，促进水分子在基质中的扩散运动。

水分子和湿润剂分子结构示意如图4-24，湿润剂分子促进基质水分吸收和扩散的机制见图4-25。

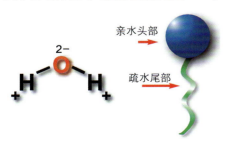

亲水头部

疏水尾部

图4-24　水分子和湿润剂分子结构示意图

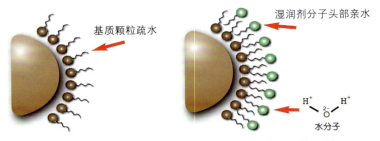

基质颗粒疏水

湿润剂分子头部亲水

H^+　H^+
O^{2-}
水分子

图4-25　湿润剂分子促进基质水分吸收和扩散运动的机制
（源自 Karnok K. J. 等，2004）

5.3　湿润剂种类、使用方法及效果

　　湿润剂常为表面活性剂，而表面活性剂又是一大类有机化合物，据其溶于水时的离子类型，可分为离子型和非离子型两大类。其中，离子型活性剂按离子种类又分为阴离子型、阳离子型和两性离子型。阴离子表面活性剂，如羧酸盐、磺酸盐、硫酸酯盐和磷酸酯盐，因在基质中易淋洗，活性期或有效期较短；阳离子表面活性剂，如胺盐、季铵盐和杂环型，易被基质颗粒的阴电荷吸附，干后可使基质透水性显著降低。非离子表面活性剂，如聚氧乙烯型（辛基酚聚氧乙烯醚、壬基酚聚氧乙烯醚、脂肪酸聚氧乙烯酯、脂肪酸甲酯乙氧基化物、失水山梨醇酯、蔗糖酯）和多元醇型，活性较长，效果较好。作为湿润剂，常用的阴离子表面活性剂有烷基硫酸钠、拉开粉和异丁基萘磺酸钠等；非离子表面活性剂有壬基苯基聚氧乙烯醚、聚氧乙烯山梨糖醇酐单月桂酸酯及单硬脂酸酯等。

　　蔬菜育苗基质添加湿润剂，主要目的是提高基质填装育苗容器后初次吸水能力和育苗期间基质干后回湿能力（图4-26）。因此，湿润剂的使用方法无外两种，一种是基质配制时直接添加，另一种是后期灌水时溶入水中，与灌溉水一同进入基质。根据目前国外商品基质的配方，前一种使用方法更普遍。如品氏No.4基质就是每立方米混合基质中添加了75mL湿润剂。

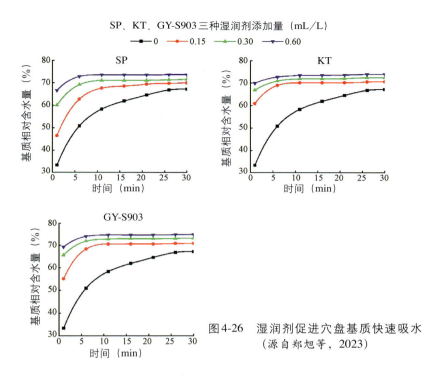

图4-26　湿润剂促进穴盘基质快速吸水
（源自郑旭等，2023）

　　崔敏等（2007）针对吉林苔草草炭的斥水性，研究了不同浓度（0.5%、1%、2%、4%）实验室用OP-10（壬基酚聚氧乙烯醚）、工业用OP-10和实验室用聚山梨醇酯80对斥水性基质草炭的湿润时间与渗透率的影响。结果表明3种湿润剂均能显著缩短草炭初次湿润时间和再湿润时间，实验室用OP-10应用效果最好，工业用OP-10次之，聚山梨醇酯80应用效果较差；渗透速率试验还发现工业用OP-10显著提高了草炭的渗透速率和灌溉效率，其中2%浓度即可达到最佳效果。综合考虑效果与成本，以工业用OP-10的应用前景最好。

　　目前国内销售的可用于蔬菜育苗的湿润剂产品仅为上海永通化工有限公司生产的百可润湿润活性剂。根据其产品介绍，育苗前将湿润剂按照1∶100的比例稀释，按10kg/m³稀释液用量均匀喷洒到待混拌基质，如一次处理后吸湿效果不完全理想，重复处理1～2次或初次处理时加大使用量，则可达到理想效果。育苗期间使用，将湿润剂按照1∶1 500的比例稀释，直接灌溉。

6　蔬菜苗期水分管理技术

水分是蔬菜幼苗的重要组成，占幼苗总鲜重的92%～95%，这是幼苗旺盛的生命代谢所必需的。当水分供应充足时，细胞维持较高的膨压，同化作用、异化作用和物质运转得以高速进行，细胞快速分裂和伸长，幼苗表现出迅速生长；反之，水分缺乏，幼苗生长发育也随之减缓或停滞。

所谓苗期水分管理，就是充分认识蔬菜幼苗水分需求规律以及特定育苗容器条件下基质—幼苗水分运动规律，通过科学高效的灌溉方式，供给每株幼苗适量、均一的水分，调控幼苗正常的生长速率，使幼苗保持良好株型和整齐度。

水分管理在蔬菜幼苗生长发育调控中占有非常重要的位置。管理不善，常常导致幼苗徒长，基质养分流失严重，幼苗抗逆性下降，病害发生严重，根系坏死等。因此，蔬菜集约化育苗水分管理总是由最有经验的技术人员完成。

6.1　蔬菜幼苗对水分的需求规律

蔬菜苗期绝对生长量和蒸腾面积小，每株幼苗水分消耗量也非常小，但是，幼苗本身含水量高，根系不发达，缺乏保护组织，决定了幼苗吸水能力弱且极易失水萎蔫。因此，尽管幼苗耗水量小，但水分供应必须充分。

蔬菜集约化育苗从播种至成苗大致可分为5个阶段，为满足各阶段幼苗水分需求，同时兼顾幼苗株型调控，幼苗不同发育阶段水分供应量和频度也不尽相同。总体上，对于所有蔬菜（无论果菜类、叶菜类、葱蒜类）幼苗，水分供应量和频度基本呈高－

低－低－中－低的变化趋势（图4-27）。第Ⅰ阶段保证基质较高湿度，有利于种子吸水和萌发；第Ⅱ、Ⅲ阶段控制基质湿度主要为防止幼苗下胚轴、上胚轴的徒长；第Ⅳ阶段予以基质中等湿度用来维持幼苗正常生长发育；第Ⅴ阶段降低基质湿度以提高幼苗抗逆性。

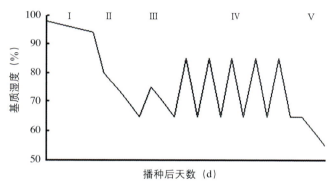

图4-27　蔬菜集约化育苗各阶段水分供应示意图

　　即使在同一阶段，因种子大小或播种方式不同，也会对基质水分供应有不同要求。大粒种子（如西瓜、南瓜等），播种较深，小粒种子（如结球甘蓝、芹菜等），播种较浅。在第Ⅰ、Ⅱ阶段小粒种子孔穴基质更不能缺水，一旦缺水，表层干燥，种子无法萌发或幼苗萎蔫倒伏。黄瓜种子若是浸种催芽后播种，基质温度27℃左右，播种后24h即可出苗，如果第Ⅰ阶段基质保持较高含水量，极易形成徒长苗（或称高脚苗）。

　　蔬菜种类不同，幼苗缺水后木质化速度及老化程度也不相同，对于容易老化的蔬菜，苗期水分管理也应特别注意。50孔辣椒穴盘苗，2叶1心开始供给基质50%、60%、70%、80%、90%最大持水量的水分，80%处理茎木质素含量最小，而幼苗叶片叶绿素含量、光合速率和植株壮苗指数、根冠比、G值（日均绝对生长量）最大。

6.2 基质含水量与测定方法

表示基质含水量的常用术语有湿度、饱和含水量、持水量、相对含水量、绝对含水量等。生产上许多人并不能真正了解这些术语的含义，也就无法准确判断自己育苗基质含水量和借鉴相关的技术结果，更难以制定精准的苗期水分管理计划。

（1）湿度　湿度为某一时刻基质水分质量占基质质量的百分率，即 $[(IW - DW) / IW] \times 100\%$，式中 IW 为某一时刻已知体积的基质质量；DW 为同体积基质 105℃ 烘干 24h 后称取的基质质量；$IW - DW$ 为同体积基质的水分含量。湿度常用于基质配制和苗期基质含水量判断。图 4-28 为基质湿度测定步骤示意。

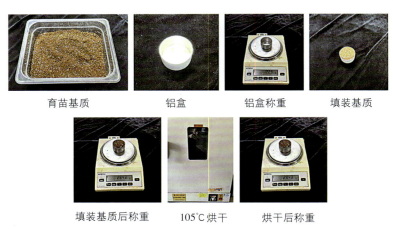

| 育苗基质 | 铝盒 | 铝盒称重 | 填装基质 |

填装基质后称重　　105℃烘干　　烘干后称重

图4-28　基质湿度测定

方法是：①取3个干燥、洁净铝盒，标号并分别称取质量（W_1）。②填装基质并敲击铝盒外壁，保证3盒之间基质填装密度一致，称取铝盒和基质质量（W_2）。③将铝盒和基质放入鼓风干燥箱105℃烘干24h，再称取铝盒和基质质量（W_3）。④计算湿度，$IW=W_2 - W_1$，$DW = W_3 - W_1$，3个铝盒分别计算湿度，最后平均获得最终的湿度。

（2）绝对含水量 绝对含水量是将某一时刻基质105℃下烘干至恒重时失去的水分质量或体积占烘干基质质量或体积的百分率，也称质量含水率（或容积含水率）。容积含水率（％）＝质量含水量（％）×基质容重（mg/cm^3）。

测定方法基本与湿度相同，只是绝对含水量比较的基准是烘干基质质量（或容积），而湿度是原始未烘干基质质量，显然，同样以质量为基准绝对含水量远大于湿度。

（3）饱和含水量 或称饱和持水量，单位体积风干基质孔隙全部充满水分时的最大含水量，包括吸湿水、膜状水、毛管水和重力水。饱和含水量由基质性质决定，代表基质的最大蓄水能力，单位常用kg/L表示。因此，常作某种育苗基质物理特性的判断指标，在苗期则可以用于计算最大灌水量。

当基质达到饱和含水量时，水势基本为0，再无吸水能力，基质通气性能差。

（4）持水量 持水量是基质饱和持水量减去重力水后基质所能保持的水分。重力水很快从排水孔排出，基本上不能被幼苗吸收利用。因此，持水量也常用于基质物理特性判断和计算苗期灌水后最大可供幼苗利用的水分。

（5）相对含水量 相对含水量是某一时刻单位体积基质水分含量占基质持水量或基质饱和持水量的百分率。显然，相对含水量可能是两个不同的数值，由于基质饱和持水量大于基质持水量，相对于基质持水量的相对含水量肯定大于相对于饱和持水量的相对含水量。可用于确定苗期灌水时间。

（6）基质湿度感官测定 有经验的育苗者，还可以通过看、掂、摸等感官判断穴盘基质湿度，湿的基质颜色偏暗，掂起穴盘质量较重，用手指轻压基质感觉冷凉；相反，干的基质颜色发白，重量轻，指压无冷凉感觉。

取基质于手掌，根据感觉可将基质湿度粗略分为Ⅳ级：Ⅰ湿，用手挤压时水分能从基质中流出；Ⅱ潮，放在手上留下湿的痕迹，但无水流出；Ⅲ润，放在手上有凉润感觉，用手压稍留下印痕；

Ⅳ干，放在手上无冷凉感觉。

6.3 灌溉水质与水处理

水质是水体质量的简称。它标志着水体的物理（如色度、浊度、臭味等）、化学（无机物和有机物的含量）和生物（微生物、浮游生物、底栖生物）的特性及其组成的状况。

蔬菜集约化育苗多选择用自来水、深井水等洁净水源，很少使用河水、池塘水、蓄积雨水，杜绝使用工矿企业污水、养殖企业废水。因此，基本可以排除水质中有机物、生物的影响。当然，生产上有些时候，为了防止灌溉水水温过低造成幼苗冷害，育苗设施内设置贮水罐（箱），贮水罐（箱）长期使用也会有生物污染，应按时清洗和罐（箱）周边消毒处理。

近年来，一些地区也发现除草剂随降雨和地表径流进入池塘，苗期灌溉池塘水而表现除草剂为害症状。

一般情况下，与幼苗关系密切的水质指标主要包括pH值、EC值、碱度、硬度、离子组成等，它们直接或间接影响蔬菜幼苗生长发育。必要时，灌溉水必须经过处理才能用于育苗。

6.3.1 水质

（1）pH　pH是水中氢离子（H^+）浓度对数的负数，反映水是酸性还是碱性。pH等于7.0，表示水呈中性；小于7.0，表示水呈酸性；大于7.0，表示水呈碱性。绝大多数蔬菜喜欢弱酸性的根际环境，当水的pH在5.5～6.8范围内，蔬菜幼苗根系生长正常。水质pH过高或过低，直接提高或降低基质pH，进而影响基质中矿质养分状态、微生物多样性和根系活力。

（2）碱度　碱度反映水中溶解的碳酸根（CO_3^{2-}）、碳酸氢根（HCO_3^-）、氢氧根（OH^-）等离子决定的中和酸性物质的能力。碱度的大小通常用稀释的酸滴定水至pH等于4.5时酸液的用量表示，单位是mg（CO_3^{2-}）/kg H_2O 或 mmol（CO_3^{2-}）/L H_2O。灌溉高碱度［＞80mg（CO_3^{2-}）/kgH_2O］的水引起基质pH升高，灌溉低碱度［＜40mg（CO_3^{2-}）/kgH_2O］的水降低基质pH缓冲能力。通常40～

80mg（CO_3^{2-}）/kgH_2O是比较适宜的碱度范围。

（3）硬度　水的硬度主要指Ca^{2+}、Mg^{2+}离子含量。硬度低于3mmol/L的水称为较软的水，硬度3～6mmol/L的水称为普通水，硬度6～8mmol/L的水称为较硬的水，硬度在10mmol/L以上的水称为高硬度的水。泉水、深井水硬度较高，雨水、河水、池塘水硬度较低。

使用硬度较高的水质，容易造成养分失衡和灌溉系统结垢堵塞。蔬菜育苗使用硬度低的水更加安全。

（4）EC值　EC值是电导仪测定获得的灌溉水中可溶性盐含量指标，单位是mS/cm。EC值高，说明可溶性盐含量高，灌溉后可能引起基质EC值的升高，EC值低，说明水比较纯，不会额外增加基质可溶性盐积累。通常，灌溉水EC值小于1.0mS/cm对于蔬菜育苗是比较安全的。

6.3.2　水处理

当水质无法达到蔬菜集约化育苗的要求时，只能进行水处理。水处理的方法有酸化、肥料调节、软化、过滤、反渗、臭氧化、溴化、氯化等。

（1）酸化　对于高pH、高碱度的水质，可以采用酸化的方法降低水pH和碱度。常用的酸化处理剂有硫酸（H_2SO_4）、磷酸（H_3PO_4）、硝酸（HNO_3）、柠檬酸（$H_3C_6H_5O_7$）等（表4-16）。

最好使用高纯度的酸。75%的H_3PO_4和35%的H_2SO_4相对比较安全，而67%的HNO_3腐蚀性非常强，操作不小心很容易对皮肤、尤其是眼睛造成严重伤害。

由于HNO_3、H_3PO_4中的N、P都是施肥时需要加入的营养元素，当需要大量使用HNO_3、H_3PO_4调节水的pH时，就要考虑在肥料中降低N或P的用量以避免造成这些元素的过量。蔬菜苗期对N的需求量比较大，可以考虑用HNO_3调水的pH。另外，还要考虑蔬菜种类，对N需求量大的蔬菜考虑用HNO_3调节，喜P蔬菜考虑用H_3PO_4调节。

$H_3C_6H_5O_7$和其他3种酸比较，使用时不会与化学肥料、杀虫剂、杀菌剂中的一些离子发生反应，从而降低或抑制肥效或药效，且叶面灌溉对幼苗的损伤小，是一个比较理想的酸化处理剂，但价格比较贵，使用成本高。叶面灌溉，建议使用 $H_3C_6H_5O_7$ 来调节水的 pH。

酸化处理时，首先要通过实验找出调节到期望 pH 合适的水/酸比例，按比例将酸加入水中（切忌将水加入酸中），然后搅拌均匀。酸都具有腐蚀性，特别是 HNO_3 在操作时会产生烟雾，人若吸入这种烟雾，会伤害呼吸道，因此在使用任何一种酸时，都要做好防护工作，要戴防护镜、防酸手套、防酸围裙、口罩等，防止皮肤或眼睛暴露在外面。

pH 值相同的水，碱度可能不同，甚至相差很大。而碱度越大，将 pH 调低酸用量就越大。如，pH 9.3、碱度 71mg/kg 的水，pH 调至 5.8，每 1 000L 水需要加入 35% 的 H_2SO_4 102mL；而 pH 8.3、碱度 310mg/kg 的水，pH 调至 5.8，每 1 000L 水需要加入 35% 的 H_2SO_4 435mL。

表4-16　酸化灌溉用水常用酸的种类及其特性

种类	浓度	每 1 000L 水中加入 100mL 酸时增加的元素浓度	相对安全性
HNO_3	67%（w/w），液体	21.1mg/L N	腐蚀性、危险性强，注意避免直接接触到烟雾和酸液
H_3PO_4	75%（w/w），液体	37.4mg/L P	具轻微腐蚀性，可引起眼和皮肤的不适，对衣物有腐蚀性
H_2SO_4	35%（w/w），液体	14.4mg/L S	具轻微腐蚀性，可引起眼和皮肤的不适，对衣物有腐蚀性
$H_3C_6H_5O_7$	95%，固体	无	可对皮肤、眼睛产生微弱刺激

（2）肥料调节　中等碱度（100 ～ 200mg/kg）的水质可用酸性肥料调节。用酸性肥料控制碱度的难处在于既需要持续使用酸性肥料降低碱度，又必须控制 NH_4^+，防止幼苗徒长。

使用含有 Ca、Mg 的碱性肥料，对 Ca、Mg 含量较低的低碱度（< 50mg/kg）水非常有益，可以增加基质缓冲能力。

（3）软化　是指采用阳性树脂吸附水中的Ca^{2+}、Mg^{2+}，降低水的硬度的方法，并可以进行智能化树脂再生，循环使用。

树脂软化装置是基于离子交换原理，由控制器、树脂罐、盐罐组成的一体化设备。控制器可选用自动冲洗控制器、手动冲洗控制器。自动控制器可自动完成软水、反洗、再生、正洗及盐业箱自动补水全部工作的循环过程。树脂罐可选用玻璃钢罐、炭钢罐或不锈钢罐。盐罐主要装备盐，用于树脂盐胞和后再生。

（4）超过滤　超过滤属于一种薄膜分离技术。在一定的压力下（压力为0.07～0.7MPa，最高不超过1.05MPa），水在膜面上流动，水、溶解盐类和其他电解质是微小的颗粒，能够透过超滤膜，而相对分子质量大的颗粒和胶体物质就被超滤膜所阻挡，从而使水中的部分微粒得到分离。

在水处理中，应用超滤膜来除去水中的悬浮物质和胶体物质。超过滤膜受到污染或结垢时，一般采用双氧水或次氯酸钠溶液来清洗。不能通过反洗来清洗膜面。

6.4　灌溉方式

蔬菜集约化育苗一般在设施环境条件下进行，苗盘距离地面20～80cm，无法获得自然降水和地下水，只能依靠灌溉获得水分。

（1）人工灌溉　人工灌溉是最机动灵活的灌溉方法，投资最少。缺点是用工多，劳动成本高，有时水滴大（300～500μm），易冲倒幼苗。

（2）固定喷淋　固定喷淋系统广泛应用于穴盘苗灌溉。喷嘴可以安装在从工作台底部升起的梯级竖板

视频内容请
扫描二维码

上，也可以安装在幼苗上方的水管上。喷淋系统喷水的均匀性是一个难题，很难做到喷水区域没有重叠或完全重叠，且水滴一般比弦杆或雾化系统产生的水滴大。

（3）移动弦杆喷雾　是目前集约化育苗应用最广泛的灌溉方式。通过在移动速度均匀的弦杆上安装一组雾化喷头，形成一条均匀的水带。随着技术的不断改进，如可变速马达、各种可供选

择的喷头等，通过控制灌水量和移动速度满足幼苗对水分的需求。图4-29为主要苗期喷灌方式。

视频内容请扫描二维码

人工喷灌

固定式喷灌

移动式弦杆喷灌

图4-29　苗期喷灌

（4）雾化　雾化系统产生的水滴非常细小且非常均匀，不会对幼苗产生机械冲击，常用于催芽室、愈合室空气加湿。缺点是要求高净度的水源，此外，在温室使用，容易提高室内空气相对湿度，在温室内屋面凝结水滴，滴落的水滴可打伤幼苗叶片并且使孔穴中的基质分散。

（5）底部灌溉（图4-30）　水分从育苗容器底部排水孔进入基质，水分供应量均匀，叶片始终保持干燥，劳动成本低。缺点是装备水平和投资较高，育苗容器底部有时无法彻底干燥，幼苗根系易突出排水孔向外生长，取苗时需要修剪突出底孔根系。

潮汐灌溉

漂浮灌溉

图4-30　底部灌溉

6.5　幼苗水分吸收

6.5.1　水分在基质中的存在状态

多数情况下，基质中的水分可分为4类：

Ⅰ类是吸湿水：基质颗粒从空气中吸收的气态水分，由基质颗粒表面分子引力作用引起。吸湿水多寡取决于基质颗粒表面积大小和空气相对湿度。吸湿水被基质紧紧吸附，幼苗难以利用，其实是无效水分。

Ⅱ类是膜状水：吸湿水外膜状吸附于基质颗粒表面的水分，重力无法使膜状水移动，但其自身可以从水膜厚的部分向水膜较薄的地方移动，幼苗可以利用膜状水，但由于膜状水移动速度极慢，不能及时供给幼苗需要。

Ⅲ类是毛管水：基质颗粒间的小孔隙会形成毛管力，毛管水是靠毛管力而保持于土壤孔隙中的水。毛管力与水的表面张力成正比，与毛管直径成反比。毛管水可以克服重力悬着于基质颗粒之间，且移动速度快，是可供幼苗利用的主要水分。

Ⅳ类是重力水：不受基质颗粒和毛管力吸持，受重力作用向下由排水孔流失的水分。幼苗可以利用重力水，但重力水流失很

快，导致重力水利用率很低。

6.5.2 水分在基质中的运动

因灌溉方式不同，水分进入基质和幼苗根际的方向截然不同。顶部灌溉，水分从幼苗和育苗容器顶部进入基质，水分受重力作用向下运动为主，运动过程中逐层填充基质颗粒孔隙之间，小部分水分受水分张力、毛管力作用水平运动。底部灌溉，水分从育苗容器底部排水孔逆重力向上运动。顶部灌溉幼苗叶片也可以吸收少量水分，底部灌溉幼苗叶片是干燥的。

灌溉结束伊始，基质吸收的水分主要受3个力的作用，重力使水分向下运动，基质表面水分张力阻止水分向下运动，毛管力使水分由毛管力小的部位向毛管力大的部位运动。随着距离灌溉结束时间的延长，水分会保持相对静止，占据基质通气孔隙的水分排出，持水孔隙全部充盈水分，孔穴各部位的基质含水量均匀一致。

随着时间的进一步延长，排水孔附近和上表面基质在基质—空气间水势差以及空气对流的作用下，基质水分开始蒸发，出现孔穴上、下层基质含水量下降，并明显小于孔穴中部基质。

总体上，在较长的时期，基质水分基本保持上、下较低，中下部偏高的状态。

6.6 影响幼苗水分供应的因素

（1）孔穴尺寸和形状 对于不同规格穴盘，孔穴的体积一般为 $2 \sim 25cm^3$。孔穴体积不仅与孔穴数量有关，还涉及孔穴深度和孔穴几何学形状，方形孔穴一般比圆形孔穴体积要大。在饱和持水量的情况下，可利用水大约占孔穴总体积的 $40\% \sim 60\%$，或绝对体积 $1 \sim 15mL$。

通气孔隙度、孔穴形状与基质持水量之间存在一定的关系。通气孔隙度越大，水分排出越快，空气进入越快；孔穴越深，水分的重力作用越明显，排水较快，空气含量高。育苗容器过浅，会导致基质水分含量过多而空气含量不足。

（2）基质粒径 粒径越大，相应的基质孔隙度也较大，排水比较流畅，空气也容易进入，但水分不易久留；相反，基质粒径过小，水分被基质颗粒紧紧吸附，毛管力也吸持大量水分，水分在基质中保留时间较长，容易造成幼苗根际缺氧。

（3）填装时基质含水量　基质填装前，基质起始湿度50%左右为宜。填装前基质起始含水量过高，除增加劳动强度和减少穴盘使用寿命外，育苗期间基质容易出现收缩现象。

（4）基质保水性　基质中虽然含有足够的水分，但如果基质吸附力较大，水分不能及时补充到根际，幼苗依然会出现缺水。不同基质保水性不同，使得水分的可利用性产生差异。

（5）保水剂　为高吸水性树脂，是一种吸水能力特别强的高分子材料，无毒无害，可反复释水、吸水，同时它还能吸收肥料、农药，并缓慢释放，增加肥效、药效。保水剂加入基质（0.4%左右）能提高保水能力和延长含水量的相对稳定时间。随着保水剂使用时间延长，会出现功能减退甚至分解的现象。

7　蔬菜苗期养分管理技术

蔬菜幼苗在60～90℃的恒温下充分干燥，可余下5%～10%的干物质。干物质中有机物占90%左右。将干物质进行充分燃烧，其中的C、H、O、N等元素以CO_2、水、分子态氮和氮的氧化物形式气化挥发，剩下的物质便是灰分。灰分中主要是各种金属的氧化物、磷酸盐、硫酸盐和氯化物等，平均占干物质的5%左右。

组成幼苗干物质的化学元素，除少量来自种子自身储存的养分外，其余绝大部分来自幼苗生长环境。幼苗利用茎叶表面的气孔吸收空气中的CO_2，利用根系吸收基质中的矿质元素，最终通过各种生理生化代谢途径，成为幼苗组织的物质基础。

幼苗根系主要吸收无机离子形式的矿质元素。一般情况下，基质原始组分（如草炭）中的矿质元素多以有机结合态形式存在，游离态的矿质养分根本无法满足幼苗生长发育的需要。因此，在幼苗发育期间必须进行施肥。

幼苗对矿质养分的吸收利用，受自身遗传特性的影响外，还与环境因子、灌溉等其他育苗技术措施密切相关，是一个非常复杂的过程。特别是集约化育苗条件下，根系发育空间有限，基质缓冲能力小，根际环境变化快，养分容易被冲淋，更增加了施肥的难度。此外，育苗者还必须依靠养分供给控制幼苗的生长速度。在蔬菜集约化育苗过程中，尽管是多年从事育苗工作的技术工人，仍然难以完全避免幼苗缺素症和中毒症的发生。

7.1 蔬菜幼苗对养分的需求

幼苗的组成中，有一些元素是幼苗结构或新陈代谢中的基本组分，缺失时能引起严重的幼苗生长、发育异常，被称为必需营养元素。目前明确的植物必需营养元素有16种，即碳（C）、氢（H）、氧（O）、氮（N）、磷（P）、钾（K）、钙（Ga）、镁（Mg）、硫（S）、铁（Fe）、锰（Mn）、锌（Zn）、铜（Cu）、钼（Mo）、硼（B）、氯（Cl）。

此外，还有一类元素，它们对幼苗的生长发育具有良好的作用，或为某些蔬菜种类在特定条件下所必需，人们称之为有益元素，其中主要包括硅（Si）、钠（Na）、钴（Co）、硒（Se）、镍（Ni）、铝（Al）等。

在必需营养元素中，C、H、O来自空气中的CO_2和灌水，而其他元素几乎全部来自育苗基质。只有豆科植物可固定空气中的N_2，叶片也能从空气中吸收一部分气态养分，如SO_2等。育苗基质是蔬菜幼苗生长所需养分的主要供给者。

蔬菜幼苗所需化学元素分类及生物化学功能见表4-17。

表4-17　蔬菜幼苗所需化学元素分类及生物化学功能

化学元素及分类	功能
第I类	组成碳化合物的营养元素
N	构成氨基酸、氨基化合物、蛋白质、核酸、核苷酸、辅酶和己糖胺等物质

（续）

化学元素及分类	功能
S	半胱氨酸、胱氨酸、甲硫氨酸和蛋白质的组分。构成辅酶、谷胱甘肽、生物素和3-磷酸腺苷等
第II类	在能量储存和结构完整中起重要作用
P	核酸、糖磷酸、核苷酸、辅酶、磷脂、肌醇六磷酸等物质的组分。在与ATP相关的反应中起关键作用
Si	在细胞壁中以SiO_2沉淀形式存在，参与细胞壁机械性质的形成
B	与甘露醇、甘露聚糖、藻酸和细胞壁的其他组分结合，参与细胞伸长和核酸代谢
第III类	以离子形式存在的营养元素
K	至少40种酶所需的辅助因子。建立细胞膨压和维持细胞电中性所需的最重要的阳离子
Ca	细胞壁中间层的组分。一些参与ATP和磷脂水解的酶所需的辅助因子
Mg	参与磷酸转移的许多酶所必需的；叶绿素分子的组成元素
Cl	与O_2释放有关的光合反应所需
Mn	一些脱氢酶、脱羧酶、激酶、氧化酶、过氧化物酶的活性所必需。参与其他阳离子活化酶的构成和光合作用中O_2释放有关的反应
Na	参与C_4和CAM植物中磷酸烯醇式丙酮酸的再生反应
第IV类	与氧化还原反应有关的营养元素
Fe	与光合作用、氮固定和呼吸作用有关的细胞色素和非血红素铁蛋白的组成成分
Zn	乙醇脱氢酶、谷氨酸脱氢酶和碳酸酐酶等酶的组分
Cu	抗坏血酸氧化酶、酪氨酸酶、尿酸酶、细胞色素氧化酶、酚酶等组分
Ni	脲酶的组成元素。在细菌固氮中是氢化酶的组分
Mo	固氮酶、硝酸还原酶和黄嘌呤脱氢酶的组分

7.2 蔬菜育苗常用肥料种类

为了提供蔬菜幼苗全面、平衡、适量的养分，同时，考虑蔬菜苗期养分吸收能力和对养分丰亏的敏感性、幼苗根际环境特点等，蔬菜育苗总是选择高精度、全水溶性肥料作为养分载体。近来，随着化肥工业的发展，各种元素丰富（包含大量元素、中量元素甚至微量元素）、含量精准、配比多样的复合肥被相继开发出来，蔬菜育苗中复合肥的施用也日益广泛，但高精度的复合肥价格要高于单一肥料。

蔬菜集约化育苗常用单一肥料和水溶性复合肥料及其主要养分含量见表4-18和表4-19。

表4-18　蔬菜集约化育苗常用单一肥料种类与主要养分含量

主要元素	肥料名称	元素含量（%）	主要元素	肥料名称	元素含量（%）
N	硝酸铵（NH_4NO_3）	33.5		硫酸钾镁	22
	硝酸钙 [$Ca(NO_3)_2$]	15.5	S	硫酸（H_2SO_4）	*[*]
	液体硝酸钙	7		硫酸钾（K_2SO_4）	18
	硝酸钾（KNO_3）	13	B	四硼酸钠（硼砂）（$Na_2B_4O_7 \cdot 10H_2O$）	11.5
	硝酸（HNO_3）	*		硼酸（H_3BO_3）	17
P	磷酸二氢钾（KH_2PO_4）	23		氯化铜（$CuCl_2$）	17
	磷酸（H_3PO_4）	*	Cu	硫酸铜（$CuSO_4$）	25
K	氯化钾（KCl）	50		液体硝酸铜	17
	硝酸钾（KNO_3）	36.5	Zn	硫酸锌（$ZnSO_4$）	36
	硫酸钾镁	18.3		液体硝酸锌	17
K	磷酸二氢钾（KH_2PO_4）	28	Fe	螯合铁（EDTA，TDPA）	5～12
	硫酸钾（K_2SO_4）	43		氯化锰（$MnCl_2$）	44
Ca	硝酸钙 [$Ca(NO_3)_2$]	19	Mn	硫酸锰（$MnSO_4$）	28
	氯化钙（$CaCl_2$）	36		液体硝酸锰	15
	液体硝酸钙	11	Mo	钼酸铵 [$(NH_4)_6Mo_7O_{24} \cdot 4H_2O$]	54
Mg	硫酸镁（$MgSO_4$）	10		钼酸钠（$Na_2MoO_4 \cdot 2H_2O$）	39
	硫酸钾镁	11	Cl	氯化钾（KCl）	52
S	硫酸镁（$MgSO_4$）	14		氯化钙（$CaCl_2$）	64

*　表示有多种规格，浓度、含量也不尽相同。

表4-19　蔬菜集约化育苗常用水溶性复合肥料种类与主要养分例示*

肥料种类 (N–P–K)	N（%）				P_2O_5 （%）	K_2O （%）	Ca （%）	Mg （%）	S （%）	微量元素 （%）
	N	NO_3^--N	NH_4^+-N	Urea-N						
20-20-20	20	5.9	3.85	10.25	20	20				0.270 5**
28-14-14	28	1.8	0.4	25.8	14	14				0.270 5**
12-2-14	12	11.7	0.3		2	14	6	3		0.285***
20-10-20	20	12	8		10			0.15	0.19	0.270 5*
2-3-6	2	2			3	6	14	6.7	5.5	1.81****

＊ 表中数据参照普罗丹完全水溶性肥料成分含量表；

＊＊ 为0.1% Fe、0.05% Mn、0.05% Zn、0.05% Cu、0.02% B、0.000 5% Mo的总和；

＊＊＊为0.1% Fe、0.05% Mn、0.05% Zn、0.05% Cu、0.02% B、0.015% Mo的总和；

＊＊＊＊为1.4% Fe、0.2% Mn、0.1% Zn、0.1% Cu、0.005% B、0.005% Mo的总和。

2-3-6称预拌肥，主要用于播前施肥。

7.3　施肥时期与施肥方法

理想的幼苗应具有：①育苗周期短；②具有一定的叶片数；③较短的节间距，紧凑的冠型；④深绿色的茎叶；⑤发育良好，便于移植的根系等。

施肥影响上述所有幼苗指标。施肥量过高，幼苗冠层太大，株间相互遮蔽，光照不足容易引起徒长和下层叶片黄化；施肥量过低，育苗周期延长，叶色淡绿。

根据蔬菜种类、育苗季节、设施环境等，科学选择适宜的施肥量及其他辅助性措施才能生产出理想的幼苗，获得最高的收益。苗期施肥量与蔬菜幼苗质量指标见表4-20。

表4-20　施肥量与蔬菜幼苗质量指标

幼苗生长指标	施肥量（氮、磷、钾完全肥料）		
	高	中	低
生长速率	快	快	慢
冠层	大	中等	紧凑

（续）

幼苗生长指标	施肥量（氮、磷、钾完全肥料）		
	高	中	低
叶色	黄化	绿色	淡绿色
根系	小	中等	大

7.3.1 播种前施肥

草炭通常是酸性的，pH一般4.0 ～ 5.5，而幼苗适宜的pH为5.5 ～ 6.8，为了调节基质pH，基质混拌时总是添加含钙、镁的白云石粉（$CaCO_3 \cdot MgCO_3$），为此，钙和镁的水平可以满足幼苗发育的需要。播前施入较多的是重过磷酸钙 [$Ca(H_2PO_4)_2 \cdot H_2O$]，施用量一般是 200 ～ 500g/m^3。氮源多用硝酸钙，施入量与磷相似，即200 ～ 500g/m^3。钾在幼苗生长初期是比较充裕的，不需要播前施入。硫在播前施用，常用硫酸镁，施入量为200g/m^3左右。含多种微量元素的肥料已经被商品化，可以直接使用，施用量一般是温室栽培推荐量的1/2。

播种前施肥，对于盐敏感的蔬菜，建议基质EC值小于0.5mS/cm；对于其他蔬菜，建议EC值小于0.75mS/cm。不同蔬菜耐盐性及苗期基质EC参考值见表4-21，播前施肥种类与数量见表4-22。

表4-21　不同蔬菜耐盐性及苗期基质EC参考值

耐盐性	蔬菜种类	EC参考值（mS/cm）
强	芦笋、菠菜、南瓜等	≤1.0
中等	番茄、西瓜、黄瓜、花椰菜、甜瓜、芹菜、马铃薯等	≤0.75
弱	菜豆、豌豆、结球甘蓝、胡萝卜、萝卜、莴苣、葱等	≤0.5

表4-22　播前施肥种类与数量

养分	肥料种类	施入量（g/m^3）
Ca、Mg		总量为调节基质pH5.4 ～ 6.0的使用量

（续）

养分	肥料种类	施入量（g/m³）
P	重过磷酸钙	≤ 500
N	硝酸钙	≤ 500
S	硫酸镁	≤ 200
微量元素	用于温室蔬菜种植的不同商品规格	一般设施栽培使用量的1/2

播种前施肥多采用基质混匀过程一并施入肥料的方法。目前，蔬菜集约化育苗多使用由草炭、蛭石、珍珠岩等组成的轻型混合基质，基质搅拌混合时，根据蔬菜苗期发育要求按比例将肥料加入，混拌备用。最好于播种前3 ~ 6d将肥料加入基质混匀，以便播种时肥料完全溶解和分布均匀。

其实，蔬菜种子萌发到真叶出现前，并不需要添加肥料，反而，高浓度肥料可能推迟种子萌发。

7.3.2　播种后施肥

播种后施肥多采用N ：K$_2$O = 1：1肥料种类。只有当基质分析或幼苗表现缺乏症状时，这个比例才修改。施用肥料的浓度主要取决于5个因素：①幼苗发育时期；②灌水或施肥过程养分的冲淋率；③施肥的频度；④幼苗生长态势；⑤播种前肥料混入基质与否。

育苗时可采用3种浓度的肥料，低浓度的肥料用于第Ⅱ阶段（出苗后至子叶平展）和第Ⅲ阶段（子叶平展后至第1片真叶展开）；较高浓度肥料用于第Ⅳ阶段（第1片真叶展开至其他真叶出现）早期；高浓度肥料用于第Ⅳ阶段后期和临近定植前。

高低浓度的选择也可根据叶色来决定，当叶色较淡时，可以通过高浓度肥料施用，补充养分不足，促进叶色的转变。

养分的冲淋率和灌溉频度也影响施用肥料的浓度。养分冲淋率是由于灌溉或施肥，养分从底部排水孔流失的百分率。尽管难以确切地计算肥料的冲淋率，但估计25％的比例是比较适当的。施肥的频度也很重要，每次灌溉同时施肥1次，或每2次灌溉施肥1次，或每3次灌溉施肥1次，或按照育苗程序定时施肥，比如每周施肥3次。对于同一种蔬菜幼苗，施肥频度越高，肥料浓度应越低。若每次灌溉同时施肥，肥料浓度在第Ⅱ阶段、第Ⅲ阶段可以为氮（N）30mg/L，到第Ⅳ阶段早期增加到氮（N）50mg/L，育苗后期增加到氮（N）80mg/L；若每隔1次灌水施肥1次，肥料浓度在第Ⅱ阶段、第Ⅲ阶段可以为氮（N）50mg/L，到第Ⅳ阶段早期增加到氮（N）100mg/L，育苗后期增加到氮（N）200mg/L；若每隔2次灌水施肥1次，肥料浓度在第Ⅱ阶段、第Ⅲ阶段可以为氮（N）80mg/L，到第Ⅳ阶段早期增加到氮（N）150mg/L，育苗后期增加到氮（N）300mg/L。肥料浓度、施肥频度与养分冲淋率的关系见图4-31，配制N（或K）50mg/L或100mg/L的肥料溶液100L水中需要加入的肥料量见表4-23。

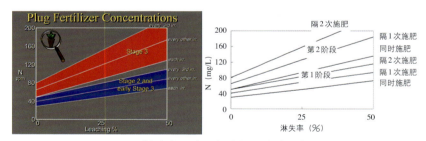

图4-31　肥料浓度、施肥频度与养分冲淋率的关系
（源自 Nelson P. V. 等，2016）

表4-23　配制（N或K）50mg/L或100mg/L的肥料溶液
100L水中需要添加的肥料量

肥料种类	100L 水添加肥料量（g）	
(N–P–K)	50mg/L（N或K）	100mg/L（N或K）
NH_4NO_3 + KNO_3	9.6 + 13.7	19.2 + 27.4
$NaNO_3$ + KNO_3	20.1 + 13.7	40.2 + 27.4
Ca $(NO_3)_2$ + KNO_3	20.8 + 13.7	41.6 + 27.4

（续）

肥料种类	100L 水添加肥料量（g）	
（N–P–K）	50mg/L（N或K）	100mg/L（N或K）
尿素 + KNO₃	7.2 + 13.7	14.4 + 27.4
12-12-12	42	84
15-0-15，15-15-15	34	68
20-20-20，20-10-20	25	50

注：表中数据基于肥料纯度是100%。但实际使用的肥料纯度很难达到100%，因此必须再进行换算。如20-20-20纯度为95%，配制N50mg/L的肥料溶液，肥料用量就是25g/5% = 26.25g。

　　肥料浓度与蔬菜种类关系密切。有些蔬菜对盐度比较敏感，因此，育苗时在播前施入少量肥料，在随后的幼苗发育中，也施用较低浓度的肥料，施肥的次数也相应减少。

　　总之，播前施肥对播后施肥次数、浓度有明显的影响。越来越多的育苗者倾向于播前不施肥，而是在播后施用高浓度的肥料，或较早地施用肥料（第Ⅱ阶段）。当播前施肥时，播后施肥一般始于第Ⅲ阶段；若播前没有施肥，播后施肥一般始于第Ⅱ阶段。

7.3.3　二氧化碳（CO_2）施肥

　　在通常情况下，空气中的CO_2含量为300 ～ 330mg/L，如能将育苗环境CO_2浓度提高到800 ～ 1 000mg/L，对蔬菜幼苗生长发育还是非常有益的。目前，二氧化碳施肥已经成为一种成熟的技术，尤其在设施栽培中被广泛使用。CO_2施用方法有释放液态CO_2、干冰气化、有机物燃烧、应用CO_2发生剂等。

　　CO_2施用主要目的是促进光合作用，且与光照强度、温度协同作用才能取得较好效果，同时避免设施通风造成CO_2浪费。因此，CO_2施用时间通常选择日出后、设施放风前进行。一年中11月至翌年2月，日出1.5h后施放；3月至4月中旬，日出1h后施放；4月下旬至6月上旬，日出0.5h后施放。CO_2施放后，将设施密闭1.5 ～ 2.0 h后再通风。

7.4 蔬菜幼苗营养状况的分析判断

根据幼苗形态特征或组织中营养成分含量，判断幼苗植株营养元素丰缺状况。每一种营养元素在幼苗体内的含量通常存在缺乏、适量和过剩3种情况。当幼苗体内缺乏某种营养元素，即含量低于养分临界值（幼苗正常生长体内必须保持的养分数量），幼苗表现缺素症；当体内养分含量处于适量范围，幼苗生长发育正常；体内养分含量超过临界值时，可能导致营养元素的过量毒害。

为了诊断幼苗体内营养元素的含量状况，可以采用下列方法：

（1）形态诊断法 通过观察幼苗外部形态的某些异常特征以判断其体内营养元素不足或过剩的方法。主要凭视觉进行判断，较简单方便。但幼苗因营养失调而表现出的外部形态症状并不都具有特异性，同一类型的症状可能由几种不同元素失调引起；另外，缺乏同种元素而在不同蔬菜上表现出的症状也会有较大的差异。因此，即使是训练有素的工作者，也难免误诊。

（2）化学诊断法 借助化学分析对幼苗、叶片及其组织液中营养元素的含量进行测定，并与由试验确定的养分临界值相比较，从而判断营养元素的丰缺情况。成败的关键取决于养分临界值的精确性和取样的代表性。由于同一蔬菜幼苗在不同发育阶段的养分含量差异较大，应用化学诊断法时必须对采样时期和采样部位做出统一规定，才能准确比较。

（3）酶诊断法 又称生物化学诊断法。通过对幼苗体内某些酶活性的测定，间接地判断植物体内某营养元素的丰缺情况。酶诊断法灵敏度高，且酶作用引起的变化早于外表形态的变化，用以诊断早期的潜在营养缺乏，尤为适宜。

7.5 蔬菜苗期养分供给应注意的其他问题

（1）基质pH 育苗基质pH是影响基质中营养元素有效性的重要因素（图4-32）。在pH低的基质中（酸性基质），Fe、Mn、Zn、Cu、B等元素的溶解度较大，有效性较高；但在中性或碱性基质

中，则因易发生沉淀作用或吸附作用而使其有效性降低。P在中性
（pH 6.5 ～ 7.5）基质中的有效性较高，但在酸性基质中，则易与
Fe、Al或Ca发生化学反应而沉淀，有效性明显下降。通常是生长
在偏酸性和偏碱性基质中的幼苗较易发生缺素症。

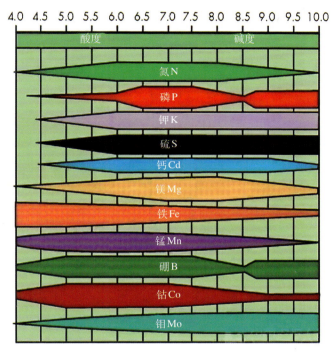

图4-32　基质pH与矿质元素有效性
（线条宽表示矿质元素有效性高，线条窄表示矿质元素有效性低）

　　（2）营养元素比例　营养元素之间普遍存在协同与拮抗作用
（表4-24）。如大量施用氮肥会使幼苗的生长量急剧增加，对其他
营养元素的需要量也相应提高，若不能同时提高其他营养元素的
供应量，就会导致营养元素比例失调，发生生理障碍。基质中由
于某种营养元素的过量存在而引起的元素间拮抗作用，也会促使
另一种元素的吸收、利用被抑制而促发缺素症。如大量施用钾肥

会诱发缺镁症，大量施用磷肥会诱发缺锌症等。

表4-24 营养元素的相互拮抗作用

过量	抑制吸收	过量	抑制吸收
N	K	Na	Ca、K、Mg
NH_4^+	Ca、Cu	Mn	Fe、Mo
K	N、Ca、Mg	Fe	Mn
P	Cu、Fe、Zn、B	Zn	Mn、Fe
Ca	Mg、B	Cu	Mn、Fe、Mo
Mg	Ca		

（3）温度管理　根际高温或低温都会影响根系生长和根系活力，进而影响幼苗养分吸收面积和吸收能力。如低温，降低基质养分的释放速度，又影响幼苗根系对大多数营养元素的吸收速度，尤以对P、K的吸收最为敏感。此外，低温还明显阻抑铵态氮向硝态氮的转化，易造成根际铵的积累和幼苗氨中毒。

（4）操作技术　育苗基质通气孔隙度远大于土壤，灌水不可避免地会造成基质养分的冲淋。当灌水频度高、每次灌溉量大时，养分的冲淋也相应增大，此时适当增加施肥频度或肥料浓度为宜。

目前，蔬菜集约化育苗广泛采用灌溉施肥技术，其中一个非常关键的技术设备就是稀释定比器。稀释定比器使用一段时间后，可能发生准确度和精度的变化，应隔1个月进行1次校准，否则，会发生养分供给增大或减小的情况，进而引发幼苗养分供给过量或不足。

8　蔬菜苗期灌溉施肥技术

灌溉施肥技术，又称水肥耦合施用技术、水肥一体化施用技术，即将肥料溶入灌溉水形成肥料溶液，在一定压力作用下，灌溉的同时将养分输送到作物根际，适时适量地满足作物对水分和养分的需求，使灌溉与施肥有机结合，实现水肥高效供给和利用，提高灌溉施肥效率。

灌溉施肥系统大体由储液池（或储水池）、注肥器（或配肥器）、管网、控制装置等组成（图4-33）。工作流程是：接受灌溉指令，贮液池中的水或肥料溶液在泵吸力作用下，进入输水管路，注入或混入肥料，经输水管路到达喷头（或进液口），经喷嘴施入或流入作物生长系统。图4-34为智能化灌溉施肥系统示意图。

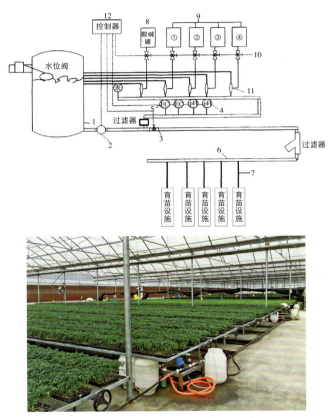

图4-33 灌溉施肥系统及其在育苗上的应用

（源自李志忠和滕光辉，2004）

1.混肥罐 2.主泵 3.主阀 4.酸碱度传感器 5.电导率传感器 6.主管道
7.支管路 8.酸碱罐 9.原液罐 10.电磁阀 11.文丘里注肥装置 12.控制器

图4-34　智能化灌溉施肥系统

灌溉施肥要求肥料：①养分浓度高；②田间温度条件下完全溶于水，溶解迅速，流动性好；③不会阻塞过滤器和滴头；④多种肥料可以混合使用，不会产生沉淀；⑤不会引起灌溉水pH的剧烈变化；⑥对控制中心和灌溉系统的腐蚀性小。常用作灌溉施肥的氮肥有：硝酸铵、尿素、氯化铵、硫酸铵及各种含氮溶液；钾肥有：氯化钾、硫酸钾、硝酸钾；磷肥有：磷酸、磷酸二氢钾及高纯度的磷酸二铵；各种微量元素肥料、氨基酸、腐殖酸等。

目前，灌溉施肥技术已广泛应用于蔬菜集约化育苗，主要方式有3种：顶部喷灌、潮汐灌溉、漂浮灌溉。

8.1　顶部喷灌

顶部喷灌是借助水泵和管网或利用水源的自然落差，把具有一定压力的水喷射到空中，细化或雾化后降落到幼苗和苗床顶部的灌溉方式。

8.1.1　系统组成

（1）水源　要求洁净、无污染的地下水、自来水等，水质良好，不易堵塞输送水管道。

（2）枢纽　包括水泵、过滤装置、处理装置、控制元器件等。

（3）输配水管网　主管连接以PVC硬管连接为主，支管以PE软管连接为主，常用6寸或4寸管。管道安装从大到小，卡扣适中紧密，不跑冒滴漏。

（4）施肥装置　水溶性肥料倒入罐中，注水搅拌稀释，完全溶解、混合均匀后加压进入管网。

（5）喷头、测流量仪表及稳流器等　将肥料溶液均匀喷洒，形成水滴（或水雾）均匀地洒在幼苗和苗床上面，并严格控制喷灌流量、流速和均匀度。

8.1.2　顶部喷灌方式

蔬菜集约化育苗顶部喷灌包括人工喷灌、微喷、雾喷和悬臂式喷灌，其中最常见的是悬臂式喷灌。

（1）人工喷灌　目前，蔬菜育苗用的人工喷灌枪多来自美国Dramm公司的#400型喷水器，喷嘴为圆柱形外壳，首部是出水孔板，可以减缓水压形成均匀的出水分布，尾部与铝质喷杆丝扣连接，喷杆手柄上方有止流阀，下方有插拔式接头（图4-35）。

人工喷灌枪为蔬菜集约化育苗必备。即使有先进的喷灌车、潮汐灌溉设备，但由于温、光环境和幼苗生长不一致等，常需要临时人工喷灌进行局部补水。

（2）微喷灌　主要是悬挂式和地插式两种，微喷头多选用固定式，较少使用旋转式。

悬挂式旋转微喷，多倒悬在育苗设施内，喷头置于苗床上方45～75cm处，间隔2.0m左右（图4-36）。

地插式旋转微喷，多插接直立在苗床上，喷头距离苗床上方50cm左右，间距1.0～1.5m。

（3）悬臂式喷灌　喷头安装在距离苗床上方一定距离的单臂或双臂喷杆上，在人力或电力驱动下，随喷灌机行走，将肥料溶液喷灌到苗床和幼苗顶部。

鉴于经济性和实用性，多采用双臂式喷灌机。

喷灌机沿地轨或悬轨移动，实现育苗设施单向或跨间喷灌

图4-35　蔬菜育苗用喷枪
a.整体结构　b.喷头　c.接头

图4-36　苗床悬挂式微喷装置

作业（图4-37）。盘式智能喷灌机和可转跨喷灌机的规格参数见表4-25和表4-26。

地面行走式

悬臂行走式

图4-37　喷灌机

表4-25　盘式智能喷灌机规格参数

（源自北京华农农业工程技术有限公司）

设备型号	IR-S（普通型）/IR-C（电脑型）/IR-Y（遥控型）		
参　　数			
最大喷灌宽度	12m	最大行程	190m
运行速度	4～14m/min	3种喷嘴流量	136L/h、90L/h、45L/h
行走电机要求	500W，220V/50Hz	可调高度	0.5m
供水要求	流量5 000L/h	供水压力要求	0.28MPa

表4-26　可转跨喷灌机规格参数

（源自北京华农农业工程技术有限公司）

设备型号	IR-S（普通型）/IR-C（电脑型）/IR-Y（遥控型）		
参　　数			
最大喷灌宽度	12m	最大行程	70m
运行速度	4～16m/min	3种喷嘴流量	136L/h、90L/h、45L/h
施肥泵	Superdos15TF	施肥桶	10L
行走电机要求	250W，220V/50Hz	可调高度	0.5m

（续）

设备型号	IR-S（普通型）/IR-C（电脑型）/IR-Y（遥控型）		
参 数			
供水压力要求	0.28MPa	流量	5 000L/h
外形尺寸（mm）	11 600×930×1 900	喷灌机主机质量	90kg

8.2 潮汐灌溉

潮汐式育苗属于一种底部灌溉育苗方式。

在我国，2006年云南昆明安祖花园艺有限公司从荷兰引进潮汐式灌溉系统，总面积约1.5万m²。2008年天津大顺园林集团有限公司、2009年北京瑞雪环球科技有限公司、2010年宁夏回族自治区银川市贺兰园艺产业园、2014年河南鄢陵建邺集团等单位相继采用潮汐式灌溉技术培育盆栽花卉，其中潮汐床箱、施肥机、紫外消毒机等关键设备均来自荷兰、丹麦等国。2012年农业部发布的《温室灌溉系统设计规范》（NY/T 2132—2012）简要规定了潮汐灌溉设备选择、技术参数，2013年《温室灌溉系统安装与验收规范》（NY/T 2533—2013）进一步规定了潮汐灌安装控制和检验要求。2015年中国农业科学院蔬菜花卉研究所在北京试验农场首次采用全套国产化装备建设了专业用于蔬菜育苗的潮汐式灌溉系统，且因投资低，操作简单，得到业界广泛关注和认可，相继于2015年在青海省、2016年在河北省唐山市，以及2017年在北京市昌平区、安徽省舒城市、山东省济南市进行了潮汐式育苗技术试验示范。

8.2.1 工作原理

潮汐式育苗工作原理主要是依靠穴盘底部排水孔和基质的毛细管作用，使泵入床箱内的肥料溶液（或水，下同）进入整个基质或根际空间，以满足幼苗生长发育对水分、养分需求。其中，核心是基质毛细管作用，原动力是水分子内聚力和毛细管表面附着力。

幼苗生长的基质是固相、液相、气相三相构成的分散系。固相内部、固相之间存在大小不一的孔隙，这些孔隙相互贯通构成复杂的毛细管体系，承载水分吸持、养分迁移、气体溶散的功能。

当基质接触水，受压力差、重力、毛细管吸力作用，水充盈基质孔隙，当压力差消失，基质仅依靠毛细管吸力作用将水分吸持至某种高度，并保持一定含水量。毛细管水上升的高度和速度与基质孔隙大小有关，在一定的孔径范围内，孔径越大，上升的速度越快，但上升高度较低；反之，孔径越小，上升速度越慢，但上升高度较高。对于孔径过小的基质，不但上升速度极慢，且上升高度也有限。

在毛细管水上升高度范围内，基质含水量也不相同。靠近水面处，基质基部孔隙几乎全部充水（也称毛细管水封闭层），从基部至某一高度，毛细管水上升速度快，含水量较高，再往上，只有更细的毛细管才有水，含水量也相对较低。

8.2.2 系统组成

潮汐式育苗系统，从结构组成上可以清晰地分为4个组成部分：幼苗生长部分、植床部分、循环管路部分和控制部分。

（1）幼苗生长部分 主要包括拟培养植物种类及品种、生长基质和育苗容器。基于植物类别、生长发育阶段及特定生长环境（温度、光照、湿度、CO_2浓度），充分考虑生长基质（组分、配比）、育苗容器（大小、深度、形状）水肥吸收-运移-蒸散性能，最终提出潮汐式灌溉参数（灌溉时间、灌溉量、灌溉频度、肥料浓度）。幼苗是潮汐式灌溉的最终靶向，所有技术参数均服务于幼苗生长发育。

（2）植床部分 基本功能是潴留1～5cm高度的肥料溶液，并维持5～30min，满足基质对水肥的吸收。要求不渗漏，水肥能同时均匀地到达每个育苗容器的底部，保证株间基质吸收水肥的均匀性、一致性，进而确保幼苗生长的整齐性。目前，国际上常用的植床型式有5种：固定式植床（EFFB）、移动式植床（EFRB）、槽式植床（TB）、地面式植床（FF）、托盘式植床（也称荷兰式植床，DMT）（图4-38）。

固定式

移动式 10cm 60cm 60cm

槽式

地面式　　　　　　　　　　全移动式

图4-38　潮汐灌溉植床型式

　　（3）循环管路部分　　通常由储水池、肥料罐、施肥机、消毒装置、回液池、水泵、输水管路等组成。工作流程是水泵从储水池吸水，经施肥机pH、EC值检测和调制，形成一定养分含量的肥料溶液，沿输水管路通过快开阀和床箱入水口，进入潮汐床箱，保持5～30min。停止灌水，床箱内基质吸收剩余的肥料溶液又通过快开阀经排水管路自然回流入回液池，再经消毒装置，进入储水池，用于下次灌溉，如此反复，循环利用。

　　（4）控制部分　　潮汐式育苗至少涉及两方面的控制，一是灌溉时间，如每次灌溉时长和灌溉频启时间，前者决定灌溉量，后者决定灌溉频次和启动时间，通常均由集成控制元器件和电磁阀联合完成；二是肥料浓度，如养分配比、总pH、EC值，通常由施肥机自带程序设定。

　　除了以上4个基本组成，根据育苗实际需要，还可以加装辅助性设备如弥雾增湿降温等设备。

8.2.3　技术优势

　　相对于顶部喷灌，潮汐式育苗表观上只是改变了水分进入基质的方向，由顶部变为底部，实际上随着大量现代装备的融合配套，已展示出显著的综合技术优势（表4-27）。

表4-27　潮汐式育苗的技术特点与优势

科目	顶部喷灌育苗	潮汐式育苗
水肥进入育苗基质的方向	由上而下，经幼苗地上部洒向或滴落至基质表面，再逐步扩散达到基质底部。	由下而上，经育苗容器底部排水孔渗入基质，在毛细管作用下逐步扩散至整个基质。
对育苗环境因子的影响	敞开式灌溉，喷头至幼苗基质存在一定距离，基质吸收剩余水肥滴落地面，增加空气湿度，有利于绿藻、病原菌的繁殖蔓延。	循环闭合式灌溉，水肥在防渗床箱内与基质直接接触，水肥运动路线短，基质吸收剩余水肥流入回液池，消毒后用于下次灌溉，对空气湿度影响小，有利于抑制病害发生。
水肥供给精准性	根系是幼苗吸收水肥最主要器官，基质是水肥储存位点，顶部喷灌为使足量水肥进入基质，必须由上至下全部充盈水肥，若少量灌溉，必致水肥停滞基质上层，诱导根层上移，因此，不利于水肥精准供给。	水肥从基质底层进入，可通过调控水肥潴留床箱时间和水肥供给量，实现水肥精准供给，并不影响根系分布，相反，有利于根层下移，充分利用育苗容器空间。
用工成本	较高。移动喷灌耗时长，幼苗接近成苗阶段，茎叶相对郁闭，屏障水肥进入基质，有时需反复20余次，才能完成一次灌溉，且喷灌机在育苗设施内跨间移动需人值守。	较低，可节省劳动用工60%～90%。通过施肥机和循环管路控制元器件，可实现全自动化，便捷高效。
用水用肥用药成本	较高。水肥敞开式运动路径，多余水肥任意洒落地面，排放环境，形成面源污染，加之湿度高病害发生较重。	较低，节约用水量50%以上，节约用肥量75%以上，有利于保护生态环境。
幼苗生育性	易存在灌溉不均匀，育苗时间较长。	可实现水肥精准供给，促进幼苗生长发育，苗龄通常可缩短4～6d。

（续）

科目	顶部喷灌育苗	潮汐式育苗
多种用途适应性	剩余水肥易滴落，不利于多层育苗。	水肥闭合循环，环境整洁，可多层育苗。
投资成本	喷灌机联合比例施肥器，设备简单，一次性投入和维修保养成本较低。	设备相对复杂，一次性投入和维修保养成本较高。

8.2.4　研究与应用

潮汐式育苗涉及工程学、信息学、农艺学等多学科知识，是多学科协同发展的集成体现。

（1）潮汐床箱　在一个偌大的床箱平面上，距离出水口越近，肥料溶液到达越快；反之，距离出水口越远，肥料溶液到达时间越久。因此，在潮汐床箱设计时，不仅要求平整、耐荷载、防渗漏、防盐分侵蚀、抗阳光暴晒、抗变形（如干湿交替引发的膨胀和收缩）、耐磨损，还要考虑肥料溶液在整个床箱内的分布一致性。目前，国际上最先进潮汐床箱制造采用三层共挤压和真空吸塑工艺，厚度≥3mm，箱内设计有纵、横导流槽和下陷排灌水口区域。如丹麦Stål & Plast公司可制造多种规格潮汐床箱，单个床箱最大规格1 720mm×6 200mm。此外，该公司还制造铝片材压制成型潮汐床箱。

（2）植床型式　如前所述，潮汐式植床主要有5种型式：①固定式植床。金属立柱多用5cm圆钢，高60～75cm，一端锚定在混凝土地面或地砖，一端与横梁焊接，横梁上方放置铝合金窗框和聚苯乙烯塑料床箱。床箱总长度≤20m，宽度1.20～1.72m，高度5～7cm。床箱沿长度方向可以多个排列，也可多段床箱板材焊接而成，但每个床箱一端均预留入水口和排水口。②移动式植床。基本结构与固定式植床相似，只是在横梁与床箱之间搭架两根滚轴，滚轴左右平行移动，带动床箱左右移动约50cm，目的是减少走道，提高温室建筑利用率。③地面式植床。地面混凝土浇筑而成，每灌区面积 100 ～ 600m²，从边缘向中心倾斜，既可以保证基质吸水的均匀性，又可保证排水的彻底性。每个灌区间用柔性橡胶作为阻水挡板，将各灌区分割。灌区中心点下方预设入水口和排水口。此外，为了确保幼苗根际温度和使植床保持干燥，可加设地暖。④槽式植床。基本结构与固定式植床相似，只是其底部不再是平板，而是呈一定倾斜度的沟槽。灌溉时从沟槽的最高处入水，从最低处出水，水流沿途被基质吸收，直至达到要求含水量。⑤托盘式植床。基本结构与移动式植床相似。托盘式植床可以在温室内双向移动，到达温室的各个部位，因此，床箱较小，通常宽 1.5 ～ 1.8m，长 3.6 ～ 6.0m，育苗床可兼作运输床。此外，整个灌区可只设少数几个固定的入水口和出水口，即可满足灌排水需要。

（3）基质特性　目前，商品化无土栽培基质大多也适于潮汐式育苗，即使个别组分粒径偏大或偏小，通过多组分调配，也可达到潮汐式育苗需求。黄忠阳等（2014）以茶渣、牛粪蚯蚓处理产物、蛭石、珍珠岩为原料配制 3 种混合基质，并选用 1 种市售基质为对照，在潮汐式灌溉条件下培育番茄 72 孔穴盘苗，发现孔隙度较大的基质配比更有利于番茄幼苗生长发育，株高、茎粗、生物量、总根长、根表面积、根体积、根尖数等表观形态指标显著优于其他处理。周晓平等（2015）测定了 3 种自配基质和 1 种商品基质理化特性，也发现总孔隙度较大的基质（40% 茶渣、20% 泥炭、20% 蛭石、20% 珍珠岩）更有利于潮汐式灌溉模式下小白菜生长。

（4）幼苗生长发育　混合基质潮汐式灌溉能显著增强幼苗生长势，提高幼苗成活率和整齐度，因为底部吸水均匀而消除边缘效应。与滴灌相比，潮汐式灌溉节水 33.3%。潮汐式灌溉条件下黄瓜、辣椒和西葫芦幼苗的生长势和光合作用均最强，壮苗的数量也最多。潮汐式灌溉可有效促进小青菜的生长，增加产量，与人工灌溉相比，潮汐式灌溉小青菜幼苗的株高、叶片数、植株鲜重和干重分别提高了 40%、6%、46% 和 44%。甘小虎等（2014）研究发现，与顶部灌溉相比，潮汐式灌溉辣椒幼苗的根长、根体积分别提高了16.9%和1.0%。

（5）管理参数　与顶部喷灌相似，潮汐式育苗最佳灌溉频度、灌溉量、灌溉持续时间、灌溉肥料溶液浓度主要决定于蔬菜种类、生长发育阶段和环境因素。一些蔬菜种类耐盐性强，适当增加肥料浓度也不会影响正常生长。当育苗时段气温高、光照强，幼苗蒸腾作用和基质水分蒸发作用旺盛，宜增加灌溉频度，而降低肥料浓度。幼苗接近成苗期，叶面积指数高，蒸腾作用旺盛，生长迅速需肥量大，可选择高频度、高肥料浓度灌溉。刘宏久等（2015）探索了蔬菜潮汐式穴盘育苗的最佳灌溉量等指标，优选方案是黄瓜穴盘育苗灌溉高度1.5cm、浸泡时间30min、灌溉频率2d一次；西葫芦穴盘育苗灌溉高度1.5cm、浸泡时间15min、灌溉频率1d一次；结球甘蓝穴盘育苗灌溉高度3cm、浸泡时间15min、灌溉频率2d一次，番茄穴盘育苗灌溉频率2d一次；辣椒穴盘育苗播后1～21d灌溉频率为3d一次，播后22～42d灌溉频率为2d一次。王正等（2015）建议茄子潮汐式穴盘育苗灌溉持续时间8～16min，间隔时间201～350min。王克磊等（2017）认为潮汐式黄瓜育苗灌水高度2cm，浸盘时间1h，灌溉频率2d一次效果较好。

（6）病虫害防控　潮汐式育苗属于肥料溶液底部灌溉方式，可以有效降低育苗设施内空气相对湿度，减少幼苗茎叶触水时间，茎叶易于保持干燥状态，有利于地上部病虫害的防控。Latimer & Oetting（1999）研究发现藿香种植后4周，与传统的顶部灌溉相比，潮汐式灌溉中螨虫减少76.4%，西花蓟马减少35.8%。牛庆伟等（2013）采用不同灌溉方式培养西瓜嫁接苗，表明潮汐灌溉可有效控制细菌性果斑病病菌的发生和传播。Stanghellini等（2000）研究发现盆栽辣椒同时接种疫霉属病菌，顶部灌溉的辣椒2周后死亡，而潮汐式灌溉的辣椒在6周后死亡，如果在潮汐式灌溉的肥料溶液中加入一种表面活性剂，可以完全控制盆栽辣椒疫霉属病菌的传播。

潮汐式育苗条件下肥料溶液在株间流动、汇集、再循环共享，具有与液膜法（NFT）、深液流法（DFT）、动态浮根法（DRF）等液培相似的病原交叉感染、快速蔓延的风险。目前，肥料溶液消毒最常用的是紫外-臭氧消毒技术，能与污染物迅速发生反应，同时杀死微生物。此外，可以借助潮汐式育苗循环系统，将可溶性农药、除草剂、土壤消毒剂等随灌溉溶液进入基质，不仅防治效果好，而且节约用工成本。

（7）节水节肥性能　潮汐式灌溉，水肥在闭合系统内"零排放"循环使用，排除了幼苗叶片对顶部灌水的"雨伞效应"，水肥按需精量供给，避免超量浪费，能够显著提高水肥利用效率，减轻肥料溶液排放环境压力。天竺葵和西葫芦栽培，底部灌溉耗水量比滴灌分别减少11%和20%。一品红盆栽，尽管基质持水量相近，但人工喷灌和微管滴灌灌溉水排放率分别比潮汐灌溉高43%和29%。Dole等（1994）比较了4种灌溉方式（人工喷灌、微管滴灌、毛管毯灌溉、潮汐灌溉）下一品红的水分利用效率，结果表明，采用250mg/L氮肥浓度，人工喷灌、微管滴灌、毛毯灌溉、潮汐灌溉次数分别为14.3、15.8、14.8、16.3次，灌溉量分别为150、124、191、93L，灌溉排放量分别为48.3、28.8、19.0、11.5L，排放率分别为32%、23%、9%、12%，人工喷灌、微管滴灌排放量显著高于毛毯灌溉和潮汐灌溉。采用175mg/L和250mg/L两种氮肥浓度，人工喷灌排放率为43%和40%，微管滴灌为39%和40%，毛毯灌溉为32%和26%，潮汐灌溉为11%和13%，说明潮汐灌溉能起到减少灌溉量和降低排放量"双效"作用。固定式顶部喷灌仅有17%的灌水被植物真正利用，而底部灌溉可使灌溉量降低56%。由于潮汐灌溉没有淋浴作用，还能减少氮素使用量达40%，可以达到90%以上的水肥利用率。

8.3　漂浮灌溉

漂浮灌溉，是将泡沫穴盘漂浮在肥料溶液表面，肥料溶液通过穴盘底部排水孔在基质毛细管力作用下，逐步进入根际，供幼苗吸收利用。

漂浮灌溉与潮汐灌溉均属于底部灌溉，最大区别在于肥料溶液在漂浮池中存留较长时间，甚至贯穿整个幼苗生长阶段，溶液较深、较多，幼苗生长速度快，用工少。但幼苗根系从排水孔外向生长较多，取苗时根系损伤大且不易取出。

8.3.1　穴盘规格

漂浮灌溉选用聚苯乙烯制成的轻质可漂浮的泡沫塑料穴盘，规格有84孔、96孔、108孔、120孔、136孔、160孔、200孔等（图4-39）。苗龄长，株型开阔，选择孔穴体积大、单张孔穴数少的穴盘；反之，选择孔穴体积小、单张孔穴数多的穴盘。漂浮育苗盘规格见表4-28。

长570mm × 宽360mm × 高60mm
上口径30mm × 30mm

长670mm × 宽340mm × 高60mm
上口径25mm × 25mm

图4-39　漂浮育苗用泡沫塑料穴盘

表4-28　漂浮育苗盘规格

材质	孔数	长×宽×高（mm）	上孔内径（mm）	下孔内径（mm）	底孔（mm）
	84（12×7）	625×375×70	43×43	9×9	5×5
	96（12×8）	412×272×50	26×26	8.5×9	5×5
聚苯乙烯泡沫塑料	120（15×8）	660×340×50	37×37	8.5×8.5	5×5
	136（17×8）	660×335×（50～55）	30×30	8.5×8.5	5×5
	160（16×10）	660×340×（53～60）	30×30	8.5×8.5	5×5
	200（20×10）	660×335×（50～55）	25×25	9×9	5×5或7×7
	325（25×13）	655×340×45	18×18	8.5×8.5	4.5×4.5

8.3.2　漂浮池

长期固定式漂浮池，池壁可采用砖混结构，长度依棚室尺寸和漂浮池排列方式而定，长度一般不超过40m，深度20～30cm，宽度1.2～1.4m，约是穴盘宽度的3～5倍，池间走道30～50cm，底部平整夯实，甚至混凝土封底。临时漂浮池，可直接平地作畦，底部和畦埂全部铺设黑色塑料薄膜。图4-40为漂浮育苗池。

总体要求是池底平整，池体高度一致，水或肥料溶液不渗漏，穴盘尽可能满池，以免滋生藻类。

长期固定型

临时简易型

图4-40　漂浮育苗池

8.3.3　应用技术

（1）检查棚室结构牢固性、覆盖材料和漂浮池严密性以及育苗配套设备等。

（2）设施和育苗池在播种前20d左右进行消毒。选择晴天进行，育苗池清洗后，将84消毒液按照1∶100的浓度进行稀释，喷洒漂浮池，对育苗池进行消毒处理。

除新购置穴盘外，长期贮放或回收的穴盘应清洗消毒灭菌后使用。方法是：将消毒剂稀释后放入大容器内，再将穴盘没入溶液，并轻轻晃动，确保穴盘表面无气泡产生。消毒时间20～30min。或采用1%～2%甲醛溶液，或有效氯含量10%～20%的次氯酸钠溶液，或0.1%～0.5%的高锰酸钾溶液对穴盘表面喷雾消毒。

（3）根据蔬菜种类，选用不同类型的肥料。茄果类、瓜类蔬菜选用三元复合肥（N-P-K为15-15-15），叶菜类蔬菜选用高氮低磷中钾型复合肥（N-P-K为22-8-15），每立方水中加复合肥350g为宜，在投放漂浮盘之前加入漂浮池中并混匀。pH6.5～6.8，深度10～15cm。

（4）播种后的穴盘平放入漂浮池，根据幼苗生长需求逐步提高肥料溶液浓度和元素组成。

（5）加强苗期管理，防止形成徒长苗、老化苗，达到成苗标准后，从漂浮池取出苗盘，成苗定植。

8.3.4 关键问题与技术对策

（1）基质盐渍化　高温干燥条件下，基质水分大量蒸发，基质表面发白，有结晶状盐析粒出现，造成基质盐渍化，影响幼苗生长发育，使植株矮小、叶片发黄。

防控措施：①喷水淋溶；②加强育苗设施内的温度和湿度管理，利用一些降温设备，如遮阳网来降低温度，减少因散热通风而造成的水分蒸发；③加入腐殖酸肥可降低盐渍化的发生。

（2）藻类滋生　漂浮灌溉系统充足的水分、营养物质和光照条件，很容易滋生大量藻类（图4-41）。滋生的藻类不仅与幼苗竞争水分、光照、营养物质，而且会产生酸性和毒性代谢物，严重影响幼苗生长发育，甚至造成幼苗萎蔫黄化、早衰死亡等，或者继发或诱发病害，严重危害幼苗健康。

防控措施：①制作育苗池时注意漂浮池与育苗盘配套，使育

图4-41　漂浮灌溉藻类滋生

苗盘摆放后不留空隙，若有露出地方，宜用其他遮光材料将其覆盖；②旧苗盘和基质的消毒工作要做好，从源头控制、减少绿藻的产生；③盘面可喷施0.025%的硫酸铜溶液进行杀藻；④加强通风，降低湿度。

（3）微量元素缺乏　营养液配制不当或管理不善，幼苗容易发生缺铁等缺素症，应定时监测肥料溶液pH，并调整至适宜范围，选用螯合铁等优质铁素载体。

（4）铵中毒　配制营养液时，铵态氮施入量过高，容易表现氨中毒、叶缘上卷、变厚，叶色深绿，后期叶缘枯焦。

9　蔬菜幼苗株型调控技术

子叶健全，具有一定的真叶数，叶色浓绿，叶面积中等大小，胚轴、节间和叶柄长度适当，叶柄与茎的夹角45°左右，从孔穴中取出幼苗可以看到根系白色、发达，根表面密布根毛，整株幼苗无病虫侵染斑点，幼苗之间整齐一致，被普遍认为是良好的株型（图4-42）。这样的株型抗性强、耐储运、适于机械化移栽、定植后长势好，深受菜农的喜爱。

壮苗形态特征
无病虫害
株型紧凑
茎叶完整，叶色浓绿
节间短粗
根系健壮，成坨性好

壮苗生理特征
蜡粉等保护组织发达
自由水含量低
耐逆性强
花芽分化质量高

图4-42　壮苗形态和生理特征

一方面，蔬菜集约化育苗条件下，根系发育空间和株间距小、根际水分和养分稳定供应能力差等，不利于良好株型的形成，如株间距小，幼苗植株下层光照弱，子叶和下位叶很容易黄化。另一方面，集约化育苗多属商业行为，秧苗除极少部分用于自我栽培外，绝大部分作为商品苗进行市场销售，必须符合消费者（菜农）的要求，必须接受比自育自栽苗相对严格的要求。幼苗株型是考量育苗企业技术水平的重要尺度，也是企业效益及可持续经营的保障。当前生产中由于株型不良引发的商品苗订单纠纷时有发生。

9.1　与株型相关的生物学基础

9.1.1　茎、叶伸长

植物细胞在达到成熟之前，体积一般能扩大10～100倍。显微切片观察显示徒长幼苗的茎、叶组织，细胞长度或体积明显大于正常生长的同组织细胞，因此，说明幼苗茎叶快速生长主要来自细胞的定向或非定向膨大。

膨压是细胞膨大的原动力。基质水分供应充足的条件下，受根压和蒸腾拉力的作用，水分通过木质部和质外体空间源源不断地进入细胞，细胞膨压持续保持较高水平，挤压细胞壁，使细胞壁产生应力膨胀，细胞体积增大。当根际水势下降，细胞膨压减小，细胞壁松弛，细胞膨大减慢。细胞膨大常常在膨压等于零之前停止。

细胞壁的延展性是细胞扩展的又一限制因子。细胞壁包裹细胞，具有一定的机械强度，控制细胞的形状和扩展。细胞壁的基本组成是半纤维素、果胶两类多糖（如葡聚糖、木聚糖、半乳聚糖、阿拉伯聚糖等）和少量结构蛋白，这些物质在细胞之间呈水合状态，使细胞壁具有介于固体和液体之间的物理特性。植物激素、光敏色素等可以通过调节细胞壁的延展性，影响细胞的体积膨大。如生长素积累，使质子从细胞质中跨膜泵出，导致细胞壁酸化，组成细胞壁的半纤维素、果胶之间的相邻共价键被削弱，多糖分子更容易水平滑动，细胞壁延展性增大，有利于细胞扩展。

9.1.2 茎、叶颜色

正常育苗条件下，由于茎、叶薄壁细胞所含大量叶绿素对绿色光的反射作用，使茎、叶外观显绿色（图4-43）。高等植物细胞中，主要含叶绿素a和叶绿素b，叶绿素a呈蓝绿色，而叶绿素b呈黄绿色。

叶绿素的合成与分解代谢处于一个动态平衡，打破这一平衡就会导致幼苗茎、叶颜色异常。光照对叶绿体发育及叶绿素合成、分解代谢起主导性作用。

图4-43 正常叶色幼苗

在暗形态条件下（种子在基质中萌发过程），萌发的种子利用体内储存的营养建立捕获光信号的条件，下胚轴显著伸长并露出基质，前质体也分化成白色体，并在白色体片层结构中大量合成原脱植基叶绿素，一旦接受光照，原脱植基叶绿素还原成脱植基叶绿素，从而引起幼苗胚轴、子叶的快速绿化。

在不良环境条件下，如养分缺乏、生理性或非生理性干旱、高温、低温、重金属毒害、大气污染等，抑制叶绿素的合成，促进叶绿素的降解，导致茎、叶绿色减退。

除叶绿素外，高等植物还含有类胡萝卜素、花色素等，当这些色素积累到一定程度，并取代叶绿素成为主导色素时，茎、叶呈现黄色、紫色等其他颜色。如番茄幼苗遭遇低温逆境，根系对磷的吸收减弱，光合产物运转受阻并在叶片中积累，不断转化为花色素苷，使叶片特别是叶背面呈现紫红色。

9.1.3 根系生长

根系由主根、侧根或不定根、根毛组成。根系生长状况包括根系在水平或垂直方向的伸展（根长、根体积的生长）及侧根和根毛的分布位置和密度等。

根系的发生和伸长是根尖细胞感知外界环境信号不断分裂、分化、膨大的结果，存在遗传差异性，也受根际环境因素的调节。番茄茎基部很容易形成不定根，洋葱、胡萝卜几乎没有根毛发生，这显然受遗传控制。

育苗基质pH中性或偏酸性（$5.5 \sim 6.8$）、温度适宜（$20 \sim 25℃$）、水分和养分适量、通气良好条件下，根尖细胞代谢旺盛，呼吸释放的CO_2等有毒物质不容易积累，植物生长促进激素如吲哚乙酸、赤霉素、细胞分裂素等快速合成，根系迅速伸长，表现出生长量大、侧根和根毛多、色泽白嫩等外观性状。反之，基质干旱或EC值过高，供根系吸收利用的有效水分较少，严重抑制细胞分裂或扩展，根系生长量明显下降；基质紧实或水分接近饱和，根尖伸长的机械阻力增大，根际微环境中容易积累CO_2、NH_4^+、对羟基苯甲酸等酚类有毒物质，根系生长速度减缓，侧根和根毛密度降低，根系颜色变黄褐色。

根际温度过低或过高都可能抑制根系的生长，不同蔬菜种类苗期所需的根际最适温度也不相同。相对而言，根系生长的最适温度一般低于茎、叶生长的最适温度，且范围较窄。通常根际温度适宜阈值$20 \sim 25℃$，最低温度范围$8 \sim 15℃$。根际温度过低，水的黏度增加，水分在基质和组织细胞运动阻力增大，同时，扩散运动为主的矿质元素（如P、K、Zn）向根表的供应减少；反之，温度过高，引起根系细胞蛋白质变性，根分生组织得不到茎叶光合产物的充足供应，根迅速老化。因此，高温或低温均不利于根系生长。

增加养分供应通常能促进根系的生长，也可以改变根的形态。根系生长有向地性、趋水性和趋肥性，根系喜欢生长在养分浓度较高的地方，尤其是氮对根的影响最为明显。在氮素浓度较高的区域，侧根密度可以成倍地增加。基质缺乏氮、钾，通常会加速幼苗主根的伸长而延缓侧根的形成。磷则对根毛形成有明显的影响，磷浓度＞100μmol/L时，番茄几乎没有根毛；磷浓度＜10μmol/L时，根毛变得密而长，使根系吸收表面积扩大，获取更多靠扩散作用转移的养分。

9.2　株型非化学调控技术

9.2.1　机械调节

机械刺激，如拨动法、阻压法及增加空气流动法等，促进幼苗乙烯、脱落酸合成，抑制细胞分裂素合成，从而控制徒长苗的发生。

（1）拨动法　不定期拨动幼苗植株，会使株高明显降低。番茄、茄子幼苗子叶平展期，每日拨动2次，每次40回，株高比未拨动幼苗分别降低40.7%和35.8%，幼苗定植后产量没有差异。Latimer认为，若有效控制番茄、黄瓜幼苗徒长，每天至少需要拨动1次。拨动法在控制蔬菜幼苗徒长中的应用效果见表4-29。

拨动幼苗时，为避免刮（划）伤叶片，尽量选择柔软、光滑的工具，如塑料薄膜、纸张、无纺布等。

表4-29　拨动法在控制蔬菜幼苗徒长中的应用

蔬菜种类	拨动工具	处理方式	应用效果
莴苣、芹菜、花椰菜	双层打印纸	40次/min，1次/d	使幼苗株型紧凑
青花菜	硬纸板	40次/min，1次/d	降低株高、叶面积，增加根冠比，对定植后植株产量没有影响

（续）

蔬菜种类	拨动工具	处理方式	应用效果
黄瓜	钢棒	每日2次，1.5min/次	有效抑制幼苗徒长，但定植后单株结瓜数及平均单瓜重没有显著差异
番茄	聚氯乙烯管	—	植株更加健壮，抗逆性增强
南瓜、甘蓝、花椰菜	—	—	幼苗株高降低20%～50%
番茄	钢棒	每日2次，1.5min/次	降低了株高、叶面积，增加了根冠比
番茄、茄子	—	每日2次，每次拨动80遍	降低株高和地上部干重，对定植后产量没有影响
番茄、茄子、西瓜	—	每日2次，每次拨动20遍	降低株高及地上部干重，提高植株对蓟马、蚜虫的抗性
番茄	—	每日1次，每次拨动10遍	拨动频率、拨动时间处理间差异不显著

　　（2）阻压法　在幼苗生长发育期间，采用平面材料压迫幼苗顶端生长点，也可以起到控制徒长的作用。用5mm厚丙烯醇薄片阻压番茄幼苗顶部生长点，幼苗株高降低。Garner等用玻璃阻压番茄幼苗，番茄茎基部不定根增多，叶趋于水平，但是，阻压处理可能导致幼苗茎弯曲，不利于机械移植。豌豆幼苗经阻压处理后，第2节间长度降低74.3%，茎粗增加1.6倍。

　　（3）空气扰动法　通过风机或风扇，加大育苗设施内苗床上部空气流速，扰动幼苗不断晃动，幼苗生长速度下降。空气流动，还提高室内温度、CO_2分布均匀性和叶片蒸腾速率，减小CO_2扩散阻力，提高光合速率，幼苗表现生长健壮且整齐一致。0.5m/s空气流速处理，甜瓜幼苗与未增强通风对照相比，株高降低19.3%，茎粗、叶片厚度、全株干重、壮苗指数分别提高3.2%、65.5%、32.7%、23.1%。番茄等幼苗也取得相似的效果。

9.2.2 环境管理

（1）温度 发达国家常采用降低日均温、实行负昼夜温差（difference of between the mean day and night temperature，DIF）调控幼苗株型。在10～30℃范围内，日均温与幼苗生长速率呈正相关，即提高日均温，加速幼苗生长，降低日均温，延缓幼苗生长。此外，提高日均温还增加叶片数量。日均温长期处于较低状态，对于低温敏感型蔬菜，可能降低雌花节位，影响定植后植株生长和前期产量。

DIF＞0℃，促进幼苗节间和茎的伸长；DIF＜0℃，抑制幼苗节间和茎的伸长。昼间加强通风换气以降低设施内温度，夜间通过温室加温系统提高温度直至超过昼间室温，使DIF≤0℃促使幼苗矮化。日出后2～3h被认为是DIF调控最为有效的时间段，保持这段时间低温处理，有可能达到全天低温处理的效果。DIF对蔬菜幼苗生长发育的调控作用见表4-30。

生产实践中，应注意日均温和DIF的搭配使用。过度降低日均温和负DIF，可能严重抑制幼苗生长发育，推迟出苗和供苗时间。幼苗真叶出现后，保持较高的日均温，结合负DIF管理，既缩短了节间长度，又不会影响出苗时间。

采用冷水浇灌，降低幼苗根际温度，也可控制根系和茎叶生长速度。9℃冷水灌溉，番茄、茄子和辣椒幼苗株高分别比16℃温水灌溉降低48%～58%、17%～32%、24%～42%。用于结球甘蓝育苗，效果相似。

表4-30 DIF对蔬菜幼苗生长发育的调控作用

蔬菜种类	DIF（昼／夜，℃）	应用效果
黄瓜、番茄	−10	黄瓜、番茄幼苗株高分别比对照降低24.2%、38.1%

（续）

蔬菜种类	DIF（昼/夜，℃）	应用效果
结球甘蓝、芜菁甘蓝、抱子甘蓝	−6（16/22）、0（19/19）、6（22/16）	−6DIF处理的芜菁甘蓝下胚轴长度分别比0DIF、6DIF降低31.9%、46.7%，结球甘蓝、抱子甘蓝获得相似结果
萝卜	−10（20/30）、0（25/25）、10（30/20）	−10DIF处理的下胚轴最短，其ABA含量较高；10DIF处理的下胚轴最长，其IAA含量较高
甜椒	−4（16/20）、4（20/16）	−4DIF处理显著降低甜椒幼苗节间长度和叶片大小，对叶片展开速率、早熟性、产量和品质无显著影响

（2）水分　高温、高湿、弱光是幼苗徒长的主要环境因素，尤其是三者叠加时更加严重。夏季阴天，光照不足，而温度较高，适当减少水分供应量，同时，加大设施内空气流速，降低空气相对湿度，对阻止幼苗徒长有很大帮助。育苗期间，采用基质干湿交替管理，可以诱导根系发育，并相对减缓茎、叶生长，提高根冠比。

过度控制灌水量和灌水频度，使幼苗一直处于水分亏缺状态，容易形成老化苗。黄瓜幼苗的花打顶现象，很大程度上是由苗期过度控水引起的。甜瓜苗期保持80%基质相对含水量，番茄、甜椒苗期保持75%基质相对含水量比较适宜。

（3）光照　光照强度、光周期、光质对幼苗株型均有明显调控作用。图4-44为弱光导致的早期徒长的南瓜苗。

增加光照强度，可以提高叶面积、叶片厚度、茎粗、茎叶重及其与株高的比值。在育苗设施内增设农用荧光灯，番茄、黄瓜幼苗株高降低，茎增粗，叶绿素含量提高，叶片数和干物质积累增加，根冠比增大。

短日处理能控制芹菜幼苗茎、叶的生长，并且即使再回到长日照和高温环境也不会发生逆转。

光质对幼苗生长的影响已有大量研究。蓝光可抑制黄瓜、豌

图4-44 弱光导致南瓜幼苗早期徒长

豆幼苗徒长；红、蓝混合光照射，番茄、黄瓜幼苗干物质积累增多，叶面积扩展快，光合速率、叶绿素含量、可溶性糖及总糖含量均最高。设施覆盖材料中加入远红光选择性光质吸收剂，使红光与远红光的比值升高至1.5：1，对幼苗茎的伸长有一定的抑制作用。紫外线（UV）辐射使大多数幼苗表现矮化、节间缩短、叶面积减小、叶片增厚。UV辐射降低番茄的株高和叶面积；UV辐射处理后，黄瓜、茄子幼苗上胚轴伸长明显受阻。UV辐射降低幼苗株高主要归结于节间长度缩短，与节数无关。

9.3 株型化学调控技术

9.3.1 植物生长抑制剂

植物生长抑制剂叶面喷施、灌根、基质添加是控制蔬菜幼苗株型的一种简单且非常有效的方法，可有效提高幼苗质量。植物生长抑制剂主要抑制幼苗体内赤霉素的合成和分生组织细胞伸长，进而控制幼苗株高和叶片开展度。

（1）A-Rest A-Rest是嘧啶醇的商品名。其活性大于B9、矮壮素，通过叶面喷施或灌根很容易被幼苗吸收利用。幼苗常用浓度为5～25mg/kg。由于其价格较高，限制了这种化学制剂的普遍应用。

（2）比久（B9） B9是丁酰肼的商品名。B9主要通过叶面喷施的方法施用。幼苗叶片吸收B9后，易于在体内移动，可以达到幼苗的任何一个部位。幼苗常用浓度为1 250 ~ 5 000mg/kg。高温下B9很容易从叶片上挥发，限制了实际进入幼苗体内的数量及其应用效果，因此，B9在北方育苗中应用效果优于南方。

（3）多效唑（PP333）和烯效唑（S-3307） PP333、S-3307都属于三唑类化合物，两者作用非常相似，影响赤霉素合成途径相同位点。PP333、S-3307在幼苗体内不容易移动，进行根际施用应用效果较好，这两种生长调节剂可以被根直接吸收，并且能运输到生长点发挥作用。它们不能被叶片吸收。PP333应用浓度范围为2 ~ 90mg/kg，S-3307仅为2 ~ 45mg/kg。PP333处理使幼苗矮化和叶片变小，主要是由于细胞变短（细胞长度减小25%），而不是抑制细胞分裂而引起细胞数量的减少；使叶片加厚（叶片厚度增加46.6%）、茎增粗（茎直径提高25%），主要是促进细胞分裂使细胞排列层次增多，而不是细胞体积的增大。

有些瓜类蔬菜，如黄瓜，对三唑类化合物非常敏感，容易产生抑制过度问题，应谨慎施用。

（4）矮壮素（CCC） CCC是2-氯乙基三甲基氯化铵的简称，属于季铵型化合物。CCC可以叶面喷施，也可根际施用，CCC应用浓度范围为750 ~ 3 000mg/kg。CCC主要抑制赤霉素合成路径中牻牛儿焦磷酸（GGPP）向内根-贝壳杉烯转化，从而可使株型矮小、紧凑，茎干粗壮，花叶繁茂。表4-31为植物生长调节剂在蔬菜育苗中的应用情况。

表4-31 植物生长调节剂在蔬菜育苗中的应用

生长抑制剂	蔬菜种类	处理方式	浓度范围	应用效果
PP333	番茄	浸种	0 ~ 250mg/kg（1h）	100mg/kg浸种1h，可有效控制下胚轴徒长，对后期生长有较小的抑制作用
PP333	辣椒	浸根	100mg/kg	株高降低21.37%，根冠比增加12.20%，产量提高10.8%

（续）

生长抑制剂	蔬菜种类	处理方式	浓度范围	应用效果
S-3307	番茄、黄瓜	浸种	0～40mg/kg（4～5h）	最佳处理为20mg/kg（番茄，5h；黄瓜，4h），控制幼苗徒长，提高产量
S-3307、CCC	甜椒	浸种	0.1～0.2mg/kg（7h）	0.1mg/kg S-3307控制幼苗徒长效果较好，0.2mg/kg CCC增产作用较大
B9	番茄	浸种	6 000～15 000mg/kg（24h）	6 000mg/kg处理壮苗效果较好，幼苗根冠比、壮苗指数提高，叶绿素含量及根系活力增强
CCC	番茄、黄瓜	叶面喷施	25～100mg/kg	幼苗株型紧凑，达到壮苗效果，最佳处理浓度为25mg/kg
B9、CCC、PP333	樱桃番茄	叶面喷施	—	B9作用效果较好，株高比对照降低20%，有效作用时间可达21d

应用植物生长抑制剂时，要根据蔬菜种类或品种、施用时期，选择适宜的浓度、施用方式和次数。环境条件，特别是温度，对生长抑制剂施用效果有很大干扰，如番茄幼苗施用烯效唑后，遇高温弱化施用效果，遇低温增强施用效果。为此，在大规模应用前，尽量做好细致、准确的试验，避免因生长抑制剂施用不当，造成不必要损失。

9.3.2 养分调节

育苗基质养分含量高，促进幼苗生长，甚至在第1片真叶出现之前，已形成徒长苗。播种前，要测试育苗基质可溶性盐含量，基质和水1∶2（V/V）浸提液法测得基质EC值应小于0.75mS/cm。对于容易徒长的蔬菜，要降低肥料施用量，包括基质启动肥添加量和后期灌溉施肥浓度和频度。

相对而言，脲态氮和铵态氮促进幼苗茎叶生长，硝态氮促进根系生长。因此，当需要加快根系生长，提高根冠比时，尽量选择硝态氮含量较高的肥料种类，反之，选择脲态氮和铵态氮比例较高的肥料种类。

磷是幼苗必需元素之一，缺磷症状就是叶片及其开展度小，生长速度缓慢，利用这一特性，在幼苗容易徒长的下胚轴伸长期（出苗—子叶平展）、上胚轴伸长期（子叶平展—第1片真叶平展），适当降低磷的供给量，有利于控制幼苗徒长，后期逐渐补充磷，恢复正常生长速度和叶色。

钙有利于细胞壁增厚，降低细胞壁延伸性，对控制细胞伸展有一定作用。选择高钙肥料，也有利于控制幼苗生长速度，提高根冠比。

9.4　其他

除以上幼苗株型调控技术之外，有人还对其他措施进行了尝试。目前，主要有孔穴内壁阻隔型、凹陷型及漏空型穴盘，越来越多育苗穴盘生产厂商采用孔穴间通气孔设计，降低基质和幼苗茎基部湿度，防止幼苗过快生长。

10　蔬菜嫁接育苗技术

我国蔬菜嫁接历史可追溯至西汉，氾胜之撰《氾胜之书》详细记载了促进葫芦结大果实的嫁接方法。

近现代蔬菜嫁接研究始于1925年的日本和朝鲜，最初主要是利用葫芦砧木解决西瓜保护地生产连作障碍，20世纪30年代逐渐拓展到网纹甜瓜、茄子、黄瓜 番茄等果菜类，但嫁接栽培的推广、普及则在50年代以后。80年代，嫁接栽培已遍及日本、中国及欧美各国。90年代，日本果菜类的嫁接栽培面积已达到总面积的60%、保护地栽培面积的90%以上。

随着溴甲烷土壤消毒技术的禁用，欧美发达国家开始重视研究和应用嫁接栽培技术。

10.1　蔬菜嫁接的作用

（1）克服病虫害　嫁接换根，是克服连作障碍的主要对策，如果砧木选择得当，可有效地防止西瓜、甜瓜、黄瓜的枯萎病，黄瓜根结线虫病，番茄、茄子的青枯病、黄萎病、根结线虫病以及辣椒疫病等土传病害。有些砧穗组合还对瓜类蔬菜霜霉病、病毒病、白粉病及番茄叶霉病等非土传病害也表现一定的抗性。

（2）增强抗逆性　增强蔬菜植株耐旱、耐湿、耐热、耐寒、耐盐和耐重金属胁迫能力。瓜类砧木冬春季栽培可选择低温伸展性好的黑籽南瓜，夏季栽培选择耐热的新土佐系南瓜砧木品种，耐热耐湿栽培可选择丝瓜、白菊座南瓜，耐旱耐盐栽培可选择黑籽南瓜、冬瓜及印度南瓜。茄子砧木，在高温和潮湿季节可选择赤茄、角茄，设施春提早栽培多选用刺茄、粘毛茄、赤茄和托鲁巴姆等。

（3）增加产量　嫁接可以显著提高蔬菜产量，特别是早期产量（图4-45）。以西瓜早佳品种为接穗，采用京欣砧1号和火神砧木，嫁接后产量提高20%以上。西瓜利用葫芦作砧木，比对照增产46.6%。嫁接技术提高了黄瓜津研8号的产量，每667m^{2}增产

图4-45　嫁接显著提高甜瓜单株结瓜数和产量

759.8～1 334.6kg。番茄千禧用中强健2号作砧木，较实生苗增产181.5%。以托鲁巴姆为砧木，茄子嫁接产量提高36%。

（4）改善品质 如果砧穗选择得当，嫁接能显著提高果菜类的感官和风味品质。嫁接改善了茄子果实商品性，使果实变长且果形更顺直，色泽更光亮，更受消费者欢迎。番茄嫁接后，商品果数量增加，畸形果数减少，果实着色好，果实含糖量、维生素C含量等果实内外品质都有所提高，还能使果实风味得到明显改善。甜瓜嫁接使维生素C含量提高。嫁接不仅可以增强黄瓜植株长势，还可以脱去果实表面蜡粉，使果色油亮（图4-46）。西瓜以瓠瓜、抗病西瓜品种作砧木能改善营养品质和风味品质。

图4-46   嫁接黄瓜果色油亮、表面蜡粉少

10.2 砧木品种选育

砧木品种选育是蔬菜嫁接的基础工作，欧美国家及日本等都很重视砧木材料的搜集、研究、开发和利用，并投入大量人力、物力从事砧木的选育。已选择、选配出一系列适应不同生产目的及生态条件，具有高抗甚至免疫以及复合抗性的专用或多用途品种（表4-32）。

表4-32 已育成蔬菜主要砧木品种及特性

番茄砧木品种

砧木品种	育种单位	细菌性枯萎病	根腐病	镰刀菌枯萎病 生理小种			根（冠）腐病	白绢病	黄萎病	根结线虫	番茄花叶病毒（TMV）	番茄斑萎病毒（ToSWV）
				1	2	3						
Aegis	Takii	IR	IR	HR	HR	HR	HR	HR	HR	HR	R	
Aibou	Asahi Industries	R		R	R	R	R		R	R	R	
Akaoni	Asahi Industries											R	
Anchor-T F₁	Takii	IR	HR	HR	HR	HR	HR		HR	HR	R	
Aooni	Asahi Industries			R	R				R	R	R	
Armada F₁	Takii	IR	IR	HR	HR	HR	HR	HR	HR	HR	R	
Arnold	Syngenta		HR	HR	HR	HR	HR		HR	HR	HR	
B.B. F₁	Takii	IR	IR	HR	HR	HR	HR	HR	HR	HR	R	

Aegis：活力：4（强5>>>1弱），与接穗相比播种时间：春夏季：提前0～1d；秋季：提前1～2d。

Aibou：夏秋季栽培。

Akaoni：夏秋季栽培，活力：强。

Anchor-T F₁：活力：5（强5>>>1弱）。与接穗相比播种时间：春夏季：提前0～1d；秋季：提前1～2d。

Aooni：冬春季栽培，活力：中等。

Armada F₁：活力：3～4（强5>>>1弱），与接穗相比播种时间：春夏季：提前2d；秋冬季：提前2～3d。

Arnold：活力：高，耐/抗性：黄萎病，灰斑病，叶霉病。

B.B. F₁：活力：3～4（强5>>>1弱），与接穗相比播种时间：春夏季：提前2d；秋冬季：提前2～3d。

（续）

番茄砧木品种

砧木品种	育种单位	细菌性枯萎病	根腐病	镰刀菌枯萎病 生理小种 1	镰刀菌枯萎病 生理小种 2	镰刀菌枯萎病 生理小种 3	根（冠）腐病	白绢病	黄萎病	根结线虫	番茄花叶病毒（TMV）	番茄斑萎病毒（ToSWV）
Beaufort	DeRuiter Seeds		R	R	R		R		R	R	R	
Better crop MTR-013 F$_1$	Osbourne Seed			R	R	R			R	R	R	
BHN 1087	BHN Seed	R		R	R	R	R		R	R	R	
BHN 1088	BHN Seed		R	R	R	R	R		R	R		R
Block	Sakata Seed			R	R							
Bruce RZ F$_1$	Rijk Zwaan	HR	HR	HR	HR		HR		HR		HR	
Camel F$_1$	Takii	IR	HR	HR	HR		HR		HR	HR	R	
Cheong Gang	Seminis	IR	HR	HR						IR	HR	
Dai Honmei	Asahi Industries	R	R	N/A								
DRO141TX F$_1$	DeRuiter Seeds	HR	HR	HR	HR	HR	HR	HR	HR		HR	

备注：

Better crop MTR-013 F$_1$：抗病毒、叶霉病、根结线虫病、枯萎病和黄萎病。生长旺盛，根系发达，是茄子和番茄的优良砧木。可与番茄同期播种。

Bruce RZ F$_1$：适于高温季节基质栽培，在加拿大，嫁接后可增强接穗生命力。

Camel F$_1$：活力4（强5>>>1弱），通常较接穗播种时间|春夏季夏季提前1d，秋冬季提前2d。

Dai Honmei：适于夏秋季栽培，活力强。

DRO141TX F$_1$：与其他砧木相比，DRO141TX F$_1$可改善光合产物向生殖器官转运，对于早期营养生长过旺的接穗品种，使植株在高温和长季节栽培保持旺盛的生命力。营养生长与生殖生长，夏季易平衡。

（续）

番茄砧木品种

砧木品种	育种单位	细菌性枯萎病	根腐病	镰刀菌枯萎病生理小种			根（冠）腐病	白绢病	黄萎病	根结线虫	番茄花叶病毒（TMV）	番茄斑萎病毒（ToSWV）
				1	2	3						
E28.33465	Enza Zaden			HR	HR				HR	IR	HR	
EG203	Asian Vegetable Research and Development Center　高抗涝。	IR		HR	HR		N/A		HR	IR	N/A	
Emperador RZ	Rijk Zwaan		HR	HR	HR		HR		HR	HR	HR	HR
Enpower	Nunhems		IR	HR	HR	HR	HR		HR	IR	HR	HR
Estamino F₁	Enza Zaden　比Maxifort，Colossus更容易平衡营养生长和生殖生长，在无加温温室或无加温设备的拱形温室，或者小果（小于100g）品种的6个月或者少于6个月栽培的专用品种，可有效防止土传病害，仅作为砧木使用，种子已经过引发，高发芽率，适于有机种植。			HR	HR		HR		HR	HR	HR	HR
Fortamino	Enza Zaden		IR	HR	HR		HR		HR	IR	HR	HR
Guardian (RST-10-121-T)	DP Seeds　性状优良，亲和性好。特别适用于肥沃土壤栽培和水培。			R	R	R	R		R	R	R	IR
Hawaii 7996	AVRDC-The World Vegetable Center	HR		R								

（续）

番茄砧木品种

砧木品种	育种单位	细菌性枯萎病	根腐病	镰刀菌枯萎病生理小种 1	2	3	根（冠）腐病	白绢病	黄萎病	根结线虫	番茄花叶病毒（TMV）	番茄斑萎病毒（ToSWV）
Kaiser RZ F₁	Rijk Zwaan			HR	HR		HR	HR	HR	IR	HR	
Maxifort	DeRuiter Seeds	HR	HR	HR	HR		HR	HR	HR	HR	HR	
Maxifort	高强度抗病砧木，增加抗病性，提高植株活力，延长采收期。注：Maxifort仅用作砧木，如果自行生长，果实很小，绿色，不利于消费，需催芽处理。抗病性不转移到接穗。											
Multifort	DeRuiter Seeds					HR				HR		
Palo Verde	Zeraim Gedera	R		R	R	R	R		R	R	R	
Palo Verde	活力中等，非常适合中短季节栽培，发芽均匀良好，嫁接后活力强。											
PU-125RS	Emerald Agricultural Technologies	R		R	R		R	R	R	R	R	
PU-125RS	杂交番茄砧木品种，非常健壮，活力旺盛，适于半野生番茄，设施和露地均可栽培。											
Resistar	Hazera		R								R	
Resistar	Hazera首个番茄砧木品种，与多数Hazera番茄品种兼容，可提高植株活力和增强抗性，发芽率高，不应与TMV易感品种嫁接。											
RS 3553	Aruba Seed	HR	HR	R	R	R	R	R	R	R	R	
RS 3553	四季均可进行嫁接，与大多数番茄品种具有极好的亲和性。											
RS 3554	Aruba Seed	HR	HR	R	R	R	R	R	R	R	R	

（续）

番茄砧木品种

砧木品种	育种单位	细菌性枯萎病	根腐病	镰刀菌枯萎病生理小种 1	2	3	根（冠）腐病	白绢病	黄萎病	根结线虫	番茄花叶病毒（TMV）	番茄斑萎病毒（ToSWV）
RST-04-105-T	DP Seeds	R	R	R	R		R			R	R	
RST-04-106-T	DP Seeds	R	R	R	R		R				R	
RST-04-107-T	DP Seeds	HR	HR	HR	HR	HR						
RST-05-113-TE	DP Seeds	HR	HR	HR	HR	HR			HR	HR	HR	
Shield RZ F₁	Rijk Zwaan	HR		HR	HR	HR	HR		HR	IR	HR	
Spirit	Nunhems									R		
Stallone RZ	Rijk Zwaan		HR	HR	HR	HR	HR		HR		HR	

- RST-04-105-T：耐寒性和活力强，与大多数番茄品种具有极好的亲和性。
- RST-04-106-T：易于嫁接，适用于土壤栽培和水培系统。
- RST-04-107-T：茎粗壮，生长旺盛，可改善接穗营养生长。适用于土壤栽培系统。
- Shield RZ F₁：热带、亚热带湿润地区青枯病和枯萎病生理小种3抗性中等，非种间杂交砧木品种，相比标准砧木，活力较低。
- Spirit：抗多数土传病害和线虫，增产作用显著。
- Stallone RZ：适用于设施基质栽培。

（续）

番茄砧木品种

砧木品种	育种单位	细菌性枯萎病	根腐病	镰刀菌枯萎病 生理小种 1	2	3	根（冠）腐病	白绢病	黄萎病	根结线虫	番茄花叶病毒 (TMV)	番茄斑萎病毒 (ToSWV)
Suke-san	Asahi Industries	R	R	R	R	R	R		R	R	R	
	适于夏秋季栽培。											
	Plug Connection									R		
Supermatural	与番茄嫁接可以增产，提高活力，对土传病害及线虫的高抗性使植株在整个生长季保持健壮，增强植株的耐冷，耐热性，延长采收期，Supermatural 是唯一经认证的有机生产和非转基因处理的砧木种子。仅作为砧木使用，自行生长的果实小，绿，不适于消费。对番茄和黄瓜花叶病毒免疫。											
Survivor F₁	Takii	IR	HR	HR	HR	HR	HR		HR	HR	R	
	活力：5（强5>>>1弱），与接穗相比播种时间：春夏季：提前0～1d，秋冬季：提前1～2d。											
Taurino	Zeraim Gedera		HR	HR	HR	HR	HR		HR	IR	HR	
	适于设施栽培，抗多种病害，活力强，有助于促进接穗生长势，提高产量，同时抗番茄壳孢菌（*Pyrenochaeta lycopersici Pl*）。											
TO-124RS	Emerald Agricultural Technologies											
	番茄杂交砧木，嫁接亲和性好，可促进植株生产，增产作用明显，发芽率高。设施和露地均可栽培。											

（续）

番茄砧木品种

砧木品种	育种单位	细菌性枯萎病	根腐病	镰刀菌枯萎病生理小种			根（冠）腐病	白绢病	黄萎病	根结线虫	番茄花叶病毒（TMV）	番茄斑萎病毒（ToSWV）
				1	2	3						
Top 2005	Top Seeds Ltd.		HR	HR	HR		HR		HR	IR	HR	
	种间杂交砧木品种，适用于设施栽培，耐低温，适于多数土壤类型，耐盐性强。											
Top 2010	Top Seeds Ltd.		HR	HR	HR	HR	HR		HR	IR	HR	
	适于地中海气候温室、大棚、大田栽培的中间砧品种，活力中等到高，可以改善开花、坐果习性，促进水分、养分吸收，适于所有土壤类型，耐低温，发芽率高，移栽成活率高。											
Top 2024	Top Seeds Ltd.		HR	HR	HR		HR		HR	IR	HR	
	中间砧品种，活力强，根系发达，能促进水分、养分吸收、开花、坐果习性好，增产潜力大，适于长季节栽培和沙壤土壤栽培。											
TOP-2010	Zeraim Gedera		HR	HR	HR		HR		HR	IR	HR	
	适于设施栽培，活力4（级别1～5），平衡营养生长与生殖生长，种子萌发整齐，适用于生长势弱但果实品质好的品种。											

（续）

番茄砧木品种

砧木品种	育种单位	细菌性枯萎病	根腐病	镰刀菌枯萎病 生理小种 1	镰刀菌枯萎病 生理小种 2	镰刀菌枯萎病 生理小种 3	根（冠）腐病	白绢病	黄萎病	根结线虫	番茄花叶病毒（TMV）	番茄斑萎病毒（ToSWV）
TORT-153	Emerald Agricultural Technologies	R	R	R	R		R		R	R	R	

杂种 F_1，半野生品种，活力强。

辣椒砧木品种

砧木品种	育种单位	细菌性枯萎病	根腐病	镰刀菌枯萎病 生理小种 1	镰刀菌枯萎病 生理小种 2	镰刀菌枯萎病 生理小种 3	根（冠）腐病	疫病	马铃薯 Y 病毒	黄萎病	根结线虫	番茄花叶病毒（TMV）	番茄斑萎病毒（ToSWV）
Dorado F_1	Sakata	HR						HR	R		HR	R	
Foundation RZ	Rijk Zwaan							IR	HR	HR	IR	HR	

Dorado F_1：易嫁接，适合设施和露地生产，兼容性好，根系活力强，增产作用明显，高抗马铃薯 Y 病毒（PVY：1～2），番茄花叶病毒（ToMV）、青枯病（Pc）、辣椒疫病（Rs）、爪哇根结线虫（Mj）、南方根结线虫（Mi R 1～4）。

Foundation RZ：第一代辣椒砧木品种，根系健壮，适于春夏季栽培。

（续）

辣椒砧木品种

砧木品种	育种单位	细菌性枯萎病	根腐病	镰刀菌枯萎病生理小种 1	2	3	根（冠）腐病	疫病	马铃薯Y病毒	黄萎病	根结线虫	番茄花叶病毒(TMV)	番茄斑萎病毒(ToSWV)
Grafted Pepper Rootstock	BJYSDC	R						R	R		R		
		根系强，吸水吸肥能力强，嫁接亲和力强，增产达30%。											
RS 3524	Aruba Seed												
		辣椒专用砧木，增产达10%，嫁接亲和力强。											
RST-04-112-P	DP Seeds							R			IR		
Scarface	Enza Zaden										IR	HR	

茄子砧木品种

砧木品种	育种单位	细菌性枯萎病	根腐病	镰刀菌枯萎病生理小种 1	2	3	根（冠）腐病	疫病	黄萎病	根结线虫	番茄花叶病毒(TMV)	番茄斑萎病毒(ToSMV)
Eggplant Rootstock No. 1	BJYSDC					3		R	R	R		
		抗线虫、黄萎病、枯萎病等土传病害，嫁接亲和性强，生长旺盛，根茎健壮，耐低温，通过延长采摘提高茄子产量。										

（续）

茄子砧木品种

砧木品种	育种单位	细菌性枯萎病	根腐病	镰刀菌枯萎病 生理小种 1	2	3	根（冠）腐病	疫病	黄萎病	根结线虫	番茄花叶病毒 (TMV)	番茄斑萎病毒 (ToSMV)
Java F_1	Takii Seed			HR	HR				HR			
Red Scorpion F_1	Takii Seed		IR	HR	HR							
RST-04-107-T	DP Seeds		HR	HR	HR	HR			HR	HR	HR	
RST-05-113-TE	DP Seeds	HR		HR	HR	HR			HR	HR		
Zippy F_1	Takii Seed	HR		HR	HR	HR						

葫芦科蔬菜砧木品种

砧木品种	育种单位	砧木种类	接穗种类	细菌性枯萎病	镰刀菌枯萎病 生理小种 1	2	3	根（冠）腐病	丝核菌根腐病	黄萎病	根结线虫	甜瓜坏死斑点病毒 (MNSV)
AQ	Origene Seeds		西瓜、甜瓜		R	R						
	中等，植株长势均衡。											
Barricade F_1	Takii		甜瓜		HR	HR	HR	HR		R		IR
	活力中等，下胚轴粗，通常播种期较接穗提前 2～5d。											

（续）

葫芦科蔬菜砧木品种

砧木品种	育种单位	砧木种类	接穗种类	细菌性枯萎病	镰刀菌枯萎病 生理小种			根（冠）腐病	丝核菌根腐病	黄萎病	根结线虫	甜瓜坏死斑点病毒（MNSV）
					1	2	3					
Bass BS-1 F₁	Origene Seeds		西瓜、甜瓜		R	R	R					
	根系强大、高产、果品优质。											
Bingo	Takii	*Lagenaria siceraria*	西瓜		HR	IR						
	葫芦种类，低温生长性好，活力中等，下胚轴粗度中等，通常播种期较接穗提前 2 ～ 5d。											
Eso Shut	Asahi Industries	甜瓜砧木	甜瓜		R	R						R
	下胚轴粗度中等，可保持果实良好的口感，高产。											
Excite ikii	Sakata Seed		黄瓜									
Ferro RZ	Rijk Zwaan	*Cucurbita moschata, Cucurbita maxima*	N/A		HR	HR		HR		HR		
	C. maxima × *C. moschata* 杂交一代种子，种子大、白色、活力强。											
Figleaf Gourd (*Cucurbita ficifolia*)		*Cucurbita ficifolia*	黄瓜									

（续）

葫芦科蔬菜砧木品种

砧木品种	育种单位	砧木种类	接穗种类	细菌性枯萎病	镰刀菌枯萎病 生理小种 1	2	3	根（冠）腐病	丝核菌根腐病	黄萎病	根结线虫	甜瓜坏死斑点病毒 (MNSV)
Flexifort	Enza Zaden	Cucurbita moschata, Cucurbita maxima	黄瓜，甜瓜，西瓜			R						
	Cucurbita maxima × Cucurbita moschata 中间砧，增加活力，耐涝、耐热、耐冷、耐盐，通常播种时间较接穗提前 2～6d，增产，果实品质好。											
Jing Xin No. 1	BJYSDC	葫芦	西瓜		R	R						
	葫芦种类。适于西瓜嫁接，嫁接亲和性和共生亲和性好，活力中等，吸肥能力强，种子棕黄色，千粒重约150g，萌发一致，下胚轴短粗，耐低温，抗枯萎，急性生理性枯萎，抗早衰，适宜早春、夏季、秋季栽培。											
Jing Xin No. 2	BJYSDC				R	R				R		
	嫁接亲和性和共生亲和性好，活力和吸肥能力强，不影响果实品质，种子白色，千粒重 150～160g，耐低温、弱光，抗萎病，急性生理性枯萎，抗早衰，增产作用明显，西瓜甜瓜，适宜甜瓜，夏季、秋季嫁接栽培。											
Jing Xin No. 3	BJYSDC				R	R				R		
	嫁接亲和性和共生亲和性好，活力和吸肥能力强，不影响果实品质，种子褐色，千粒重 150～160g，耐低温、弱光，抗枯萎病，急性生理性枯萎，抗早衰，增产作用明显，西瓜甜瓜，适宜甜瓜，夏季、秋季嫁接栽培。											

（续）

葫芦科蔬菜砧木品种

砧木品种	育种单位	砧木种类	接穗种类	细菌性枯萎病	镰刀菌枯萎病 生理小种 1	2	3	根（冠）腐病	丝核菌根腐病	黄萎病	根结线虫	甜瓜坏死斑点病毒 (MN SV)
Jing Xin No. 4	BJYSDC	杂交西瓜砧木	西瓜		R	R	R					
西瓜杂交种，嫁接亲和性和共生亲和性好，种子小，下胚轴短壮，深绿，子叶深绿，抗病，不易徒长，抗枯萎病和早衰，增产作用明显，不影响果实品质，适宜西瓜早春嫁接栽培。												
Jing Xin No. 5	BJYSDC	Cucurbita moschata	黄瓜			R						
南瓜杂交种，黄瓜专用砧木品种，嫁接亲和性和共生亲和性好，种子小，萌发一致，下胚轴短粗，深绿，子叶深绿，抗病，不易徒长，果实表面无蜡，改善品质。												
Jing Xin No. 6	BJYSDC	葫芦	黄瓜		R							
适于黄瓜嫁接，嫁接亲和性和共生亲和性好，小粒种子，萌发一致，下胚轴短壮，深绿，子叶深绿，抗病，不易徒长，缩短果实成熟期，果实表面无蜡粉，商品性好。												
Jing Xin Zhenguan	BJYSDC	葫芦	西瓜		R							
适于西瓜嫁接，嫁接亲和性和共生亲和性好，活力中等，吸肥能力强，萌发一致，下胚轴矮壮，耐低温，抗枯萎病，急性生理性生理性枯萎，抗早衰，增产，不影响果实品质，适宜早春、夏季、秋季栽培。												
Jing Xin Zhensheng	BJYSDC	葫芦	西瓜		R	R						
适于西瓜砧木，嫁接亲和性和共生亲和性，种子干粒重约150g，萌发一致，下胚轴矮壮，耐低温，抗枯萎病，急性生理性枯萎，抗早衰，增产，不影响果实品质，适宜早春、夏季、秋季栽培。												

（续）

葫芦科蔬菜砧木品种

砧木品种	育种单位	砧木种类	接穗种类	细菌性枯萎病	镰刀菌枯萎病生理小种 1	2	3	根(冠)腐病	丝核菌根腐病	黄萎病	根结线虫	甜瓜环死斑点病毒(MNSV)
Jing Xin Zhenyou	BIJYSDC	葫芦	西瓜		R	R						
适于西瓜嫁接，嫁接亲和性和共生亲和性好，活力中等，吸肥能力强，黄棕色小籽，萌发一致，胚轴矮壮，抗枯萎病好急性生理性枯萎，抗旱衰，增产，不影响果实品质，适宜早春，夏季，秋季栽培。												
Just F₁	Takii	西葫芦	西瓜		HR	HR						
适于西葫芦嫁接，低温生长性好，活力强，下胚轴粗，通常播种时间较接穗提前2～5d。												
Keystone	Takii	西葫芦	西瓜		HR	HR						
适于西葫芦嫁接，低温生长性好，活力中，下胚轴粗，通常播种时间较接穗提前2～5d。												
Kirameki F₁	Takii	黄瓜	黄瓜		HR							
适于黄瓜嫁接，低温生长性好，活力中等，下胚轴粗度中等，通常较接穗播种时间：春夏季：提前2～3d，秋冬季：提前3～4d。												
MRS-2	Origene Seeds	甜瓜		R	R	R						
根系庞大，吸水吸肥能力强，嫁接后果实大。												
One-two Shut	Asahi Industries	甜瓜		R	R							R

（续）

葫芦科蔬菜砧木品种

砧木品种	育种单位	砧木种类	接穗种类	细菌性枯萎病	镰刀菌枯萎病 生理小种			根（冠）腐病	丝核菌根腐病	黄萎病	根结线虫	甜瓜环死斑点病毒（MN SV）
					1	2	3					
Pelops RZ	Rijk Zwaan	*Cucurbita moschata*, *Cucurbita maxima*	西瓜		HR	HR				HR		
Protector	Takii		甜瓜		HR	HR	HR			HR		
		适于甜瓜嫁接，活力中等，下胚轴粗，通常较接穗播种时间提前2～5d。										
RS 3531	Aruba Seed	*Cucurbita moschata*, *Cucurbita maxima*	西瓜		HR	HR	HR				HR	
RS 3535 F$_1$	Aruba Seed	*Cucurbita moschata*	黄瓜		HR	HR	HR				HR	
		与RS 3536非常相似，但RS 3535适用于冬季，耐寒，无蜡粉，*C. moschata* × *moschata* 杂交品种。										
RS 3536 F$_1$	Aruba Seed	*Cucurbita moschata*	黄瓜		HR	HR	HR				HR	
		耐热，适于夏季栽培，根系可阻止Si向果实运输，保持果实光泽、无蜡粉，*C. moschata* × *moschata* 杂交品种。										

葫芦科蔬菜砧木品种 （续）

砧木品种	育种单位	砧木种类	接穗种类	细菌性枯萎病	镰刀菌枯萎病 生理小种			根（冠）腐病	丝核菌根腐病	黄萎病	根结线虫	甜瓜坏死斑点病毒（MNSV）
					1	2	3					
RS 3540 F₁	Aruba Seed		黄瓜									
RS 3540 F₁	黄瓜嫁接杂交砧木，适用于冬季栽培，夏季栽培因根系活力活力强，可能造成营养生长过旺。											
RS-841	Seminis	种间杂交南瓜	甜瓜、西瓜		HR	HR				HR	HR	
RS-841	适于西瓜、甜瓜嫁接的南瓜种间杂交砧木，易于嫁接。											
RST-04-109-MW	DP Seeds		黄瓜、西瓜、甜瓜		R	R						
Savor	Takii	Lagenaria siceraria	西瓜		HR							
Savor	葫芦类型，低温生长性好，下胚轴粗度中等，活力中等，通常较接穗播种时间提前2～5d。											
Shelpa F₁	Takii	黄瓜	黄瓜		HR							
Shelpa F₁	适于黄瓜嫁接，低温生长性好，下胚轴粗度中等，活力中等，通常较接穗播种时间：春夏季提前2～3d；秋冬季提前3～4d。											

（续）

葫芦科蔬菜砧木品种

砧木品种	育种单位	砧木种类	接穗种类	细菌性枯萎病	镰刀菌枯萎病生理小种			根（冠）腐病	丝核菌根腐病	黄萎病	根结线虫	甜瓜坏死斑点病毒（MNSV）
					1	2	3					
Tetsukabuto F₁	Takii	西葫芦	西瓜		HR	HR						
	适于西葫芦嫁接，低温生长性好，下胚轴轴粗，活力强，通常较接穗播种时间提前2～5d。											
Valet F₁	Takii	Lagenaria siceraria	西瓜		HR	IR						
	葫芦类型，低温生长性好，下胚轴粗度中等，活力中等，通常较接穗播种时间提前2～5d。											
Wax Gourd (B. hispida)		Benincasa hispida	N/A									
Yokozuna F₁	Takii	西瓜	西瓜		IR	HR						
	适于西瓜嫁接，低温生长性好或正常，下胚轴粗度中等，活力粗度中等，通常较接穗播种时间提前2～5d。											

注：(1) 源自 www.vegetablegrafting.org/reference～database/，截止2016年2月16日。

(2) 种子活力分为1、2、3、4、5级，1表示弱，5表示最强，依次递增。

(3) IR表示部分或中抗某种或多种病害，HR表示高抗某种或多种病害，R表示抗某种或多种病害。

(4) 鉴于病原菌侵染机制和蔬菜感病性的复杂性，准确评价砧木性状是比较困难的。

10.3 蔬菜嫁接方法

视频内容请
扫描二维码

（1）顶插接法 通常用于瓜类蔬菜嫁接。

一般砧木早于接穗8～10d播种。嫁接时间是砧木1叶1心、接穗2片子叶完全展开。嫁接时先将砧木顶芽及真叶去掉，仅留两片子叶，然后用一个与接穗苗茎粗相当、尖端带有6～8mm斜面的竹签，斜面向下沿砧木子叶叶脉与砧木茎约成45°的方向插入，以竹签尖端刚好露出为准。接穗幼苗在子叶下8～10mm处用刀片斜切断茎，切面长度8～10mm，拔下竹签迅速将接穗幼苗切面向下插入砧木中，使两个切面贴紧，砧木子叶与接穗子叶呈"十"字形交叉。图4-47为西瓜顶插接与顶插接苗。

图4-47 西瓜顶插接与顶插接苗

（2）靠接法 瓜类蔬菜幼苗下胚轴较粗，可用此嫁接方法。

通常，西瓜、甜瓜、黄瓜等接穗下胚轴较南瓜、葫芦砧木下胚轴较细，为了保证接穗下胚轴粗度，一般接穗早于砧木7～10d播种。

嫁接适期为砧木和接穗真叶露心。嫁接前2d，幼苗喷施百菌清或多菌灵，嫁接前1d下午苗床要浇透水。嫁接时先去掉砧木生长点，再在其子叶下0.5～1.0cm处呈45°角向下斜削，深度达胚轴粗度的1/2～2/3。取接穗苗，用刀片在子叶下1.0～1.5cm处呈45°角向上斜切，深度达下胚轴粗的3/4。砧木和接穗的切口嵌合，用嫁接夹固定接口部位。嫁接后将砧木、接穗同时栽入苗钵，两者根部分开约1cm，以便断根。嫁接后10d左右切断接穗的根部。图4-48为番茄靠接示意。

图4-48　番茄靠接

　　（3）劈接法　因茄果类蔬菜幼苗髓腔不明显，多用此法。偶用于瓜类蔬菜。

　　茄果类蔬菜劈接时，要求砧木粗、接穗细，一般砧木早于接穗10～15d播种，当砧木5～7片真叶、接穗4～6片真叶时嫁接。在砧木第2片真叶上部，用刀片横切去掉上部，再于茎横切面中间纵切深1.0～1.2cm的切口。取接穗苗保留2～3片真叶，横切去掉下端，再小心将茎削成楔形，斜面长度与砧木切口相当，随即将接穗插入砧木切口中，对齐后用嫁接夹固定。图4-49为番茄劈接示意。

　　瓜类蔬菜劈接时，一般砧木早于接穗8～10d播种。嫁接时，先将砧木顶端生长点及真叶去掉，用刀片于胚轴的一侧自子叶间向下劈开长约1.5cm的切口，只劈一侧，不可将胚轴全劈开，否则子叶向两边下垂，无法固定接

图4-49　番茄劈接

穗，难于成活。沿接穗下胚轴距子叶下1.0～1.5cm处朝根部方向将接穗斜削成楔形，削面长1.0～1.5cm，将接穗插入劈口，使两者的削面紧贴，用嫁接夹固定。

瓜类蔬菜劈接，准确说是砧木下胚轴侧劈接。

（4）贴接法　可用于茄果类、瓜类蔬菜，但嫁接方法不同。

茄果类蔬菜贴接位点在下胚轴、上胚轴或节间。砧木与接穗播种，当幼苗具2～4片真叶，茎粗1.5mm以上时，砧木和接穗茎以相同角度（35°～60°）切削，将两个切削面贴在一起，嫁接夹或套管固定。关键要求是砧木和接穗切削位点粗度一致。图4-50为套管贴接示意。

视频内容请
扫描二维码

番茄套管贴接

番茄多干套管贴接苗

辣椒套管贴接苗

茄子套管贴接苗

图4-50　套管贴接

　　瓜类蔬菜贴接位点在子叶基部。南瓜或葫芦砧木幼苗子叶半展时，用刀片以35°～40°的角度，由上往下将砧木幼苗顶端生长点和1片子叶切除，刀口长约1.0cm。再用刀片将西瓜、黄瓜等接穗幼苗从子叶下方1.0～1.5cm处，斜切一个与砧木幼苗切削面相吻合的切面，将接穗幼苗和砧木幼苗的切削面贴合在一起，嫁接夹固定。

　　（5）双断根贴接法　蔬菜幼苗顶插接、贴接、劈接前或后，切除砧木下部根系，茎基部扦插于填装有育苗基质的容器，使接合部愈合和不定根再生同步进行，新生根系更加健壮，同时，解决了砧木幼苗徒长的问题。图4-51和图4-52为日本番茄和瓜类双断根套管贴接示意。

图4-51　日本番茄双断根套管贴接

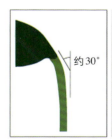

图4-52　日本瓜类双断根套管贴接

　　嫁接方法对嫁接工效的影响见表4-33。

表4-33　嫁接方法对嫁接工效的影响

(刘明等，2020)

嫁接方法	嫁接速度（株/h）	嫁接成活率（%）	嫁接工效	愈合时间（d）
顶插接	200.83±3.81a	90.67±0.72a	182.10±4.54a	9
改良插接	183.18±0.66b	92.67±1.51a	169.74±4.31b	8
断根插接	190.28±0.92b	89.33±2.53a	169.98±0.73b	10
断根贴接	154.43±3.12c	88.67±1.58a	136.90±2.68c	7

注：表中每列字母不同表示其差异显著（$P < 0.05$）。

10.4　蔬菜嫁接愈合期管理

（1）温度　为了促使伤口的愈合，嫁接后应适当提高温度。嫁接愈合过程中需要消耗物质和能量，嫁接处呼吸代谢旺盛，提高温度有利于这一过程的顺利进行。但温度也不能太高，否则呼吸代谢过于旺盛，消耗物质过多过快，而嫁接苗小，嫁接伤害使嫁接苗同化作用弱，不能及时提供大量能量和物质而影响成活。山口（1986）以番茄为试材，嫁接后分别置于22℃、25℃、28℃下处理1周，证明温度对成活率没有影响，但株高、叶长、叶面积及干物质积累在25℃时较优，在22℃、28℃时受抑制。同时还做了西瓜嫁接苗的试验，证明所需温度比番茄为高。在昼夜不能保持恒温的情况下，果菜类嫁接后都应保持温度白天25～28℃，夜晚18～20℃，不低于15℃的条件较为稳妥，若没有加温设施，低温时期不可强行嫁接。

（2）湿度　湿度是嫁接苗能否成活的关键因素。高湿可以减小蒸腾，促进愈合，避免接穗萎蔫，有利于提高成活率。山口采用通湿空气的方法将苗床空气相对湿度分为99%、80%、70%、60%四个等级，第6d调查成活率、发根状态及干物质积累情况。结果发现湿度越高成活率越好，且与砧木的发根率密切相关，特别是在断根扦插时相对湿度必须保持在90%以上甚至100%。番茄、瓜类蔬菜在嫁接后的第4～5d内相对湿度为99%是适当的。

顿宝祥（1990）也认为西瓜在嫁接后扣棚2、4、6d再行通风的三种处理中，通风时间越晚，嫁接成活率越高，子叶未充分展开的接穗苗嫁接时更明显。

（3）光照　蔬菜嫁接后，通常都要遮光3～7d，但遮光只是为了调节床内温度，减少蒸发，避免接穗萎蔫，而嫁接愈合是一个消耗大量能量和物质的过程，遮光必然会减少光合产物的合成，因此，在保持温、湿度不会出现大波动的情况下，还是应使嫁接苗早见光和多见光，但光强不能太强。山口（1986）证明，在0～10 000lx范围内，番茄嫁接苗的成活率、干物质积累在高强度时表现优良。认为一般嫁接方法2 500lx较好，断根扦插法5 000lx较好，西瓜的断根插接法要求光强2 000lx。同时研究光照时间和光强互作对番茄嫁接苗成活和生长的影响，认为成活率以2 500lx为临界点。弱光条件下，光照越长越好，强光条件下，以12h较优。生产上光照强度5 000lx、光照时间12h，就成活率、嫁接苗生长而言是适合的。嫁接后当天、1d、5d再行光照对嫁接西瓜的发根、成活和生长的影响，结果表明当天补充光照，成活率高达100%，发根数比5d后补充光照约高30%。图4-53为蔬菜嫁接愈合期补光。

图4-53　蔬菜嫁接愈合期补光

（4）CO_2 山口（1986）研究了施用CO_2与成活、生长的关系，认为10%的浓度比普通浓度的成活率提高15%，且接穗、根系干物质积累随CO_2浓度的增加而大幅度增加。增施CO_2，通过增强光合作用，促进嫁接部组织的愈合，诱导气孔关闭，抑制蒸腾，防止接穗萎蔫。

10.5　蔬菜嫁接育苗常见问题和对策

10.5.1　接穗和砧木幼苗戴"帽"出苗

（1）主要表现　出苗时或出苗后一段时间内种皮包裹或夹着子叶，没有脱落，幼苗子叶无法正常伸展，对子叶造成机械损伤，延迟光合作用，影响幼苗正常生长。脱"帽"需要大量人力，还极容易损伤幼苗子叶，甚至伤及幼苗顶端生长点。

蔬菜砧木和接穗均容易出现，特别是无籽西瓜接穗。图4-54示葫芦砧木种子戴帽出苗。

图4-54　葫芦砧木种子戴帽出苗

（2）主要原因　种皮结构致密且厚，覆盖过浅，种子活力低下，表层基质干燥，出苗时空气湿度过低，均易导致戴帽出苗。

（3）主要对策　①选用饱满、高活力种子；②勤观察，幼苗拱土时，发现基质表层干燥，适时洒小水增湿；③播种深度适宜，种皮厚，大粒种子不宜播种过浅；④增加覆盖物，或延迟撤除覆盖物，提高出苗小环境空气相对湿度；⑤种子处理，如种皮划伤等。

10.5.2 嫁接接合部腐烂

（1）主要表现 嫁接接合面褐化，接合部水浸状、软化缢缩，茎表皮腐烂、内部腐烂发臭，微管束不变色，嫁接苗无法正常成活或死亡。

（2）主要原因 砧木基质、砧木和接穗幼苗自身携带病原物；愈合环境长期高湿，或顶部喷灌接合部涉水；嫁接操作交叉感染；嫁接夹或套管过紧损伤接合部；愈合环境不卫生。

（3）主要对策 ①做好基质消毒，改善育苗环境卫生条件，培养适龄、无病、健壮砧木幼苗和接穗幼苗。②做好嫁接器具和嫁接环境消毒工作，嫁接刀具使用一段时间后一定要更换或消毒处理。③愈合期采用变湿管理，逐步降低空气相对湿度，增加空气流动；愈合期禁止顶部喷灌，必要时采用底部补水。④选择适宜的嫁接夹和套管，防止机械损伤。⑤必要时喷施杀菌剂。

10.5.3 愈合缓慢

（1）主要表现 嫁接后很长一段时间，接合面依然淡褐色，接合部难以紧密结合，接穗很容易萎蔫、脱落。

（2）主要原因 砧木和接穗亲和性差；砧木和接穗苗龄不适配；愈合环境管理不科学。

（3）主要对策 ①选择嫁接亲和力和共生亲和力强的砧穗组合。②培养与嫁接方法相适应的适龄砧木和接穗幼苗，切削时通过调整切削角度、切削位点，尽可能增加砧木和接穗嫁接接合面。③加强愈合期温、光、湿、气（包括空气流速）条件管理和卫生管理。

10.5.4 定植后急性凋萎

（1）主要表现 嫁接苗定植一段时间后，甚至已进入采收期，植株出现萎蔫和枯死。

（2）主要原因 嫁接共生亲和力差，砧穗接合部发育不正常和未充分连接，砧木根系发育和水肥供给受阻。

（3）主要对策　①选择嫁接共生亲和力强的砧穗组合。②选择适宜的嫁接方法，规范操作，确保砧木和接穗正常、完全连接。③加强定植后田间管理，尤其是根际微生态环境管理，防止出现烧根、伤根、弱根、病根。

11　蔬菜苗期生理性病害防治技术

生理性病害，是由非生物因素引起的植物代谢异常所表现出的病变，也称非侵染性病害。引起生理性病害的非生物因素主要包括：矿质营养元素缺乏和过量、水分不足（生理性或非生理性干旱）或过量（水涝）、低温冷害或冻害、高温和强光伤害、药害、废水、有害气体等。在不同因素或多种因素叠加作用下，幼苗发病过程及其症状有时很难区分。

通常，在蔬菜种植茬口安排上，温、光条件比较适宜的春季和秋季，给予蔬菜产品器官形成时期，以获取较高的经济产量；与此相对，育苗期多安排在寒冷的冬季或炎热的夏季，环境条件并不非常适合蔬菜幼苗生长发育，加之，蔬菜集约化育苗的特殊性，因此，蔬菜幼苗稍有管理不善，很容易发生生理性病害。

11.1　低温障害

低温障害分冷害和冻害。蔬菜集约化育苗，基本全部在日光温室、连栋温室、塑料大棚等设施条件下进行，具有较好的防风、保温性能，发生冻害的概率较小，冷害却较常见。冬春季育苗期间遭遇连续阴雨（雪）天气，光照弱，进入设施内的太阳辐射能量难以使温室蓄积足够的热量，设施夜间温度降至幼苗可以忍受的临界点以下，引发冷害，或当外界突然发生强烈的冷气流运动，从设施表面带走大量热量，引起设施内温度剧烈下降，也会造成幼苗冷害。

育苗设施内温度降至 $8 \sim 10\,^{\circ}\mathrm{C}$，蔬菜幼苗容易发生冷害，幼苗叶片出现水渍状斑点，叶片萎蔫、黄化。随着温度的进一步降低或低温持续时间的延长，冷害逐渐加重，可导致部分子叶或部分真叶萎蔫干枯甚至死亡。冷害还造成不发新根，生长缓慢，甚至成片死亡。西瓜、甜瓜、黄瓜、南瓜、茄子、辣椒等蔬菜幼苗易受冷害。图4-55示蔬菜幼苗低温障害。

图4-55　蔬菜幼苗低温障害

蔬菜育苗适宜的催芽温度和生长温度见表4-34。

表4-34　蔬菜育苗适宜的催芽温度和生长温度

蔬菜种类	催芽温度（℃）	适宜生长温度（℃）		pH
		日温	夜温	
结球甘蓝	27	15～20	10～15	6.0～6.8
芹菜	21	18～24	15～18	6.0～6.8
黄瓜	32	21～24	15～18	5.5～6.8
茄子	30	21～27	18～21	5.5～6.8
生菜	24	13～18	10～13	6.0～6.8
网纹甜瓜	32	21～24	15～18	6.0～6.8
洋葱	24	15～18	12～15	6.0～6.8
辣椒	30	18～24	15～18	5.5～6.8

（续）

蔬菜种类	催芽温度（℃）	适宜生长温度（℃）		pH
		日温	夜温	
南瓜	32	21 ~ 24	15 ~ 18	5.5 ~ 6.8
番茄	30	18 ~ 24	15 ~ 18	5.5 ~ 6.8
西瓜	32	21 ~ 26	18 ~ 21	5.0 ~ 6.8

冷害有时在苗期不表现症状，定植后表现缓苗慢，结果节位下降，或先期抽薹。如番茄幼苗长时间处于12℃以下低温，第1穗果节位可能从第9节位降至第6节位，果实畸形率增加，说明低温严重影响幼苗的花芽分化。绿体春化型蔬菜幼苗6 ~ 7片真叶期遭遇一定时间的8℃以下低温，定植后极易先期抽薹。

冬春季育苗，灌溉水温过低，幼苗根际快速降温，抑制幼苗根系发育，若再遇穴盘孔穴浅、基质粒径小、排水不良，极容易发生沤根。

为防止发生蔬菜幼苗低温障害，应注意以下措施：

（1）根据地理气候特点和育苗蔬菜种类，选择适宜的育苗设施结构类型。

（2）做好育苗设施结构的优化设计，提高设施的建筑质量和性能。

（3）配置增温设备，如水（气）暖系统、热风炉、空气源热泵等，并且在育苗前认真检修，储备燃料，确保正常使用。

（4）了解幼苗生长发育过程中低温敏感阶段和生理状态。如幼苗子叶平展期，含水量高，对低温相对敏感；番茄幼苗2 ~ 3片真叶期，已进入花芽分化时期，低温极易引起花芽分化异常。

（5）育苗期间密切关注天气预报，对突然来临的寒流提前做好预防准备。

（6）选择耐寒品种，增加低温锻炼，喷施油菜素内酯、壳聚糖等化学诱抗物质，对于提高幼苗耐低温性也有一定作用。

当幼苗冷害已经发生，恢复期间室内和苗床的温度要缓慢提高，光照较强时还要适当遮阴处理，严禁发生冷害后幼苗接受高温、强光。

11.2　干旱

育苗基质含水量不足，幼苗根际水势下降，造成根系吸水困难，整株幼苗含水量下降，无法满足幼苗组织细胞膨压维持、物质运转、同化或异化作用等正常生理代谢对水分的需求，幼苗生长发育缓慢或停滞，叶色深绿，茎叶表面蜡质增多，根系色泽由白变暗，根毛减少，茎顶端簇生花器（俗称花打顶），随着水分进一步缺乏，幼苗叶片萎蔫，严重将导致幼苗褪绿黄化，根系黄褐色，根尖细胞和根毛死亡，整株幼苗干枯死亡。

蔬菜幼苗根际水势下降，主要由两个因素造成：

（1）灌水量小或灌水不及时。夏季育苗，太阳辐射强，气温高，空气相对湿度低，设施通风量大，幼苗蒸腾作用旺盛，基质表面和排水孔水分蒸发大，育苗基质快速失水，造成幼苗干旱。

（2）基质启动肥添加量或育苗期间施肥浓度过高，基质中可溶性盐离子过多，水势下降，即使基质含水量较高，但难以被根系吸收，也会显现幼苗干旱，也称生理干旱。

针对上述两种情形，进行蔬菜集约化育苗时，应注意以下环节：

（1）基质填装育苗容器前，一定要预湿，使基质相对含水量达到50%左右，否则，首次灌水无法灌透，基质表面灌水横流，内部则干燥无水，种子无法萌发。与此类似，育苗期间基质过度干燥也会出现上述现象。

（2）育苗期间基质湿度的监控。可以采用感官观测，通过基质色泽、重量、指尖温度感应等判断，也可以用称重法实测。夏季晴天高温的日子，一日多次观测，确保基质湿度在65%左右。必要时，可以借助窄条片状物轻轻取出基质观测，当幼苗根系成坨后还可以拔出幼苗根系观测，准确判断基质水分状况。上午9～10时和下午13～14时是观察的关键时段。上午9～10

时，太阳辐射增强，若基质缺水，幼苗萎蔫症状开始显现。下午13～14时，经过中午高温强光，幼苗也极易出现干旱缺水症状。

（3）顶部喷灌。水分要在重力作用下到达孔穴底部，防止灌溉量较小，基质表面看似水分充足，而基质内部缺水。

（4）基质添加启动肥或幼苗生长期间施肥，施肥量、施肥浓度、施肥间隔时间要严格控制。采取科学的取样方法和标准的测定方法，测定基质初始EC值和育苗期间基质EC值，然后按照推荐的EC值指标进行判断。基质可溶性盐离子浓度过高，可以采取灌水冲淋，使过量的肥料从排水孔流出，有效降低基质盐离子浓度。

（5）灌溉水质要符合要求，防止灌溉水盐离子浓度过高。

11.3　沤根

有人把幼苗沤根只归结于基质水分过多造成的根际缺氧，其实沤根是根际缺氧、低温、有毒物质积累等多种因素造成。当基质温度长期低于15℃，灌水过量，基质气体交换受阻，氧气不足，根系代谢释放的CO_2等有害物质积累，基质微生物有氧呼吸减弱，厌氧呼吸增强，容易致使幼苗根系不发新根或不定根，根表皮变褐后腐烂，子叶和真叶变薄，呈黄绿色或乳黄色，叶缘焦枯，地上部萎蔫。沤根严重时，成片干枯，似缺素症，幼苗拔起后发现没有根毛，主根和须根变褐腐烂。

针对沤根的原因，可以从幼苗根际温度、基质排水性、微生物菌群多样性三方面予以控制。

（1）铺设地热线和苗床下加温管路，使幼苗根际温度保持在18～25℃。

（2）基质配制时，基质粒径、水气比和持水力适当，防止基质排水不畅。

（3）优化育苗容器结构，如采用开闭式穴盘、侧开口穴盘等（图4-56），促进基质内外气体交换。

（4）低温阴雨天，少量灌溉，避免灌溉过量和冷水灌溉。设施内温度允许条件下，适当增加通风，排除基质表面湿气，带动基质内部气体交换。

（5）基质配制时加入0.2%～0.4%微生物肥料，利用有益微生物抑制腐败微生物的生长繁殖。

侧视图

底部

图4-56 塑料侧开口穴盘

11.4 气体毒害

蔬菜集约化育苗基本都是在设施条件下进行，设施内气流运动相对较弱，塑料覆盖物如聚氯乙烯薄膜挥发乙烯、正丁酯、邻苯二甲酸二异丁酯、己二酸二辛酯等气体，冬季烟道加温、热风炉加温产生CO气体，过量施用铵态氮肥和尿素高温条件下产生氨气等，这些气体在设施内积累到一定浓度，即可造成幼苗毒害（图4-57）。如黄瓜、番茄在5mg/L氨气持续15h情况下，表现毒害症状，氨气浓度达到40mg/L数小时即会中毒死亡。

图4-57 蔬菜幼苗气体毒害症状

蔬菜幼苗受氨气危害，叶片出现水渍状斑点，接着变成黄褐色，最后枯死，叶缘部分尤为明显。高浓度氨气还会使蔬菜叶片组织崩溃，叶绿素分解，叶脉间出现点块状黑褐色病斑，严重时叶片下垂，甚至全株死亡。受劣质农膜排放乙烯等气体的危害，通常幼苗叶片下垂、弯曲，叶缘或叶脉间失绿，呈黄白色直至枯死。CO_2中毒后，幼苗气孔开启较小，蒸腾作用减慢，叶内热量不易散发出来，温度升高，导致叶片萎蔫、黄化、脱落。

判别蔬菜幼苗气体毒害，除症状表现外，还可以通过发病位点和膜下露滴监测。劣质薄膜覆盖产生的气体毒害，一般在距离薄膜较近的区域发病较重，距离薄膜较远的区域发病较轻，不同区域发病程度明显不同。清晨设施通风换气前，监测棚内露滴pH，氨气形成的露滴呈碱性，有时pH可达8.2以上。

加强设施通风换气是防止有害气体毒害最有效的方法。另外，在高温季节，减少铵态氮和尿素施用浓度和频度，可以减少氨气的危害概率。此外，使用合格的优质农膜、定期检查加温设备烟道、配制基质使用完全腐熟的有机肥，对预防有害气体危害非常重要。

一旦发现幼苗遭受气体危害，轻度灌溉可以适当减轻气体危害程度。

11.5　缺素症

缺素症就是蔬菜幼苗由于缺乏某种或多种营养元素而引发的异常症状。已知植物必需营养元素主要有16种元素，其中，C、H、O主要来自空气和水，N、P、K为大量元素，Ca、Mg、S为中量元素，B、Zn、Fe、Cu、Cl、Mn、Mo为微量元素。当蔬菜幼苗生长空间（空气和基质）矿质营养元素浓度低于临界值，无法满足幼苗生长发育需求，幼苗体内代谢异常，表现缺乏症。

矿质元素进入幼苗体内还涉及多种因素，有时即使基质中矿质元素足量，但受其他环境因素影响，无法被幼苗吸收利用，也会表现缺素症，认识到这一点非常重要。

通常，空气中C、H、O基本可以满足蔬菜幼苗发育需求，很难出现缺乏症状。但是，当基质灌水过多，则会出现根际溶氧量低，造成沤根。

对于其他矿质元素，施肥浓度过低、间隔时间过长，矿质营养元素供应总量不能满足幼苗需要；矿质营养元素供应不平衡，某种矿质营养元素供应量偏高，与另一种矿质元素发生拮抗；单次灌水量大，灌溉频度高，矿质营养元素淋失严重；基质pH不适宜，矿质营养元素有效性低，幼苗无法吸收利用，如在酸性基质中，Fe、Mn、Zn、Cu、B等元素的溶解度较大，有效性较高，但在中性或碱性基质中，则因易发生沉淀作用或吸附作用而有效性降低，P在中性（pH6.5～7.5）基质中有效性较高，在酸性基质中易与Fe、Al或Ca发生化学反应而沉淀，有效性下降；基质温度不适宜，温度＞30℃或＜15℃；幼苗根系发育不良，根毛少，吸收面积小，以上种种情形，均可能造成蔬菜幼苗缺素症。图4-58为低温造成的番茄幼苗缺磷症状，表4-35为蔬菜幼苗常见缺素症状表现。

图4-58　低温造成的番茄幼苗缺磷症状

表4-35　蔬菜幼苗常见缺素症

缺素类型	症状表现
缺N	上部叶片浅绿色，下部叶片发黄或黄褐色，叶片易脱落；幼苗纤细，茎木质化；番茄叶片、叶柄和茎会出现紫色。
缺P	幼苗矮小，叶色暗绿，有坏死斑点；茎纤细，但不木质化；叶柄开展度小，叶表面尤其是叶背显紫色。

（续）

缺素类型	症状表现
缺K	叶片斑点状或边缘失绿，逐渐发展成叶尖、叶缘和叶脉间的坏死；茎秆纤细，节间短。
缺Ca	叶尖和根尖坏死，嫩叶失绿，叶缘向上卷曲枯焦，叶尖常呈钩状；根系褐色、短小、高度分枝。
缺Mg	老叶叶脉间首先失绿，变黄或变白，叶片未成熟就脱落。
缺S	叶色变成淡绿色，甚至变成白色，叶片细长，新叶先表现症状；植株矮小，根明显伸长。
缺Fe	新叶的叶脉间出现黄化，叶脉仍为绿色，继而发展成整个叶片转黄或发白。
缺Mn	叶脉之间出现失绿斑点，并逐渐形成条纹，但叶脉仍为绿色。
缺B	嫩叶和顶芽变黑坏死，嫩叶坏死主要发生在植株基部；茎僵直，易折断；植株多分枝。
缺Cl	先表现为叶尖枯萎，叶色赤褐化，根尖变短加粗。
缺Zn	叶片变小，叶缘皱缩，叶脉间出现黄斑或白色坏死斑；植株矮化，生长缓慢。
缺Mo	老叶叶脉间缺绿、坏死；甘蓝类叶片不坏死，而是卷曲死亡。
缺Cu	叶片深绿色，其中有坏死斑点。坏死斑先从叶尖开始，后沿叶缘扩展到叶片基部，叶片可发生卷曲或变形。

　　矿质营养元素在幼苗体内通过离子扩散、跨膜运动、输导组织卸载到达幼苗各个组织细胞，缺素症显现部位和时间与矿质元素在幼苗体内移动性密切相关。N、P、K、Mg、Na、Zn、Mo、Cl等元素在体内移动性好，可以从老叶向新生叶转移，这类矿质元素的缺乏症易出现在幼苗下部老片，反之，Fe、Ca、B、S、Cu等矿质元素在幼苗体内移动性差，这类元素缺乏症多见于顶端生长点和新生叶。

　　蔬菜幼苗缺素症诊断可以从症状表现和矿质营养元素含量分析两方面入手。首先观测叶色、株型、坏死斑，进行初步诊断。然后，结合茎伤流液、茎叶和根系、基质矿质元素含量测定结果，进行准确判断。基质测定分析结果只反映矿质元素的存在水平，无法判定幼苗对矿质元素的需求量、吸收量、利用量等真实情况，幼苗组织分析更加直接、可靠。

　　蔬菜幼苗组织矿质营养元素浓度可分为3个区：缺乏区、适量区和中毒区。当幼苗组织中矿质营养元素浓度低于某个阈值（临界浓度），幼苗生长发育迟缓，甚至表现缺乏症，称缺乏区；高于缺乏的临界浓度，矿质营养元素浓度持续性提高至幼苗生长发育促进作用消失，称适量区；矿质营养元素浓度继续提高，超过适量区，幼苗表现中毒症状，称为中毒区。表4-36为矿物营养元素在植物组织中适宜浓度参考值。

表4-36　矿质营养元素在植物组织中适宜浓度参考值

元素种类	干物质中浓度	元素种类	干物质中浓度 (mg/L)	元素种类	干物质中浓度 (mg/L)
N	1.5%	Si	0.1%	Zn	20×10^{-6}
K	1.0%	Cl	100×10^{-6}	Cu	6×10^{-6}
Ca	0.5%	Fe	100×10^{-6}	Ni	0.1×10^{-6}
Mg	0.2%	B	20×10^{-6}	Mo	0.1×10^{-6}
P	0.2%	Mn	50×10^{-6}		
S	0.1%	Na	10×10^{-6}		

　　防止蔬菜幼苗发生缺素症的技术措施如下：

　　（1）根据蔬菜种类、育苗茬口、幼苗发育时期、环境条件，选择适宜肥料种类、施肥浓度、施肥时间和施肥频次，制订科学施肥方案，保证矿质营养元素适量、平衡供应。

　　（2）适时监测与调整育苗基质pH，确保矿质营养元素在基质中的活化、处于有效状态。

（3）创造良好的根际环境，包括根际温度、湿度、氧气浓度等，促进根系健康生长发育，增强根系对矿质营养元素吸收、运输和同化能力。

11.6　除草剂和植物生长调节剂毒害

由于基质原料或水源受除草剂污染，育苗期间过多施用植物生长调节剂，均会造成幼苗毒害，致使根系生长发育受阻，茎叶表现畸形（图4-59）。

辣椒根系生长发育受阻　　　　　　　番茄叶片畸形

图4-59　幼苗除草剂毒害症状

11.7　烧苗和闪苗

烧苗和闪苗主要由育苗环境温度的短时剧烈变化引起。

烧苗，高温和空气相对湿度低条件下，基质水分蒸发与幼苗蒸腾加剧，组织含水量快速下降，叶片蒸腾降温作用减弱，组织温度急速升高，组织变软、萎蔫，根系受害，整株死亡。如育苗期间，尤其是幼苗生长前期，晴天午间时段，苗床温度高达40℃以上，很容易发生烧苗现象。基质含水量高烧苗轻，含水量低烧苗重。

及时采取遮阳降温措施，合理通风，使设施内气温白天保持在18～35℃，也可弥雾降温增湿，提高空气相对湿度，减缓幼苗蒸腾作用，可有效防止烧苗。发生烧苗后，切勿立即大对流直通风，可背风方向先通风，通风口由小到大逐步进行。

闪苗，蔬菜幼苗较长时间生长在弱光条件下，突然受到较强的光照或暖热风侵袭，幼苗很快产生萎蔫现象，随后叶缘上卷，叶片局部或全部变白干枯，严重时会造成幼苗整株干枯死亡。譬如：连续阴雪雨天，低温寡照 6 ～ 7d 后，突然转晴，气温超过 35℃，猛然大量通风，叶片蒸腾量剧增，短时间大量失水，而根系尚未恢复，吸水量较小，水分代谢失衡，形成生理性干枯。

加强通风管理，设施内气温超过 30℃ 时启动通风，并随着气温的升高由小渐大，通风口由少到多，使气温保持在幼苗生长适宜范围，可有效防止闪苗。

12　蔬菜幼苗侵染性病害诊断与防治

侵染性病害是由致病细菌、真菌、病毒、类菌原体、类病毒、线虫及寄生性种子植物等侵染引起的蔬菜幼苗组织代谢异常和不良症状，常常表现为脓状物溢出、坏死斑、叶色斑驳、卷叶、倒伏、根系褐腐和枯死。图 4-60 示蔬菜幼苗主要病害症状。

蔬菜集约化育苗多在相对封闭的设施环境内进行，具有明显的适温、高湿、弱光、空气流动小等小气候特征，客观上为病原物的存活、繁殖提供了良好的场所；蔬菜幼苗含水量高、保护组织不发达，又为病原物的侵染提供了良好的寄主。因此，蔬菜集约化育苗对侵染性病害的防控需要高度的责任心和技术水平。

蔬菜幼苗侵染性病害的发生，直接影响成苗率、商品性状和育苗效益，此外，携带病原的商品苗定植田间后，很快发展成为发病中心株，起到病原传播、扩散的负面作用，特别是对于年产 5 000 万株以上的大型育苗厂，幼苗跨区域销售，如所携带的病原又是检疫性病原如番茄溃疡病菌、黄瓜黑星病菌、西瓜细菌性果斑病菌、黄瓜绿斑驳病毒，危害更加严重。

西瓜嫁接苗猝倒病

西瓜幼苗果斑病

结球甘蓝幼苗黑斑病

番茄幼苗黄化曲叶病毒病（源自杨宇红）

辣椒幼苗黄瓜花叶病毒病（源自杨宇红）

图4-60　蔬菜幼苗主要病害症状

12.1　侵染性病害发生的基本条件

（1）病原物　指蔬菜育苗环境及材料如基质、种子、苗床、地面、空气、肥料、灌溉水、操作机具上携带的致病真菌、细菌、病毒等。

病原物分专性寄生物和非专性寄生物。专性寄生物只能从活的、有生命的寄主细胞和组织获得养分，否则将不能生活，也不能在人工培养基上培养。非专性寄生物既能在寄主活组织上营寄生生活，又能在死亡的病组织上营腐生生活，还可以在人工培养基上生长。

病原物对寄主的破坏作用，主要表现在：消耗寄主养分和水分；分泌各种酶类，消解和破坏组织和细胞结构；分泌毒素，发生中毒反应；分泌刺激物质，促使细胞分裂或抑制细胞生长；改变生命代谢过程等。

（2）寄主　即能提供病原物营养，维持病原物生存、繁殖的有机体。蔬菜集约化育苗，可以是幼苗，或杂草，或残株等。

对于不同种类和品种的蔬菜幼苗，受遗传特性的影响，对同一病原物可以表现为感病、耐病、抗病、免疫4个水平。感病，幼苗遭受病原物侵染而发生病害，生长发育受到显著影响，甚至引起局部或全株死亡；耐病是幼苗受病原物侵染后，虽然表现出典型症状，但对其生长发育没有明显影响；抗病是幼苗对某种病原物具有抵抗能力，虽不能完全避免被侵染，但局限在很小范围内，只表现轻微发病；免疫是幼苗对某种病原物完全不感染或极不容易遭受侵染发病。

（3）环境条件　病害的发生与环境条件密切相关。病原物侵入、潜育、流行都需要适宜的环境条件，其中湿度和温度影响最大。大多数真菌孢子萌发、游动孢子和细菌的侵入都需要有水分，所以，高湿环境病情严重。温度能影响细菌、线虫的活动、繁殖，也影响真菌孢子的萌发和侵入的速度；在适宜温度范围内，温度愈高潜育期愈短；适温高湿，有利于病原物新繁殖体的产生，有

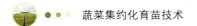

利于病害的流行。

病原物–寄主–环境条件也称"病三角"（图4-61），是侵染性病害发生的基本条件。图4-61示植物病害发生主要因素。

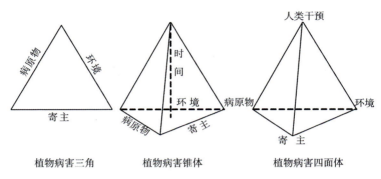

植物病害三角　　　　植物病害锥体　　　　植物病害四面体

图4-61　植物病害发生主要因素

12.2　侵染性病害的发生过程

从病原物与幼苗感病部位相接触开始到幼苗发病，侵染性病害的发生有一定的过程，简称病程。病程可分为接触、侵入、潜育和发病4个时期。

（1）接触期　病原物与幼苗感病部位相接触到侵入前的这一段时间。如果没有病原物和幼苗的接触，就不会有病害发生。同时，病原和寄主的接触方式、接触时间长短，常取决于病害的预防措施。

（2）侵入期　从病原物侵入幼苗组织，到与幼苗建立寄生关系为止的一段时间。病原物侵入育苗的途径有3个：①病原物直接穿过幼苗表皮侵入体内；②通过幼苗气孔、水孔、皮孔、蜜腺等自然孔口侵入；③从幼苗伤口侵入。

病原物不同，侵入途径不同。如病毒只能从活细胞的新鲜伤口侵入，细菌可从伤口和自然孔口侵入，真菌可从上面所提3种途径侵入，线虫则是利用口器刺破表皮直接侵入。

（3）潜育期 病原物与幼苗建立寄生关系到表现明显症状的一段时间。病原物在幼苗体内吸取营养而生长蔓延，有的病原物局限在侵染点附近，称为局部侵染；有的病原物则从侵染点扩展到各个部位，甚至全株，称为系统性侵染。

（4）发病期 病害症状出现后的一段时间。在这个时期，真菌性病害往往在病部产生菌丝、孢子、子实体等，细菌病害产生菌脓，肉眼可以看到。

12.3 病原传播扩散方式

病原物传播与扩散主要依赖自然因素和人为因素。自然因素以风、雨、水、昆虫和其他动物传播为主；人为因素以种子调运、农事操作和农业机具的传播为主。蔬菜集约化育苗，常见病原传播扩散方式有：

（1）种子传播 病原物寄生在种皮内，或附着于种皮，或混杂于种子间，如种带病毒病、菌核病、早疫病、黑斑病、细菌性溃疡病、黑腐病等。

（2）基质传播 基质物料本身携带病原物，或混配过程添加受病原污染的未充分腐熟有机肥、生物固体废弃物等，或长期存放受病原污染，使病原物进入基质，引发蔬菜幼苗根腐病、枯萎病、茎腐病、黄萎病、根肿病等。

（3）昆虫传播 蚜虫、粉虱、蓟马等是病毒病最重要的传播介体。蚜虫吸食有毒病株后，成为带毒源，再吸食幼苗，顺势传播病害。线虫和螨类除了能携带真菌孢子和细菌造成病害传播外，还能传播病毒。这些病毒所造成的危害常常超过线虫、螨类本身对幼苗造成的损害。

（4）风力传播 多数真菌能产生大量孢子，孢子小而轻，借风力传播，如疫病、叶霉病、白粉病等。

（5）雨水传播 许多细菌性病害和部分真菌性病害，常黏聚在胶质物内，需要借雨滴的溅散和淋洗进行传播，特别是雨后流水和灌溉水可将病原物传播到更广的范围，如绵腐病、炭疽病、细菌性角斑病、细菌性软腐病等。

（6）人为传播 育苗操作或参观考察过程，使用未经严格消毒的器具、手的触摸、人员在育苗设施间的移动、嫁接等都会在无意之间传播病原物。

12.4 育苗环境与侵染性病害发生的关系

蔬菜集约化育苗，通常在相对封闭的保护设施内进行，创造了适于幼苗生长发育环境，同时，也创造了适于病原物繁殖的环境。

（1）高湿 设施内空气运动相对较弱，特别是冬春季育苗，为了维持适于幼苗生长的温度，日中放风时间很短，间或1～2h，有时整日处于密闭状态，导致设施内湿度很大，空气相对湿度常达90%～100%，引起幼苗叶面结露，致使白粉病、灰霉病、疫病、菌核病、霜霉病、软腐病等病害发生严重。

（2）弱光 设施表面覆盖的玻璃或塑料薄膜，日光温室后墙、山墙和后屋面，连栋温室立柱和窗框都有遮阴效应，使育苗设施内光照强度较弱，仅为外界的70%左右，当透明覆盖材料受粉尘、降雪等污染，光照强度衰减更加严重。弱光环境，不利于幼苗发育和健壮生长，却有利于霉菌等病原物繁殖。

（3）适温 育苗设施内温度长时间处于15～30℃范围内，这个温度范围有利于幼苗的生长发育，也比较适合大多数病原菌繁殖。

（4）空气流动性差 设施内相对静止的空气，使幼苗缺少风力的机械刺激，不利于抗病、抗虫保护组织的形成；相反，给隐蔽性害虫及刺吸式口器害虫的取食活动创造了有利条件，而刺吸式口器害虫正是病毒病传播的重要媒介。

蔬菜苗期主要病害及发生条件见表4-37。

表4-37 蔬菜苗期主要病害及发生条件

病害名称	病原	传播和发病条件	发病时期和主要症状
立枯病	立枯丝核菌 (*Rhizoctonia solani*)	通过雨水、流水、带菌的堆肥及农具等传播。病菌发育适温20～24℃。床温较高或育苗后期发生，阴雨多湿、基质过黏发病重。播种过密、温度过高易诱发立枯病。	多发生在育苗的中、后期。主要危害幼苗茎基部或地下根部，初为椭圆形或不规则暗褐色病斑，病苗早期白天萎蔫，夜间恢复，病部逐渐凹陷、缢缩，有的渐变为黑褐色，当病斑扩大绕茎一周时。最后干枯死亡，但不倒伏。轻病株仅见褐色凹陷病斑而不枯死。苗床湿度大时，病部可见不甚明显的淡褐色蛛丝状霉层。立枯病不产生絮状白霉、不倒伏且病程进展慢，可区别于猝倒病。
猝倒病	腐霉属(*Pythium*)、疫霉属 (*Phytophthora*)等	主要靠雨水、喷淋、带菌的有机肥和农具等传播。病菌在基质温度15～16℃时繁殖最快，适宜发病地温为10℃，故早春苗床温度低、湿度大时利于发病。光照不足、播种过密、幼苗徒长往往发病较重。薄膜滴水处，易成为发病中心。	幼苗大多从茎基部感病(亦有从茎中部感病者)，初为水渍状，并很快扩展、溢缩变细如"线"样，病部不变色或呈黄褐色，病势发展迅速，在子叶仍为绿色、萎蔫前即从茎基部（或茎中部）倒伏而贴于床面。苗床湿度大时，病残体及周围基质上可生一层絮状白霉。出苗前染病，可引起子叶、幼根及幼茎变褐腐烂。病害开始往往仅个别幼苗发病，条件适合时以这些病株为中心，迅速向四周扩展蔓延，形成一片一片的病区。
霜霉病	古巴拟霜霉 (*Pseudoperonospora cubensis*)、寄生霜霉 (*Peronospora parasitica*)等	主要通过气流、浇水、农事及昆虫传播。病菌孢子适宜侵染温度15～17℃。基质湿度大、排水不良等容易发病。	发病初期叶片背面出现白色霜状的霉层，叶片正面没有明显的症状，严重时幼苗叶片及茎变黄枯死。

（续）

病害名称	病原	传播和发病条件	发病时期和主要症状
番茄黄化曲叶病毒病	番茄黄化曲叶病毒（*Tomato yellow leaf curl virus*，TYLCV）	自然条件下只能由烟粉虱以持久方式传播。	幼苗矮化，生长缓慢或停滞，顶部叶片常稍褪绿发黄、变小，叶片边缘上卷，叶片增厚，叶质变硬，叶背面叶脉常显紫色。
西瓜细菌性果斑病	类产碱假单胞菌西瓜亚种（*Pseudomonas pseudoalcaligenes* subsp. *citrulli* Schaad et al.）	种子带菌是主要初侵染源，借风、雨及灌溉水传播，从伤口或气孔侵入。多雨、高湿、大水易发病，气温 24～28℃经1h，病菌就能侵入潮湿的叶片。	瓜苗染病沿中脉出现不规则褐色病变，有的扩展到叶缘，从叶背面看呈水渍状，种子带菌的瓜苗在发病后 1～3 周即死亡。

12.5　侵染性病害防治基本策略

针对蔬菜苗期侵染性病害发生特点，应从病原及其传播途径阻断、育苗环境调控、幼苗健化3个方面予以综合防治。

12.5.1　病原阻断

降低育苗环境病原物存活基数，阻断病原传播扩散途径的主要措施有：

（1）种子消毒　采用热水-福美双、次氯酸钠-福美双复合消毒技术，或干热处理，或药剂浸种等，杀灭种子内部、表面携带的病原物。

（2）基质消毒　采用蒸汽消毒方法，或药剂熏蒸或混拌等。育苗设施以蒸汽进行加热的，均可行蒸汽消毒。方法是将基质装入柜内或箱内（体积1～2m³），用通气管通入蒸汽进行密闭消毒。一般70～90℃高温，持续 15～30min 即可。也可使用专业的基质熏蒸系统，如北京京鹏温室工程公司经销的S250、S500、S950、S2000土壤或基质熏蒸系统。

药剂熏蒸或混拌，常用化学药剂有甲醛、威百亩、漂白剂、多菌灵等。40%甲醛，又称福尔马林，是一种良好的杀菌剂，但对害虫防治效果较差。福尔马林100倍液喷洒调配好的基质，1kg福尔马林可喷洒4 000 ~ 5 000kg基质，充分拌匀后堆置，基质堆上覆盖塑料薄膜，闷7 ~ 10d，然后揭开薄膜，充分翻晾散去基质中的药气再使用。

氯化苦，能有效地防治线虫、昆虫、杂草种子和具有抗性的真菌等。常规操作方法是：先将基质整齐堆放30cm厚，按间距20 ~ 30cm向基质15cm深度处注入氯化苦药液3 ~ 5mL，并立即将注射孔用基质堵塞。一层基质注射完后，在其上铺同样层厚的基质，打孔放药，如此共铺2 ~ 3层，最后覆盖塑料薄膜，使基质在15 ~ 20℃条件下熏蒸7 ~ 10d。基质使用前要有7 ~ 8d的风干时间，直接使用危害幼苗。氯化苦对人体有毒害，使用时务必注意安全。

威百亩，水溶性熏蒸剂，对线虫、杂草和某些真菌有杀伤作用。使用时，1L威百亩加入10 ~ 15L水稀释，然后喷洒在10m²基质表面，将基质密封，约15d后使用。

漂白剂，次氯酸钠或次氯酸钙，尤其适于沙子消毒。在水池中配制0.3% ~ 1.0%有效氯含量的药液，浸泡沙子30min以上，清水冲洗，消除残留氯，然后使用。

多菌灵，50%可湿性粉剂配成500 ~ 800倍液，按每立方基质用50%多菌灵80 ~ 100g喷洒，充分拌匀后堆置，基质堆上面覆盖塑料薄膜等，闷7 ~ 10d，然后揭开薄膜，充分翻晾散去基质中的药气，再使用。

（3）设施空间消毒 采用石灰水喷洒，或高锰酸钾＋福尔马林熏蒸，或高温闷棚，对育苗设施内部进行消毒处理。

石灰水消毒，用1kg新鲜生石灰加4 ~ 9kg水，配成10% ~ 20%的石灰水，喷洒设施周边、立柱、苗床等。石灰水必须现配现用，放置时间过长会失效。

高锰酸钾＋甲醛熏蒸，按2 000m³棚室标准，将1.65kg甲醛加入8.4kg沸水中，再加入1.65kg高锰酸钾，产生烟雾，封闭48h，然后通风，气味散尽后即可使用。

　　高温闷棚，盛夏高温季节，一般也是育苗设施的空闲期，土壤表面＋棚室表面双覆盖后，充分利用太阳辐射产生的热量，设施内气温可达45℃以上，地表下10cm处地温可达70℃，20cm深处的地温可达42℃，立枯病病菌、黄瓜菌核病病菌、黄瓜疫病病菌、茄子黄萎病病菌等绝大多数病菌不耐高温，经过10d左右的热处理即可被杀死。某些病菌相对耐高温，如根腐病病菌、根肿病病菌和枯萎病病菌等土传病菌，分布土层深，必须处理30～50d才能达到较好的效果。

　　（4）穴盘消毒　先用高压水枪、肥皂水冲洗干净穴盘或育苗器具，然后用高锰酸钾2 000倍液浸泡10min，或用2％～5％季铵盐或1％～2％次氯酸钠水溶液浸泡30min，或用70～80℃高温蒸汽消毒40～60min，或将清洗干净的穴盘等放置在密闭的空间，按每平米34g硫黄粉＋8g锯末，点燃熏蒸，密闭24h。

　　穴盘和器具消毒处理后，必须用洁净自来水冲淋、晾晒干后再使用。

　　（5）防虫网阻隔害虫　利用防虫网阻断害虫进入育苗设施，从而也阻断了虫媒病害。防虫网有黑色、白色、银灰色等多种颜色。蔬菜集约化育苗多使用40～60目白色防虫网。根据试验统计，防虫网对菜青虫的防效为96％，小菜蛾的防效为94％，豇豆荚螟的防效为97％，美洲斑潜蝇的防效为95％，蚜虫的防效为90％以上。

　　防虫网覆盖，必须所有通风口和出入口全部覆盖，并要随时检查是否有未盖严的地方，否则难以取得理想效果。

　　（6）支架苗床　标准规格苗床高度约81cm，与近地面苗床、地面碎石苗床相比，使幼苗远离地面，阻断与地面病原物的直接接触，也防止了灌水上溅引起地面病原物的间接接触。图4-62为各种形式的苗床。

　　（7）化学农药喷施　采用化学杀菌剂、杀虫剂对病原菌、害虫进行杀灭。蔬菜集约化育苗常用化学农药及使用剂量见表4-38。

视频内容请扫描二维码

图4-62 各种形式的苗床

表4-38 蔬菜集约化育苗常用化学农药及使用剂量

农药类别	农药品种	毒性	防治对象	常用量及施用方法
杀菌剂	50%多菌灵可湿性粉剂	低毒	白粉病、炭疽病、疫病、灰霉病	300～500倍液喷雾
	72.2%霜霉威盐水剂（普力克）	低毒	霜霉病、疫病、猝倒病	600～1 000倍液灌根或喷雾

（续）

农药类别	农药品种	毒性	防治对象	常用量及施用方法
杀菌剂	75%百菌清可湿性粉剂	低毒	炭疽病、疫病、霜霉病、白粉病	800 倍液喷雾
	50%福美双可湿性粉剂	低毒	处理种子与基质	种子质量的 0.1%～0.25%拌种
	70%甲基托布津可湿性粉剂	低毒	炭疽病、菌核病、白粉病、灰霉病	800～1 200 倍液喷雾
	3%中生菌素（克菌康）	低毒	细菌性病害	1 000 倍液喷雾
	72%克露	低毒	霜霉病、疫病	800 倍液喷雾
	64%杀毒矾	低毒	疫病、炭疽病、黑斑病	400～600 倍液喷雾
	58%甲霜灵可湿性粉剂	低毒	霜霉病	1 000 倍液喷雾
	70%代森锰锌可湿性粉剂	低毒	早疫病、晚疫病、褐腐病	500 倍液喷雾
	25%嘧菌酯悬浮剂（阿米西达）	低毒	白粉病、锈病、霜霉病	1 000 倍液喷雾
杀虫剂	5%抑太保乳油	低毒	菜青虫、小菜蛾、斜纹夜蛾等	1 500～2 000 倍液喷雾
	1%阿维菌素乳油	低毒	蚜虫、小菜蛾、夜蛾等	1 000～2 000 倍液喷雾
	10%吡虫啉可湿性粉剂	低毒	各类蚜虫、飞虱、叶蝉等	1 500～2 500 倍液喷雾
	25%敌杀死乳剂	低毒	甘蓝、大白菜上的小菜蛾、菜青虫等	1 000 倍液喷雾

12.5.2　育苗环境条件优化

如前所述，育苗环境常处于高湿、适温、弱光、空气相对静止的状态，容易引发病害，为此，优化育苗环境条件非常有利于减轻侵染性病害发生。

（1）降湿　温度允许的情况下，尽量加大育苗设施放风强度和时间，排出设施内积累的水蒸气。采用热风炉或管道加热，提高室内温度，降低室内相对湿度。避免少量多次灌水，每次灌水尽可能灌透整个孔穴，灌水后使基质表面有一定的干燥时间。设施地面采用塑料布或地膜覆盖，减少设施地面水分积存时间和面积，降低地面水分蒸发量。采用无滴膜，克服膜内侧附着大量水滴，可明显降低湿度，且透光率比一般农膜高10%～15%。

（2）提高温度 在保证蔬菜幼苗正常生长发育、能耗核算可行条件下，结合考虑与蔬菜种类、育苗地点、育苗茬口密切相关的主要病害种类等，通过温度调节避开主要病原物繁殖的最佳温度。此外，提高设施内气温，对降低设施内空气相对湿度大有益处。在空气水蒸气含量不变的情况下，温度愈高，相对湿度就愈小；温度愈低，相对湿度愈高。

（3）改善光照 ①保持棚膜洁净。棚膜上的水滴、尘土等杂物，会使透光率下降30%左右。新薄膜在使用2d、10d、15d后，棚内光照强度依次减弱14%、25%、28%，因此，要经常清扫，以增加棚膜的透明度，下雪天还应及时清除积雪（图4-63）。

②选用消雾无滴薄膜。无滴薄膜可使水分子沿薄膜面流入地面而无水滴产生，增加棚内光照强度，提高棚温。

图4-63 清洁棚膜

③室内加设生物效应灯、反光幕。早晨提前揭开、傍晚推迟覆盖草帘和保温被等不透明覆盖物，增加设施内光照时间。若条件允许，还可以在设施内悬挂紫外灯，既有杀菌功能，又可防止幼苗徒长。

（4）促进设施空气流动　与降湿类似，尽量加大放风强度和时间。在设施顶部安装环流风机，扰动设施内空气（图4-64）。也可在设施内布设小型风扇，强制带动幼苗上部10～20cm处空气流动。选择上表面具排气孔穴盘，有利于穴盘底部与上部、幼苗茎基部空气流动。

图4-64　布设环流风机

12.5.3　幼苗健化

激发蔬菜幼苗生物学活性，提高蔬菜幼苗自身抗病性，如：

（1）选择抗病品种　蔬菜集约化育苗，选择优良抗病品种，既可以减少苗期发病概率，降低育苗风险，也有利于农户定植后优质丰产。

（2）加强水肥管理　采取适时适度的控水和全面、平衡的施肥策略，防止发生生理性病害，确保幼苗抗性良好表达。或者增施缓效硅肥和水溶性高效硅素化肥，促进幼苗保护组织、机械组织形成。

（3）免疫诱导　喷施化学诱抗物质，如0.01％～0.50％甲壳素、0.5mmol/L苯并噻二唑、1mg/L油菜素内酯、0.1～0.5mmol/L水杨酸等，激发幼苗体内抗性代谢，促进病程相关蛋白和木质素合成，提高幼苗对病原菌的免疫力。

（4）嫁接育苗　选择耐逆、抗病、与接穗亲和性强、对产品品质无不良影响的砧木品种，进行嫁接育苗，提高幼苗的抗病性。如茄子选用托鲁巴姆砧木、黄瓜选用南瓜砧木、西瓜选用葫芦砧木等。

12.6　立枯病和猝倒病具体防治方法

12.6.1　立枯病

（1）病原　立枯丝核菌 *Rhizoctonia solani*，有性世代为 *Thanatephorus cucumeris*。

（2）症状　种子萌发尚未出土前被感染时，腐烂于土中。出土后幼苗遭受侵害时，幼苗茎基部呈水浸状褐变，导致幼苗萎凋死亡。幼苗后期被感染时，土表茎基部组织变成黑褐色，脱水缢缩，茎组织变细，整株生育不良，严重的幼苗茎部折倒死亡。

（3）病原菌生态特性　菌丝分支处略成90°，且有些微缢缩现象，不形成孢子，但能形成褐色菌核。菌核为本菌主要的存活形式及感染源。此外，病菌亦可以菌丝形式存活于植物残体组织内或土壤中。

（4）防治方法　①用香菇菇渣堆肥混合炭化稻壳3∶1（*V/V*），加入微量鱼粉、虾蟹壳粉、菜籽粕及生石灰，制成抑病基质，培育幼苗。②在栽培基质中接种木霉菌。③蔬菜种子用放线菌或枯草杆菌包衣后，再行播种。④化学防治，可用23％菲克利水悬剂4 000倍液，或30％杀纹宁500倍液，或75％灭普宁可湿性粉剂1 000倍液，或23.2％宾克隆水悬剂1 000倍液，或55％贝芬同可湿性粉剂1 000倍液，或21％灭氟灭水悬剂3 000倍，或20％达灭净可湿性粉剂 1 500 倍液叶面喷施。

12.6.2　猝倒病

（1）病原　引起蔬菜猝倒、根腐及种子腐败的腐霉菌有多种，如：*Pythium aphanidermatum*，*P. debaryanum*，*P. utimum*，*P. irregulare*，*P. spinosum*，*P. graminicola*，*P. splendens*。

（2）症状　病菌在植物不同生长期造成的病征，略有差异。当罹病性种子播入含有病菌的基质中，受感染种子不能发芽，出现软腐、褐色及萎缩等症状，最后整个种子会崩解。种子若已发芽，但幼苗未拱出基质表面时即受感染，则受感染部位凹陷呈水浸状，病斑扩大，细胞崩解，幼苗迅速死亡。这些幼苗在出土前受感染所引起的病害，称为"前猝倒病"。出苗后受感染，通常感染部位在茎基部或茎基部略下位置，呈水浸状，变色，细胞迅速崩解。此时幼苗茎基部变细、软化，无法承受整个植株而倒伏，倒伏后病原菌继续为害，直至幼苗萎凋死亡。此种病害称为"后猝倒病"。

（3）病原菌生态特性　病原体包括管状菌丝、游动孢子、游动胞子囊及卵孢子等构造。游动孢子在土壤中遇到寄主植物会萌发，成为病害的主要初感染源，但其在土中存活的时间非常短。因此，病菌主要以卵孢子形式存活于田间。卵孢子具有生理性休眠特性，大量产生于寄主组织中，待寄主组织崩解后，卵孢子裸露于土壤中，并于土表有水或外来营养存在下，直接萌发产生感染菌丝，否则以间接萌发方式产生游动孢子。

（4）防治方法　①利用太阳能或80℃热蒸汽进行基质消毒，太阳能消毒是先预湿基质，然后用0.025mm厚透明塑料布覆盖基质表面，经过1个月左右高温消毒，再使用；热蒸汽消毒，用管路引入80℃热蒸汽至基质中，持续消毒2h左右，再进行播种。②灌注1 000 倍亚磷酸溶液。③基质添加完全发酵的香菇菇渣。④化学防治。可选用30%恶霉灵·精甲霜灵135g/hm²，或350g/L精甲霜灵乳剂 1 800g/ hm²，或70%恶霉灵可湿性粉剂 9 000g/ hm²，或70%丙森锌可湿性粉剂 2 100g/ hm² 兑水叶面喷施。

13　蔬菜苗期虫害防控技术

蔬菜幼苗组织柔嫩，保护组织未建成；集约化育苗规模大、设施内进行、周年育苗、休闲时间短，利于害虫存活和繁衍；许多害虫传播病毒，导致病毒病发生；苗期虫害，严重影响幼苗商品性；害虫种类多，易产生抗药性；商品苗销售范围广，稍有不慎，极有可能造成害虫随苗扩散。因此，蔬菜集约化育苗害虫防治非常重要，必须严格执行预测预报、多措并举、精准施策的综合防控策略。

13.1　苗期常见害虫及为害

13.1.1　蓟马

体型小，长约1.3mm，宽约0.45mm，品种多，隐蔽性强，危害性大。蓟马可为害茄子、黄瓜、辣椒、西瓜、甜瓜等蔬菜幼苗。蓟马成虫、若虫均可造成为害，以锉吸式口器取食幼苗生长点和心叶。受害后，叶片变薄，中脉两侧出现灰白色或灰褐色条斑，表皮呈灰褐色，出现变形、卷曲，生长势减弱。

13.1.2　蚜虫

体长约1.2mm，宽约1.0mm。蚜虫以刺吸式口器吸取汁液，使受害心叶和生长点卷曲畸形，不能伸展。同时，蚜虫分泌蜜露，常引发煤烟病。

13.1.3　白粉虱

体长约1.0mm，宽约0.19mm。白粉虱成虫、若虫均能刺吸幼苗韧皮部的汁液，导致幼苗生长衰弱。同时，成虫、若虫分泌蜜露及蜡质物，诱发煤烟病的发生，导致叶片萎缩、枯萎。

13.1.4　烟粉虱

烟粉虱主要以成虫或若虫直接刺吸和传毒等方式为害幼苗，造成幼苗营养缺乏、生理失调、病毒传播和扩散。烟粉虱属于世界性入侵害虫，分布范围广、寄主种类多、食性杂、繁殖力强，易大规模暴发成灾。烟粉虱已对大多数农药产生了不同程度的抗药性。陈伟强等（2013）对秋冬栽培番茄育苗期烟粉虱的为害情况进行了调查，发现番茄出苗后烟粉虱即开始为害，且至移栽前番茄病毒传入的风险较高，近30%的番茄苗为带毒苗，移栽后也会成为烟粉虱的重要虫源和番茄病毒病的重要病源，说明常规育苗将导致烟粉虱扩散及病毒病严重发生，秋冬栽培的番茄育苗需采用隔离育苗的方法。

13.1.5 斑潜蝇

体长约 2.0mm，宽约 0.5mm。斑潜蝇的成虫、幼虫均对幼苗带来危害。雌成虫飞翔时把幼苗叶片刺伤，进行取食和产卵，幼虫潜入叶片和叶柄为害，产生不规则蛇形白色虫道，叶绿素被破坏，影响光合作用，幼苗生长衰弱。

13.1.6 菜青虫

菜青虫是菜粉蝶的幼虫，主要为害结球甘蓝、花椰菜、白菜、萝卜、油菜等十字花科蔬菜幼苗，幼虫暴食心叶，加上粪便污染，易诱发软腐病。

苗期常见害虫及为害状见图4-65。

白粉虱为害黄瓜幼苗　　　　　茶黄螨为害辣椒幼苗

蓟马为害辣椒幼苗　　　　　　斑潜蝇为害菜豆幼苗

红蜘蛛为害菜豆幼苗　　　　　　烟粉虱为害薄荷幼苗

图4-65　苗期常见害虫及为害状
（图片源自王少丽）

13.2　苗期虫害综合防控技术

13.2.1　科学选择育苗场址

蔬菜集约化育苗场选址时，就应注意害虫防治。

首先，选址应避开害虫迁移路线。为了搜寻寄主、取食和产卵以及躲避不利生境，某些害虫在其生活史的特定阶段，成群而有规律地从一个发生地长距离转移到另一个发生地，以保证其生活史的延续和物种的繁衍，并形成一定的路径，如斜纹夜蛾等。

其次，育苗场周边栽植具有驱虫、避虫、至少不是蔬菜幼苗同类寄主的植物。通常育苗场防护林多选用松柏等树种，兼防风与驱避害虫。

13.2.2 育苗场区内部科学分区设置

育苗场区内部生产区、生活区、服务区等相对分隔，减少人员流动带来的害虫传播。蔬菜集约化育苗场，特别是大型育苗场，单独设立示范观摩学习育苗设施，禁止外来人员随意进入生产区。

场区内部设施周边、排水渠两侧、道路两边，尽量保持整洁，必要时硬化或覆盖地布，防止杂草丛生，谨慎种植绿植和驱虫植物。如：大蒜可以驱避蚜虫、根蛆、白蝇、菌蚊；青蒿可以驱避菜蛾；除虫菊可以驱避多种害虫；薄荷可以驱避菜蛾、跳甲、蚜虫，吸引食蚜蝇和捕食蜂等益虫；洋葱可以驱避十字花科蔬菜害虫。每种植物，因品种、生长发育阶段不同，驱虫效果表现较大差异。

13.2.3 育苗设施出入口阻断害虫

（1）育苗设施或育苗单元大型出入口，设置感应门，及时闭合。

（2）设施出入口外部设置消毒池，对进入人员鞋底进行消毒处理。

（3）育苗设施出入口、放风口，以及湿帘风机内外空气交换口尽量安设40～60目防虫网（图4-66）。

（4）条件允许，育苗设施出入口设计风淋通道。

图4-66　育苗温室湿帘风机空气交换口覆盖防虫网

13.2.4　育苗设施内部综合防控

（1）坚持"整进整出"和清室消毒　完成批次育苗后，及时清理设施内残留幼苗及其组织（图4-67）、杂草、器具，采用高温闷棚，或用石灰水和药剂对设施内部进行整体消毒处理。

苗床下部地面长期处于潮湿阴暗状态，极容易滋生杂草和害虫，应采取清除杂物、干燥通风、药剂消毒等处理方法进行消毒，对于近地面苗床尤为重要。

图4-67　批次育苗后残留幼苗

（2）选择新型覆盖材料　防虫网原料中加入防紫外波段的添加剂，将害虫的敏感光波段予以阻隔，以较低目数的防虫网实现较好的防虫效果（图4-68），即在保证良好通风的同时，又实现了高效防虫。

保证膜的正常使用寿命不受影响的前提下，选用具有防虫性能的薄膜。

设施覆盖不同颜色的遮阳网，利用害虫的趋色光特性，降低对幼苗的为害。黄色网上停留的粉虱远高于红色网、蓝色网和黑色网，覆盖黄色网的设施内，粉虱的数量明显少于黑色网和白色网。

设施侧立面安装铝箔反光网，粉虱数量明显减少，和普通防虫网相比，蓟马数量由 17.1 头 /m^2 减少为 4.0 头 /m^2（图 4-69）。

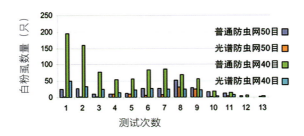

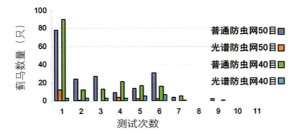

图 4-68　不同目数光谱防虫网与普通防虫网防护效果
（引自张志平，2022）

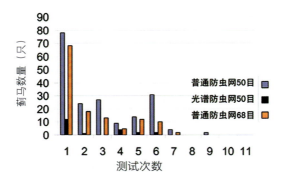

图 4-69　不同防虫网下蓟马数量对比
（引自张志平，2022）

（3）盆栽指示植物 指示植物，是指对环境变化敏感或者对某种金属元素、病虫害反应敏感，能够在一定区域范围内指示生长环境或预报病虫害的植物。通过观察指示植物的生理生态变化，了解该植物所生长地区的环境变化，从而尽早采取控制措施。

具体到苗期虫害防治，指示植物或者对某种害虫特别敏感，在尚未达到大面积为害时，首先表现症状，可以起到预测预报作用。或者受某种害虫青睐，当害虫发生时，首先出现在指示植物上，观测指示植物，即可快速了解害虫有无和虫口密度。

在蔬菜集约化育苗设施内，盆栽少数指示植物（图4-70），定期仔细观测，及时掌握害虫发生动态，改善管理技术措施，提前预防。如：B型烟粉虱侵害后，西葫芦植株表现典型的银叶症状，初期表现为沿叶脉变为银色或亮白色，随后扩大至全叶变为银色，对光的反射增强，是国际认可的B型烟粉虱指示植物。

（4）悬挂色板粘虫和虫情监测 每亩30～50片，均匀间隔悬挂在幼苗上方10～20cm处，每天检查色板害虫的数量，及时掌握设施内害虫发生情况。色板可每月更换一次。图4-71为带有靶心或图案的粘虫带。

图4-70 盆栽指示植物

（5）生物防治 烟粉虱、白粉虱成虫发生数量大于0.1头/株时，可释放丽蚜小蜂等天敌控制其危害。将蜂卡悬挂在幼苗上部，每次悬挂8～10张/亩（约2 000只/亩），蜂卡在设施内均匀分布。每7～10天释放1次，连续释放3～4次。设施内蓟马密度达到25头/株时，按东亚小花蝽：蓟马为1：（25～30）比例释放东亚小

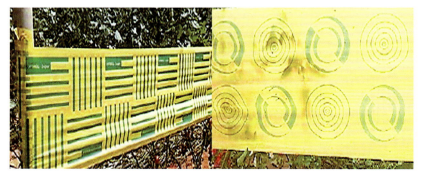

图4-71　带有靶心或图案的粘虫带
(引自张志平，2022)

花蝽，每7 ～ 10天释放1次，连续释放3 ～ 4次。

烟粉虱、温室白粉虱数量4 ～ 10只/叶或200 ～ 400只/株，可喷施400亿孢子/g球孢白僵菌40 ～ 60g/亩（表4-39）。

瓜蚜虫株率超过15%时可选用2.5%鱼藤酮乳油100 ～ 150mL/亩、0.3%苦参碱水剂100 ～ 150mL/亩等兑水喷防。

棕榈蓟马的虫株率达5%或百株虫量达30头时，可喷施400亿孢子/g球孢白僵菌40 ～ 60g/亩。

防治菜青虫，可采用黄绿绿僵菌、反式茴香脑按5：5或4：6或3：7比例混合液，相容性好、共毒系数高。0.5%辣椒碱水乳剂商品量1 500 ～ 2 250mL/hm^2（有效成分用量7.5 ～ 11.25g/ hm^2）均匀喷施，防治花椰菜菜青虫效果较好。

（6）化学防治　应严格遵守《蔬菜病虫害安全防治技术规范》（GB/T 23416.1—2009 ～ GB/T 23416.9—2009）之规定，控制施药量、每季施药次数以及保证安全间隔期。

表4-39　防治烟粉虱推荐使用的药剂、用量、安全间隔期及注意事项

药剂	每亩有效成分用药量（g）	每亩制剂用药量	使用方法	安全间隔期（d）	注意事项
3%高效氯氰菊酯烟剂	4.5 ～ 10.5	150 ～ 350g	点燃	7	每季最多施药1次

（续）

药剂	每亩有效成分用药量（g）	每亩制剂用药量	使用方法	安全间隔期（d）	注意事项
10%异丙威烟剂	30～45	300～450g	点燃	7	每季最多施药2次
10%溴氰虫酰胺悬乳剂	4～5	40～50mL	喷雾	3	每季最多施药3次
50%噻虫胺水分散粒剂	3～4	6～8g	喷雾	7	每季最多施药3次
22.4%螺虫乙酯悬浮剂	4.8～7.2	21.4～32.2mL	喷雾	5	每季最多施药1次
5%高氯·啶虫脒可湿性粉剂	1.25～2	25～40g	喷雾	5	每季最多施药3次，烟粉虱若虫期使用较好
22%氟啶虫胺腈悬浮剂	3.5～5	15～23mL	喷雾	3	每季最多施药2次
400亿孢子/g球孢白僵菌	$1.6×10^4$～$2.4×10^4$亿孢子	40～60g	喷雾	—	包装一旦开启，应尽快用完，以免影响孢子活力
5% d-柠檬烯	5～6.25	100～125mL	喷雾	—	使用时应使作物叶片和枝条等充分着药

注：源自《设施蔬菜病虫害防治技术　第10部分：烟粉虱》（DB 37/T 3414.10—2019）。

成苗出场前，用内吸性药剂25%噻虫嗪水分散粒剂3 000倍液浸根4h，防治苗期害虫进入种植田。

14　蔬菜集约化育苗藻类发生与防控

蔬菜幼苗对极端温度、强光、干旱、风雪等逆境耐受性差，多处于相对封闭的弱光、温暖、高湿环境，水体和肥料溶液及其管路系统、箱体内壁和基质表面、育苗设施地面和覆盖材料表面等部位极易滋生藻类（图4-72）。藻类发生后，在基质表面形成隔膜，阻抑灌水或营养液下渗，干扰根际养分、氧气正常供给，诱发病虫害（Schwarz & Gross，2004；崔江宽等，2021），设施覆盖材料表面和地面藻类滋生，恶化设施内部光照和影响搬运操作，严重危害蔬菜壮苗高效育成。

图4-72　蔬菜集约化育苗藻类的发生

注：左上，温室顶部覆盖材料滋生藻类；上中，床架和通风管路滋生藻类；右上，漂浮育苗水体滋生藻类；左下，简易潮汐育苗床面滋生藻类；下中，穴盘育苗基质表面滋生藻类；右下，营养钵育苗基质表面滋生藻类。

14.1　藻类生长习性

14.1.1　分类

藻类可由一个或少数细胞组成，亦有许多细胞聚合成组织样的架构。按照藻类营养细胞色素组成和含量及其同化产物、运动细胞的鞭毛以及生殖方法，可分为蓝藻（*Cyanobacteria*）、红藻（*Rhodophyta*）、隐藻（*Cryptomonas*）、甲藻（*Pyrrophyta*）、金藻（*Chrysophyta*）、黄藻（*Xanthophyta*）、硅藻（*Bacillariophyta*）、褐藻（*Phaeophyta*）、裸藻（*Euglenophyta*）、绿藻（*Chlorophyta*）、轮藻（*Charophyta*）。

14.1.2　生长习性

主要水生，无维管束，细胞具有质体（或称色素体或载色体），绝大多数藻类能在光照条件下利用CO_2和水合成有机物质，实现光合自养，有些低等单细胞藻类，在一定条件下也能利用甘露醇、海带多糖等有机物质通过化学能转化生长繁殖，生殖器官由单细胞构成，分裂生殖。但是，不同藻类之间生长习性可能迥异，如生长于海洋的海藻，难于生长于地表淡水；有些藻类可生活在水温高达80℃以上温泉，而大部分藻类在12 ~ 25℃环境中生长良好。

影响藻类生长的环境因子主要有：

（1）温度　根据温度适应性分为：最适温小于4℃的冷水性藻；最适温4 ~ 20 ℃的温水性藻；最适温大于20℃的暖水性藻。因温度的适应性，藻类具有明显的时空特异性，如有些蓝藻、绿藻仅在夏天水温较高时出现。

（2）光照　各种藻类对光照强度、光质的要求不同。绿藻一般生长在水表层，而红藻、褐藻则能利用绿、黄、橙等短波光线，生活在深水。

（3）水体化学组成　如蓝藻、裸藻多生长于富营养的水体，并时常形成水华；硅藻和金藻则经常生长在贫营养的湖泊；绿藻和隐藻多生长在营养适中的小型池塘。

（4）种群竞争　生活于同一水域的各种藻类存在共生互生或拮抗作用，如某些藻类能分泌特有化学物质抑制其他藻类的生长。

14.2　藻类发生与危害

14.2.1　主要藻类

藻类明显区别于苔藓，藻类为单细胞或多细胞，多生活于水体环境或长期接触水的器皿表面，而苔藓是小型绿体植物，有茎和叶，多生活于潮湿的物体表面和湿地。蔬菜育苗环境滋生的藻类主要是蓝藻门（也称蓝绿藻门）颤藻属和硅藻门舟形藻属（姚媛媛，2011；崔江宽等，2021）。

颤藻，常见于潮湿的井边、自来水龙头、土表、岩石、稻田、沟渠、池塘、湖泊、沼泽、溪河等各种生境。细胞多短圆柱形。生长适宜温度为15～50℃，最适温度为35℃。最适光照强度约2 000 lx，光周期12h，增加光照强度或延长光照时间对颤藻的影响不显著。适宜pH为6.5～10.0，最适pH为8。喜生活于氮、磷含量较高和有机质丰富的碱性淡水水体。

舟形藻，细胞舟形至椭圆形，可生活于各种水体。生长适宜温度为5～35℃，最适温度为25℃，最适光照强度约1 000 lx，光周期8h，增加光照强度对舟形藻影响较小，光周期超过16h时生长受到抑制。适宜pH为7～10，最适pH为8.5。在一定范围内，N、P对舟形藻生长具有促进作用，但受K浓度影响较小（赵玉翠，2009）。

14.2.2　发生过程

蔬菜集约化育苗环境、水源、基质材料、设施空间、操作器具等均可能因处于低温、干旱、黑暗等条件下，不适于藻类生长时，藻类处于衰亡、休眠状态，种群数量小，肉眼难以观察到。随着环境条件改善，藻类从休眠状态进入复苏状态，恢复生长、繁殖功能，藻类快速繁殖，群体数量逐步增大，随后，进入快速增长期，此时肉眼可见大量藻类在水体、管路系统、基质和潮汐床箱表面、设施地面集聚，甚至在营养液池、漂浮育苗床（池）形成水华。

室内培养发现，颤藻和舟形藻培养5～10d快速生长，15d时生长量达到最大值，15～20d有较大下降趋势，以后处于死亡和产生新个体的动态平衡状态（赵玉翠，2009）。

14.2.3　主要危害

藻类主要通过物理阻隔、营养竞争、分泌毒素、诱发病害等，危害蔬菜幼苗正常生长发育和壮苗高效育成（图4-73）。

（1）物理阻隔　基质表面滋生藻类，特别是干化后，形成"痂"层，阻隔灌水下渗和氧气进入基质；藻类附着于幼苗茎叶，抑制蔬菜幼苗光合与呼吸作用；设施覆盖材料表面滋生藻类，阻隔太阳辐射，影响设施内部光照条件。因此，严重危害蔬菜幼苗正常生长发育。

（2）营养竞争　藻类生长、繁殖必然消耗基质无机、有机养分，与幼苗生长发育形成竞争关系，改变基质养分组成，降低养分对幼苗有效供给。

（3）分泌毒素　藻类还会分泌酸性和毒性代谢物，严重影响幼苗生长发育，甚至造成幼苗萎蔫黄化、早衰死亡等。

（4）诱发病害　藻类滋生，改变蔬菜幼苗生长微生态环境，如细菌、真菌菌群结构和丰度，吸引藻类为食的蚋（小蚊子）、岸蝇，侵害幼苗组织，诱发苗期病害发生和蔓延。

除此之外，藻类在育苗设施地面集聚，导致地面湿滑，危害行人安全，给搬运操作造成不便，降低工作效率。

图4-73　藻类滋生危害蔬菜幼苗正常生长发育

注：左：基质滋生藻类影响幼苗水分和养分代谢，幼苗生长一致性差；中：藻类滋生诱发幼苗病害；右：藻类滋生导致幼苗生长不良。

14.3　藻类防控技术

根据藻类发生途径和生活习性，可通过堵源头、控繁殖、早杀灭，多措并用，综合防控蔬菜集约化育苗藻类滋生、集聚。

14.3.1　堵源头

（1）水源，特别是池塘地表水和浅井水，是藻类最重要来源，应做好蔬菜育苗灌溉用水过滤消毒（吴启龙等，2013）。

（2）育苗前，彻底清洁设施内部空间，包括墙体、地面、苗床、灌溉管路等，清除积水，通风降湿。

（3）设施地面覆盖黑色地布，抑制地面藻类发生，阻断藻类由地面向设施空间蔓延途径。

（4）做好育苗基质、育苗容器、育苗器具、肥料（特别是有机肥）卫生与消毒。

（5）操作人员进入育苗设施，手部、鞋底做好消毒，勤洗工作服，有条件的话，尽可能在出入通道安装风淋装置。

14.3.2　控繁殖

蔬菜幼苗生长适宜环境，如温度、湿度、光照、营养，非常适合藻类滋生，因此，很难通过环境控制藻类生长、繁殖。如漂浮育苗，营养液池暴露在空气中、阳光下，必然滋生藻类，但是，可以通过苗期精准管理，尽可能控制藻类繁殖速率。

（1）改变蔬菜苗期灌溉方式。循环封闭式潮汐灌溉替代开放式顶部喷灌、漂浮灌溉，降低基质表面和设施环境湿度，消除育苗设施地面积水。即使是潮汐灌溉，也要严把施工质量，确保床箱内灌水或肥料溶液排得畅、排得净，不留任何积水。拒绝采用白色排灌水管，保证管路不透光。

（2）优化蔬菜育苗基质理化性状。通过基质物料选择和科学配比增强基质吸水透气性能，尽可能缩短基质表面潮湿时间，延长干燥时间。

（3）选择适宜的蔬菜育苗容器，如锥形、较深（或容器高度）、上表面带排气孔和导流槽的穴盘，更利于基质表面干燥。

（4）加强通风和设施内部空气扰动。通过设施顶、侧通风和设施内部安装环流风机，增强设施内部空气流动性，有利于抑制藻类繁殖。

（5）定期清洗或更换育苗设施覆盖材料。

14.3.3　早杀灭

杀灭藻类的方法主要有物理、化学、生物学方法，其中化学方法应用更普遍、高效。

（1）物理方法　254nm左右波长的紫外线辐射，可穿透藻类细胞壁，破坏藻类细胞的细胞质，使细胞失去活性达到杀灭效果（陈宁、孙玉科，2012）。采用等离子体，当曝气量为500mL/min，处理时间10min，灭藻率接近100%（依成武等，2011）。

（2）生物学方法　向灌溉水或育苗基质接种食藻或裂藻微生物，如枯草芽孢杆菌、乳酸片球菌、产朊假丝酵母菌等有效杀灭藻类。

（3）化学方法　采用化学药剂，通过喷施、浸泡等方法进行有效灭藻，药剂种类、药剂浓度、使用方法、作用时间非常重要。常用的化学灭藻剂有硫酸铜、过氧化氢、二氧化氯和季铵盐等；蔬菜育苗常用杀菌剂，如精甲·咯菌腈、甲基托布津、噁霉灵、代森锰锌等，兼具灭藻作用（姚媛媛，2011）。

近年来，一些新型化学材料也被用于防控藻类发生。王明耀等（2023）将金属离子（Cu^{2+}）和天然植物多酚（杨梅单宁、橡椀单宁、塔拉单宁、单宁酸）自组装形成的铜（II）-多酚纳米复合物，能够黏附于藻类细胞表面并缓慢释放铜离子，从而引起藻类细胞的氧化损伤和藻类细胞的死亡，实现长期有效的抑藻效果。

藻类和蔬菜幼苗均是生命体，藻类杀灭也可能伤害幼苗。因此，藻类杀灭时，一定要严格掌握处理剂量和处理时间，做到科学、精准（表4-40）。

表4-40　蔬菜集约化育苗主要灭藻剂及使用方法

商品名称	制造商	使用方法	备注
百时清	上海永通生态工程股份有限公司	灌水灭藻：稀释1×10^5倍，1~2周添加一次。初次处理时要适当加大用药浓度，但最高浓度不宜超过1×10^4倍。 叶面灭藻：稀释3×10^3~5×10^3倍，幼苗叶面喷施。 设施灭藻：稀释500倍，喷施育苗设施覆盖材料、地面、苗床等。	①不可与肥皂水、洗衣粉混用；②溅洒到皮肤或眼睛，请立即用大量清水冲洗；③储存和使用时远离儿童、宠物和牲畜；④接触本产品后请洗手；⑤本产品不可食用。

（续）

商品名称	制造商	使用方法	备注
害浊剋	荷兰英特凯乐有限公司（Intracare）	水箱灭藻：①关闭水箱的进水阀；②排净灌溉系统余水；③测算水箱总储水量；④按照总水量的125%，重新注水至水箱；⑤向水箱里加入2%～3%害浊剋；⑥静置12h，排出药水，并清洗水箱。管路消毒：①将盛装害浊剋的容器直接连到加药器，并将加药器的添加率调到2%；②注入灌溉系统，并打开排水阀门；③当发现带气泡液体排出后，关闭进水阀和排水阀；④静置12h，清水冲洗管路。	①避免置于高温、阳光直射条件下；②不可倒置或侧放；③兼具杀菌作用，对细菌性青枯病、软腐病有良好防效。
KS-360氧化性杀菌灭藻剂	山东艾克水处理技术有限公司	①将盛装KS-360的容器直接连到加药器；②注入灌溉系统，使加药量达到80～99.9 mg/L；③静置12 h，清水冲洗管路。	①pH 11.0±2，强碱性；②操作时应注意劳动保护，避免与皮肤等直接接触。
精甲·咯菌腈（亮盾）	先正达（中国）投资有限公司	6.25%精甲·咯菌腈用水稀释400～500倍，进行浸泡灭藻。	①不宜喷施；②药剂保存和运输，避免高温和潮湿环境；③兼具杀菌作用，能有效防治苗期猝倒病、立枯病、根腐病等。
二氧化氯	化学试剂	将二氧化氯溶于水，配制成0.5～10 mg/L水溶液，喷洒或浸泡。	①属强氧化剂，有较强腐蚀作用；②震动、撞击和摩擦易爆炸；③遇高温、光照易分解，储存和运输应避免高温和光照；④兼具杀菌作用。
季铵盐	化学试剂	按系统总水量，每立方灌溉水加入季铵盐300～900g，7～10d投放一次。	
硫酸铜	化学试剂	将硫酸铜用水溶解，配制成0.025%的水溶液，喷洒或浸泡。	

15 蔬菜集约化育苗场的科学规划与设计

蔬菜集约化育苗场，通过科学的规划设计，明确基本建设条件，确定投资规模水平，优化结构配置和功能布局，降低无谓损耗和经营风险，对育苗场高效运转和未来发展至关重要。

目前，我国运行的蔬菜育苗场绝大多数源于已往设施蔬菜生产基地的改造，或农业科技示范园区的育苗小区，规模化蔬菜商品苗生产、销售的育苗场还比较少，因此，难以体现育苗场规划设计的科学性、先进性、合理性。

15.1 场地选择与勘查

15.1.1 场地选择

查阅历史气象资料，依据地理位置、地形地块、水源及水质、劳动力来源、可扩展性等初步确定育苗场场址。

（1）地理位置 远离蔬菜种植区，增加商品苗销售运输、售后服务、供求双方信息交流成本，反之，紧邻蔬菜种植区，病虫害危害概率增加。虑及我国商品苗运输工具、道路状况、种植规模等，距离规模化种植基地10～50km，200km半径内（大约3～5h车程）销售量占年出苗量80%以上为宜。同时，要避开害虫迁移路线，否则，害虫防治非常困难。

（2）地形地块 方形地块更有利于集聚育苗场各组成部分，缩短育苗场内部的运行距离。相关统计表明，用工薪酬占育苗场运营成本30%～40%，而60%用工时间是搬运生产资料和幼苗。1%～2%的坡度更有利于排水，但是，坡度＞15%则不利于水土保持。

（3）水源 育苗离不开优质水源。无论地下井水、水库储水、蓄积雨水、河流水，育苗水源必须具有适宜的pH值、EC值、硬度及钠离子、氯离子、重金属离子含量等（表4-41），还不能有病原物、水藻、重金属等污染。

表4-41 蔬菜育苗用水水质主要参考指标及适宜范围

项目	适宜范围（mg/L）	项目	适宜范围（mg/L）
S（SO_4^{2-}）	≤ 50	Na	< 50
P	0.005 ~ 5	Al	< 5.0
K	0.5 ~ 10	Mo	< 0.02
Ca	40 ~ 100	Cl	< 100
Mg	30 ~ 50	F	< 0.75
Mn	0.5 ~ 2	硬度	100 ~ 150 mg（$CaCO_3$）/L
Fe	2 ~ 5	pH	6.5 ~ 8.0
B	< 0.5	EC值	< 0.75mS/cm
Zn	1 ~ 5	碱度	0.75 ~ 1.3meq/$CaCO_3$
N（NO_3^-）	< 5.0	SAR	2meq/L
Cu	< 0.2		
EC值	0 ~ 0.25，纯水，无盐害；0.25 ~ 0.75，正常，较少盐害危险；0.75 ~ 2.0，可能会造成盐害；2.0以上，极容易造成盐害		

注：1.参照美国温室作物生产水质要求和中华人民共和国国家标准《农田灌溉水质标准》（GB 5084—2021）第三类蔬菜作物。

2. SAR：指Na^+的吸收率，当Na^+浓度超过40mg/L，SAR将大于2，降低Ca^{++}、Mg^{++}的利用率。

3. 1meq/$CaCO_3$=50mg/L $CaCO_3$。

（4）可扩展性　我国蔬菜集约化育苗尚处于发展阶段，在目前市场需求拉动和规模效益驱动下，未来我国集约化育苗场的规模将呈快速扩大的趋势。21世纪初，我国蔬菜育苗场年育苗量多为200万 ~ 500万株，近年来年育苗量多为1 000万 ~ 5 000万株，大中型育苗场已很常见。因此，育苗场的初始设计应当虑及将来的规模扩展。

15.1.2 场地勘查

（1）踏勘　应对初步确定的育苗场地进行实地踏勘和调查访问，了解场地的土地使用权归属、使用现状、历史、地势、小气候特点、土壤、植被、水源、交通、病虫害以及周围的环境。

（2）测绘地形图 平面地形图是进行育苗场规划设计的依据，比例尺要求为1/500～1/200，等高距为20～50cm。与设计直接有关的山丘、河流、湖泊、水井、道路、房屋等地形、地物应尽量绘入。对场地的土壤分布和病虫害情况亦应标清。

（3）土壤调查 根据场地自然地形、地势及指示植物的分布，选定典型地区，分别挖取土壤剖面，观察和记载土层厚度、组成、酸碱度（pH值）、地下水位等，必要时可分层采样进行分析，弄清场地内土壤类型、分布、肥力，并在地图上绘出土壤分布图，以便合理使用土地。

（4）病虫害调查 调查场地内的地上、地下病虫害。一般采用抽样方法，每公顷挖土样10个，每个面积0.25m^2，深10cm，统计害虫数目。并通过场地种植作物和周围植物病虫害发生情况，判断病虫害发生程度，提出应对策略。

（5）气象资料的收集 向当地农业管理部门、气象台或气象站了解场地相关气象资料，如无霜期、早霜期、晚霜期、晚霜终止期、全年及各月平均气温、绝对最高和最低气温、表土层最高温度、冻土层深度、年降水量及各月分布情况、最大一次降雨量及降雨历时数、空气相对湿度、主风风力和方向等。

15.2 设计原则

（1）规模适度原则 年出苗量不易过大或过小，目标规模以年出苗量3 000万～5 000万株、年满足12 000～40 000亩蔬菜种植需求为宜。

（2）循序渐进原则 根据生产需求和销售情况，育苗规模由小到大，设备配置逐步完善，杜绝育苗伊始技术水平、市场信息不甚精准条件下，贪大求洋，一次性巨额投资。

（3）节能高效原则 根据蔬菜商品苗应茬生产与需求量，选择建设节能、省工、低成本育苗设施。

（4）功能多样原则 可围绕育苗核心任务，展开新品种比较试验、新技术研发、信息网络服务等工作；或者在蔬菜育苗间隙，增加已建设施的利用效率，适当生产短期特色叶菜、园林花卉种苗。再者，为了增加收益，强化服务，扩大影响，扩展良种、农药、肥料等农资销售功能。

15.3 规划主要内容

15.3.1 总体布局

图4-74为育苗场总体布局示意图。通过科学布局，缩短员工往返各工作区及物料搬运的距离，便于客户业务接洽，提供良好的育苗场外在形象，起到内节约、外促销的良好效果。

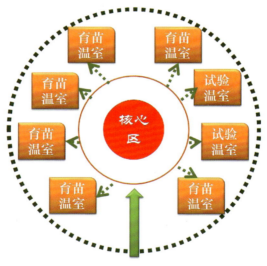

图4-74 育苗场总体布局示意图

15.3.2 生产用地

主要指场地内直接用于规模化育苗、新品种试验示范的部分。

（1）播种车间（图4-75） 可以说是育苗场的核心区，通常采用钢架结构类型，地面用混凝土硬化。整个车间至少两个通道，一个作为主要通道，供员工和物料大量进出，另一个作为辅助通

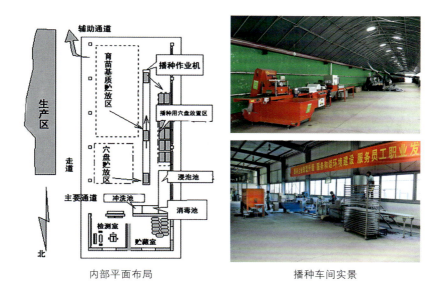

内部平面布局　　　　　　　　　播种车间实景

图4-75　播种车间

道，主要用于播种或催芽后向生产区输出。

　　播种车间内部又可分为若干小区：①育苗基质储放区。②育苗容器储放区，如放置新购置、洁净的空穴盘。③检测室。作种子萌发试验、基质理化测定等用，也可兼播种车间的办公室。④储藏室，存放临时用的种子、农药、肥料、小型易损零部件等。⑤清洗区，用于冲洗、消毒、浸泡穴盘等器材，由相互分隔的混凝土或不锈钢池组成。⑥播种区，可以是基质填充–打孔–播种–冲淋–覆盖–传送流水线精量播种机作业的区域，也可以是以单一播种机、辅以人工混合作业，甚至全人工播种的区域。此外，如果播种车间足够宽阔，催芽室也可建造在播种车间，催芽室为可控温、控湿、封闭式，面积约为育苗温室苗床面积的5%～10%，若育苗温室苗床面积6 000m²，催芽室面积只需300～600m²。

　　（2）商品苗生产区　占育苗场面积最大的区域，面积取决于育苗数量，结构型式取决于地理区位、蔬菜种类和育苗季节等。

目前，育苗设施最大利用率为60%～80%（或苗床面积占设施内部面积的比例），每平方米苗床约可放置6个标准规格穴盘，由此可以根据批次最大播种量，确定商品苗生产区面积。

（3）新品种引进试验示范区 根据蔬菜商品苗销售、种植区域产品目标市场、生产习惯、栽培制度、病原情况等，不断引进优良新品种，开展集约化育苗，是育苗场效益保证和稳定发展的关键之一。但是，品种更新具有一定风险，为了确证新品种的可推广性，育苗场建立适当规模的新品种引进试验示范区是必要的。示范区兼起自身所育秧苗栽培期展示作用，吸引更多的购苗客户。

此外，育苗场总要不断进行育苗技术革新和创新，如基质配方改进、水肥试验、药效试验等，每次新技术应用，都应观测幼苗定植后的表现，减少新技术应用风险。

15.3.3 辅助设施设计

（1）办公区（楼） 办公区提供政务管理、物流管理、财务管理、信息管理、分析检测等场所，外来业务和内部业务比较集中，应标识清晰。办公区周边应有指向各区域的路标。

（2）排灌系统 排灌系统是育苗场的重要组成，通常由专业人士完成。根据地形特点（如地块坡度）、道路布局、育苗场各功能分区，设计排灌系统。排水系统对地势低、地下水位高及降水量多而集中的地区尤为重要。排水系统由大小不同的排水沟组成，排水沟分明沟和暗沟两种，目前采用明沟较多。

灌溉系统包括水源、提水设备和引水设施三部分。水源主要有地面水和地下水两类；提水设备现多选用抽水机（水泵），可依育苗场育苗的需要，选用不同规格的抽水机；引水设施有地面渠道引水和暗管引水两种。

（3）道路系统 一级路（主干道）是苗圃内部和对外运输的主要道路，多以办公室、管理处为中心，设置一条或相互垂直的两条路为主干道，通常宽6～8m；二级路通常与主干道相垂直，与各耕作区相连接，一般宽4m，其标高应高于耕作区10cm；三级路是沟通各耕作区的作业路，一般宽2m。

（4）包装出苗区　主要是成苗包装、装载、出苗。

（5）维修区　大、小型农机设备和运输车辆停放及维修保养区域。可以是敞棚避雨结构或钢架结构，占地面积和高度依据设备多寡、高低而定。油料存放此地，更应加强消防安全。肥料、农药等也可毗邻建屋存放。

（6）员工休憩区　供员工更衣、休憩、冲淋的场所，加温设施如锅炉房可以毗邻而建。

（7）围栏和防风带　育苗场外围设置铁丝网、木制围栏，以防止动物和进入造成破坏的风险。也可以在育苗场小范围内设置围栏。在育苗场的上风口种植杨树、松树、柏树等，能够有效地防止强风的侵袭，稳定育苗场内部气流，减少强风危害。通常，防风带宽5～9m，由3～5行树组成，并且树种尽可能乔木与灌木结合。

16　蔬菜集约化育苗操作技术模式

技术模式的核心是集成品种选择、种子处理、基质配制、环境控制、水肥供应、病虫害防治、成苗包装运输等多项技术，构建科学、安全、高效蔬菜集约化育苗技术链，提高蔬菜集约化育苗成苗率，保证优质壮苗供应和促进蔬菜产业发展。

16.1　品种选择

蔬菜品种的选择应遵循原则：

（1）根据商品苗目标销售区域蔬菜种植情况，选择适合该区域栽培的优良品种，如从外地引进新品种，应通过适应性试验证实适合当地气候特点、栽培技术特点后，方可用于集约化育苗。

（2）根据蔬菜产品目标市场要求，选择商品性状符合销售需求的品种，或适销对路的品种，否则，丰产未必高效，集约化育苗效益也无法体现。

（3）根据栽培方式，选择适合如保护地栽培、露地栽培及春提早栽培、秋延后栽培、越冬栽培等的品种。

（4）根据种植地主要病虫害种类，选择主抗某些病虫害的品种，可以有效减少育苗和菜农种植风险。

16.2　育苗设施选择

（1）北方地区　冬春季育苗选择节能高效日光温室，应配备热风炉、空气源热泵等加温装置；夏秋季育苗选择塑料大棚、连栋塑料温室。

（2）南方地区　选择塑料大棚、连栋塑料温室，内设多层覆盖装置，外设遮阴装置，配置湿帘风机降温系统和热风炉等加温系统。冬春季育苗采取多层覆盖，并根据需要开启加温装置；夏秋季育苗外覆盖遮阳网，并根据需要开启湿帘风机降温装置。

要求育苗设施结构坚固，覆盖材料密封性好，日光温室墙体无缝隙，育苗设施所有通风口和管理人员出入口处覆盖50目以上防虫网。图4-76为钢架结构塑料覆盖育苗设施。

图4-76　钢架结构塑料覆盖育苗设施

16.3 播种前准备

16.3.1 相关资材准备及设备调试

集约化育苗必需的种子、穴盘、基质原料、肥料等按育苗量计算、准备，对播种设备、催芽设备、环境调控装置、灌溉施肥装置、嫁接器具等进行调试，确保可以正常使用。

16.3.2 设施覆盖

播种前1～2个月，彻底清理育苗设施内及周边杂物、杂草，平整设施地面，架设苗床，覆盖塑料薄膜，稳定设施内小气候。

16.3.3 设施消毒

（1）日光高温闷棚 夏季高温休作期选择连续晴好天气，室内地面洒水，密闭育苗设施，连续暴晒2周，使棚温持续 $60 \sim 70℃$，空气相对湿度80%以上，有效杀灭室内依存的病原菌、害虫及其虫卵。

（2）药剂熏蒸 可选用以下任何一种方式进行药剂熏蒸消毒：

①甲醛-高锰酸钾熏蒸。每 $667m^2$ 用 $1.65kg$ 甲醛加入 $8.4kg$ 开水中，再加入 $1.65kg$ 高锰酸钾，产生烟雾，封闭48h。

②硫黄-敌敌畏熏蒸。每 $667m^2$ 用硫黄粉 $3 \sim 5kg$ 加 $0.5kg$ 50% 敌敌畏乳油，分散点燃，密闭24h。

③百菌清-敌敌畏熏蒸。每 $667m^2$ 用75%百菌清粉剂0.5 ～ 0.7kg 加80%敌敌畏乳油0.6g，与锯末混匀后，分散点燃，密闭24h。

16.3.4 基质配制

（1）基质混合 选择洁净的混凝土硬化地面，或铺设干净厚塑料布，或采用基质混拌机，将有机组分（如草炭、腐熟有机肥、椰糠、菇渣、蔗渣、树皮粉等）与无机组分（如蛭石、珍珠岩、河沙、煅烧土等）按照一定体积比混配均匀，形成育苗基质。

若基质偏酸，可以通过添加白云石粉调节pH，若基质偏碱，可以雾喷低浓度磷酸、硝酸调节pH。通过添加单一或复合化学肥料调节EC值和养分水平。基质必须混拌均匀，且达到蔬菜育苗基质标准。

（2）基质消毒　当基质原料来源明确，储放环境良好，可以省去基质消毒环节。当基质组成复杂，无法确定基质中病原菌、害虫存在与否和数量时，可采用下述方法之一进行基质消毒。

①蒸汽消毒。将基质装入柜内或箱内或堆置（体积$1 \sim 2m^3$）覆盖厚塑料膜，用通气管通入高温蒸汽，$70 \sim 90℃$高温下持续20min。

②福尔马林消毒。每立方米基质喷洒10L福尔马林100倍液，拌匀，覆盖塑料薄膜闷$7 \sim 10d$后，去除塑料薄膜，充分翻晾基质，使基质中的福尔马林充分散去后再使用。

③氯化苦熏蒸。将基质整齐堆放30cm厚，隔20cm间距向基质15cm深度处注入氯化苦药液$3 \sim 5mL$，并立即用基质堵塞注射孔。一层基质注射完后，在其上铺同样厚度的基质，依此可处理3层，覆盖塑料薄膜熏蒸$7 \sim 10d$，去除塑料薄膜，充分翻晾基质，完全散去基质残余氯化苦，再使用。

（3）基质用量　按每立方米基质填装穴盘数量和每次播种总量，确定每次基质混拌数量。

16.3.5　穴盘选择与消毒

（1）穴盘选择　采用聚乙烯吹塑穴盘或泡沫穴盘。若是聚乙烯常规吹塑穴盘，标准规格为长×宽=540mm×280mm。建议黄瓜、西瓜等选择50孔穴盘，番茄、茄子选择72孔穴盘，辣椒选择105孔穴盘，花椰菜等甘蓝类选择128孔穴盘，芹菜可选择200孔穴盘。

视频内容请
扫描二维码

同一规格穴盘，宜选择多角形、较深孔穴的穴盘。孔穴深利于排水，多角形较圆形利于通气。图4-77为各种形式的育苗穴盘。

（2）穴盘消毒　对于新购置的穴盘，用洁净的自来水冲洗数遍即可使用。对于重复使用的穴盘，可采取下列步骤清洗、消毒：①用高压水枪、肥皂水清洗净污垢。②用2%～5%季铵盐或2%次氯酸钠水溶液浸泡2h，或者用$70 \sim 80℃$高温蒸汽消毒30min。③洁净的自来水冲洗。④晾晒，使附着穴盘的水分全部蒸发。

4" x 14" pots

13"square x 10" high tray
(tray sold separately)

图4-77 各种形式育苗穴盘

16.4 种子消毒处理

对于已经包衣或丸粒化的种子，可不再进行种子消毒处理，但对于未经消毒处理的种子，必须采取适当的消毒处理措施，防止种传病害的发生和扩散。

16.5 播种与催芽

（1）基质预湿 将配制好的基质加水至相对含水量50%左右，并堆放2～3h，保证基质湿度均一。

（2）基质装盘 将基质装入选定穴盘，使每个孔穴都装满基质，表面平整，装盘后各个格室应能清晰可见，穴盘错落摆放，避免压实。填装基质时，尽量使穴盘间、孔穴间基质填装量和紧实度保持一致，为后期水肥吸持和幼苗生长一致性创造条件。

（3）播种 将装满基质的穴盘压穴，每穴播种1粒（如瓜类、茄果类蔬菜）或多粒种子（如葱蒜类、叶菜类蔬菜），根据种子大小播种深度0.5～2.0cm，蛭石、珍珠岩覆盖，喷淋水分至穴盘底部渗出水为宜。播种深度影响出苗时间和出苗率，播种深度一致性影响出苗一致性（图4-78）。播种时，尽量使种子落入孔穴中央，保证出苗后幼苗间距的一致性。

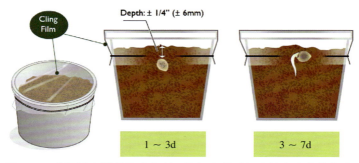

图4-78　选择适宜播种深度有利于缩短出苗时间和提高出苗整齐度

（4）催芽　播种后的穴盘转运至催芽室，穴盘错落放置，也可以放置在标准催芽车隔板上，人工控制催芽室温度，空气相对湿度95%左右，当有50%种子拱出基质时，完成催芽。对于小规模育苗模式，也可采取催芽后人工播种的方式。

16.6　苗期管理

16.6.1　幼苗发育阶段划分

为了便于管理和说明，通常将整个育苗过程划分为Ⅴ个阶段（表4-42）。

表4-42　幼苗发育阶段及形态变化

阶段	名称	形态特征
Ⅰ	出苗期	播种至出苗，种子萌发和胚根、下胚轴伸长
Ⅱ	子叶平展期	出苗至子叶平展，下胚轴伸长
Ⅲ	第1真叶发生期	子叶平展至第1片真叶展开，上胚轴伸长

（续）

阶段	名称	形态特征
IV	真叶发育期	第1片真叶展开至成苗标准规定的所有真叶展开
V	驯化期（或炼苗期）	培养幼苗适应种植环境的能力

16.6.2　环境管理

（1）温度　采用变温管理方式，即：①昼夜温度变化，一般昼间平均温度要高于夜间平均温度8 ～ 10℃。②发育阶段温度变化，在第 I 阶段，为了促进种子萌发和出苗，通常温度较高；在第 II 和第 III 阶段，为了防止胚轴特异伸长和形成徒长苗（或高脚苗），通常降低日平均温度；在第 IV 阶段，按照每种蔬菜适宜的温度范围进行常规管理；在第 V 阶段，温度管理应尽量接近定植地环境温度，如春季定植，定植环境温度较低，幼苗驯化温度也应降低。

育苗设施内温度调控可以采取通风、保温覆盖或遮阳覆盖、开启加温或降温设备等方式。

（2）光照　第 I 阶段，种子萌发通常不需要光照，但临近出苗前数小时，开启光源，初生胚轴可以感知穿透基质表面的光照，提前启动绿化进程，抑制胚轴过快伸长，特别当基质湿度大、胚轴生长速度快的蔬菜种类，效果尤为明显。在第 II 阶段，子叶刚拱出基质，非常柔嫩，若设施内光照较强，可覆盖50% ～ 70%遮光率的遮阳网，防止强烈的阳光灼伤幼苗（特别是子叶），随着幼苗转绿和含水量下降，逐步揭去遮阳网。在第 III 和第 IV 阶段，应尽量增加光照时间和光照强度，直至进入第 V 阶段，应接近定植地的光照条件。

当遭遇大雪、连阴天气，光照强度和光照时间无法满足幼苗发育需要，应采取人工补光或适当揭开不透明覆盖物，满足光合和光形态建成需求。

（3）水分　顶部喷灌条件下，每次灌水应将整个孔穴基质灌透，以排水孔有水滴溢出为止。在第Ⅰ～Ⅲ阶段，应延长灌水间隔时间，适当降低基质含水量，防止幼苗徒长。在第Ⅳ阶段，保持基质正常的干湿交替，每次不可使基质太干甚至表面结皮，以免下次灌水时水分无法渗透下去，也不可太湿，以免幼苗含水量过高，抗性下降。在第Ⅴ阶段，应适当降低基质含水量，提高幼苗对定植地的适应性。

潮汐灌溉条件下，为了防控幼苗徒长和良好株型育成，可以采用基质非饱和灌溉。

(4) 二氧化碳（CO_2） 幼苗生长发育期间，为了促进幼苗光合作用，在第Ⅲ～Ⅴ阶段，可采取CO_2施肥器或CO_2气瓶进行苗期CO_2施肥，使育苗设施内CO_2浓度由300μm/L左右提高到800～1 200μm/L。

(5) 养分 随幼苗生长发育，逐渐加大施肥量（包括施肥频度和施肥浓度），在第Ⅰ、Ⅱ阶段，通常不需施肥，基质所带肥料完全可以满足幼苗发育需要。在第Ⅲ阶段，根据叶色可每周施1次50～100mg/L N浓度的完全肥料。第Ⅳ、Ⅴ阶段，可以每周施2次200～300mg/L N浓度的完全肥料。

(6) 综合管理 不同蔬菜种类和品种，苗期生长发育速度和对环境条件要求也不尽相同，同一品种，各个发育阶段对环境的适应性及要求也不相同。

与幼苗生长发育阶段相应的管理要点见表4-43。

表4-43 与幼苗生长发育阶段相应的管理要点

发育阶段	温度（℃）	光照强度	空气相对湿度（%）	基质相对湿度（%）	肥料施用	
					频度（次）	N浓度（mg/L）
Ⅰ	较高	弱	高	高	0	0
Ⅱ	低	中	低	低	每周1次	50～100
Ⅲ	中	强	低	低	每周1～2次	100～150
Ⅳ	低	强	中	中	每周2次	150～200
Ⅴ	高或低	强	低	低	每周2次	200～300

16.6.3　病虫害防治

采取农业防治、物理防治、生物防治、化学防治相结合的方法，对苗期病虫害实行绿色综合防治。

（1）农业防治措施　包括：清洁育苗设施内部和周边，拔除杂草，减少病虫传播源；抗病、耐逆优良品种选择；加强苗期环境管理，因时（幼苗发育阶段）灌溉施肥，培育壮苗，提高幼苗自身的抗病耐逆性；成苗后，及时定植，防治幼苗在穴盘中老化，并加强幼苗运输中的环境控制，避免长途运输中幼苗弱化、染病。

（2）物理防治措施　包括：高温消毒；防虫网的规范使用；悬挂黄板、蓝板，减少蚜虫、粉虱、斑潜蝇等虫口密度；在育苗设施内部张挂反光幕，增加光照，趋避害虫；在育苗设施外部，设置诱杀灯等。

（3）化学防治措施　药剂防治应严格按照GB 4286、GB/T 8321规定执行。

16.6.4　成苗标准

苗龄适当；叶色浓绿，茎粗壮、节间长适宜，子叶完整；根系嫩白密集，根毛浓密，成坨性良好，起苗不散坨；秧苗整齐度好；不携带病原物；耐逆性强，定植后缓苗快。主要蔬菜成苗标准及苗龄见表4-44。

表4-44　主要蔬菜成苗标准和苗龄

蔬菜种类	苗龄（d）	真叶数（片）	蔬菜种类	苗龄（d）	真叶数（片）
黄　瓜	15～25	2～3	花椰菜	25～30	5～6
甜　瓜	30～35	3～4	结球甘蓝	25～30	5～6
辣（甜）椒	30～45	8～9	抱子甘蓝	25～30	5～6
茄　子	30～50	5～6	大白菜	15～20	3～4
番　茄	30～50	4～5	芹　菜	50～55	5～6
芦　笋	40～45	3～5(分蘖数)	生　菜	35～40	4～5

16.7　成苗包装和储运

幼苗达到成苗标准，降雨等气象因素导致无法及时出苗，需在圃存放时，为了延缓幼苗生长，又不至于造成幼苗老化，应适当降低育苗设施温度至12～15℃，施用少量硝酸钙或硝酸钾，光照强度控制在2.5万lx左右，灌水以保证幼苗不萎蔫为宜。

成苗包装可采用标准瓦楞纸箱、塑料筐、转运车等，但必须标明蔬菜种类、品种名称、产地、育苗单位、苗龄等基本信息。长途运输时，应尽量选择厢式货车（图4-79），保持车内温度12℃左右，基质相对含水量75%左右，并进行间歇式通风。幼苗到达定植地后，及时定植。

图4-79　蔬菜成苗包装与运输

17 蔬菜集约化育苗管理技术模式

蔬菜集约化育苗场作为农业企业，产品主体是具有生命机能的幼苗，生产过程对自然条件的依赖性强，销售市场是分散的种植农户，加之蔬菜育苗种类较多，因此，蔬菜集约化育苗场的经营具有自然风险大、经济效益不确定、经营决策和市场竞争比较复杂等显著特点，建立高效的管理模式，提高科学管理水平，对蔬菜集约化育苗场持续、安全、高效运行非常重要。

17.1 建设规模与项目组成

17.1.1 基本原则

蔬菜集约化育苗场的建设，应综合考虑区域蔬菜产业发展规划、政策法规、资源禀赋、市场需求和投资能力、建场条件、劳动力资源、技术水平等因素，确定合理的建设方案和投资规模。

17.1.2 规模划分

育苗场的建设规模，按年出苗量可划分为Ⅳ类（表4-45）。

表4-45 蔬菜集约化育苗场建设规模划分　　单位：万株／年

类别	Ⅰ类	Ⅱ类	Ⅲ类	Ⅳ类
年出苗量	200 ~ 500	500 ~ 1 000	1 000 ~ 5 000	> 5 000

17.1.3 项目组成

蔬菜集约化育苗场的项目构成，按功能要求，可由育苗设施、辅助性设施、配套设施、管理及生活服务设施四部分组成。

（1）育苗设施　培育蔬菜幼苗的保护性结构，如日光温室、塑料大棚、连栋温室、网室、催芽室、愈合室等。

（2）辅助性设施　为幼苗培育、商品苗销售提供直接服务的设施设备，如播种车间、消毒池、仓储间、检测室、新品种试验田等。

（3）配套设施 为育苗提供基本保障条件，如灌排系统、电力系统、道路系统、通信系统、机修车间、运输工具等。

（4）管理及生活服务设施 为育苗提供行政管理和生活服务，如办公室、休息室、食堂等。

各类蔬菜集约化育苗场对建设项目的要求见表4-46。

表4-46 各类蔬菜集约化育苗场对建设项目的要求

类别	建设水平	项目要求
Ⅰ	低	建有育苗设施和配套设施，其他设施或兼用，或缺
Ⅱ	中	建有育苗设施、配套设施，并具有一定辅助性设施
Ⅲ	高	育苗设施、辅助性设施、配套设施、管理及生活服务设施相对完备
Ⅳ	高	育苗设施、辅助性设施、配套设施、管理及生活服务设施非常完备

17.2 选址与建设条件

（1）场址选择应充分进行方案论证，符合国家有关土地使用、资源节约、环境保护的相关政策法规的规定。

（2）育苗场环境应符合《绿色食品 产地环境标准》（NY/T 391—2000）之规定。

（3）场地要求地势比较平坦，高燥，排水方便，丘陵山地建场应尽量选择阳坡，坡度不宜大于15°。

（4）场址应水源充足，符合《农田灌溉水质标准》（GB 5084—2021）之规定。

（5）新品种试验田要求土层深厚，有机质含量高，持水保肥能力强。

（6）育苗场地应交通便利，容易与当地的交通主干道连接。

（7）以下地区不得建场：①山谷、洼地等易受洪涝威胁的地区；②蔬菜病虫害发生严重的地区，特别是检疫性病虫害发生地区；③工业污染严重的地区。

各类蔬菜集约化育苗场选址推荐相关指标见表4-47。

表4-47 各类蔬菜集约化育苗场选址推荐相关指标

类别	与污染源距离	与交通主干道距离 （km）	与蔬菜主要种植区距离 （km）
I	远离污染源和粉尘排放源	—	0～2
II	远离污染源和粉尘排放源	≤10	≥5
III	远离污染源和粉尘排放源	≤5	≥10
IV	远离污染源和粉尘排放源	≤5	≥15

17.3 工艺与设备

17.3.1 基本原则

（1）技术经济条件 蔬菜集约化育苗场工艺与装备水平，应符合建设区域技术经济条件、生产规模和技术水平。

（2）机械装备 积极采用机械化和自动化设备，以实现节能高效、流畅便捷、优质安全的目标。

（3）整进整出 制定育苗方案，尽可能保证育苗设施"全进全出"制，"全进"，即播种后穴盘进入育苗设施，尽可能批次摆满单栋设施内全部苗床，实现设施、苗床、能源等高效利用；"全出"，即批次成苗后全部出棚或出室，便于棚室整体清理和消毒处理（图4-80）。

图4-80 育苗设施整体清理与消毒

17.3.2 基本工艺流程

工艺方案的制订，应以蔬菜种类、生产管理技术水平为基础，采用先进成熟、稳定可靠的工艺，在保证幼苗质量的前提下尽量缩短流程，达到技术先进、经济高效。

蔬菜集约化育苗，通常采用下列工艺流程：

（1）准备阶段　包括：订单和育苗方案核准，突发事件应对方案明确，种子质量检测，育苗设施检修，设备调试，操作器具消毒，穴盘等育苗容器清点，基质物料与配方确定，肥料和农药核准等。确保资材优质足量，设施设备性能良好，应对突发事件能力强。

（2）播种阶段　包括：育苗基质混配、填装、压穴、播种、覆盖、喷淋、搬运等。

（3）生长阶段　包括：催芽、幼苗生长发育调控、嫁接育苗、炼苗、病虫害防控等。

（4）储运阶段　包括：成苗后短暂在圃储存、包装、装车、高温或低温防护、运输等。

17.3.3　设备选择

根据育苗种类、育苗工艺、育苗规模选择性能可靠的定型专用设备。蔬菜集约化育苗场选用设备见表4-48。

表4-48　蔬菜集约化育苗场选用设备

操作阶段	选用设备
准备阶段	基质粉碎、混拌、消毒设备，种子发芽试验、健康检测设备和消毒设备，水处理设备，育苗容器及操作器具清洗设备等
播种阶段	播种设备、转运设备等
生长阶段	环境监控设备、灌溉施肥设备、植保设备、嫁接设备等
储运阶段	起苗器、运输设备等

17.4　建筑与建设用地

17.4.1　总体布局

（1）总体布局应节约用地，避免土地浪费。

（2）整个场区依功能可划分为育苗生产区和管理服务区两个区域。育苗区，包括育苗设施、辅助育苗设施、配套设施等。管理区，包括办公室、锅炉房、员工休息室等育苗生产区和管理服务区之间保持一定距离。

（3）区域设定，综合考虑地形、土质、周边环境、已有建筑等，因势利导，资源节约，科学配置。

（4）排灌系统、电力系统应与道路建设相结合。

（5）场区道路采用硬化路面，主干道宽6～8m，二级路与主干道相垂直，宽4m，三级路宽2m。

（6）垃圾处理池设于育苗场下风口。

（7）育苗场布局，要便于客户业务接洽，展示良好的育苗场形象。

（8）育苗场的占地面积与建筑面积指标见表4-49。

表4-49　各类蔬菜集约化育苗场占地及建筑面积参考数值（m²）

类别	占地面积	总建筑面积	育苗设施建筑面积	辅助性设施建筑面积	配套设施建筑面积	管理及生活建筑面积
I	5 000～10 000	3 330～9 700	3 000～9 000	0～100	300～500	30～100
II	10 000～20 000	6 810～18 130	5 010～15 030	200～600	1 500～2 000	100～500
III	15 000～60 000	9 600～43 000	6 000～18 000	600～20 000	2 500～3 000	500～2 000
IV	＞60 000	＞43 000	＞18 000	＞20 000	＞3 000	＞2 000

注：① I 类按1年2茬计；II 类按1年3茬计；III、IV 类按1年5茬计，且设定各茬育苗数量相同。②苗床面积按育苗设施净内面积的75%计。③育苗容器按72孔标准规格塑料穴盘计。

17.4.2　建筑与结构

育苗设施可以采用日光温室、塑料大棚、连栋温室、网室等结构型式，日光温室采光面向南，可以因地理条件偏东或偏西5°，连栋温室东西双面采光，屋脊南北走向。

日光温室、连栋温室建设应符合《温室地基基础设计、施工与验收技术方案》（NY/T 1145—2006）、《日光温室建设标准》（NYJ/T 07—2005）、《连栋温室建设标准》（NYJ/T 06—2005），塑料大棚建设应符合《日光温室和塑料大棚结构与性能要求》（JB/T 10594—2006）之规定。

播种车间、仓储车间可以采用钢架结构，应符合《钢架结构建设标准》（GB 50017—2003）之要求。

办公室可以采用砖混结构和混凝土结构，建设应符合《建筑地基基础工程施工质量验收规范》（GB 50202—2002）、《砌体结构设计规范》（GBJ 50003—2011）、《混凝土结构工程施工质量验收规范》（GB 50204—2002）之要求。

17.5 配套工程

（1）育苗场内配套工程设置水平应满足育苗需要，并与主体工程相适应。配套工程应布局合理、便于管理，并尽量利用当地条件。配套工程设备应选用高效、节能、低噪音、少污染、便于维修使用、安全可靠、机械化水平高的设备。

（2）育苗场应具有可靠的水源和完善的供水设施，可采用无塔恒压供水或采用保证供水压力为147 ~ 196kPa的水塔和压力罐等配套装置，水源水质应符合《农田灌溉水质标准》（GB 5084—2021）。

（3）育苗场生产、生活污水应暗管排放，雨水可采用明沟排放，两者不得混排。

（4）需要设置锅炉房的育苗场应根据生产、辅助生产、管理和生活建筑负荷统一考虑，宜设置一座。

（5）采暖系统应根据建场所在地区情况确定。有温湿度要求的房间（如催芽室）应设置空调系统。育苗设施应根据蔬菜幼苗生长发育需要设置加温和降温装置。

（6）育苗场电力负荷等级应为二级。若当地满足不了二级供电要求，应设置自备电源。

（7）育苗场外部供电电压为10kV或380/220V，电线和电缆均采用铜芯绝缘线。

（8）仓储设施的设置，应符合保证生产、加速周转、合理储备的原则。仓储设施在满足生产要求前提下，根据生产规模合理确定物品的储存期限。农药的储存应符合《农药贮运、销售和使用的防毒规程》（GB12475—2006）之规定。肥料和基质储存，应根据种类不同确定合理储存温度和湿度。

17.6　防疫设施

（1）蔬菜集约化育苗场应强化整体防疫体系，防止病虫害滋生、传播和扩散。

（2）购进种子应有检疫证明。播种前，应对种子进行健康检测，并针对病原物种类选择针对性措施进行种子消毒处理。

（3）进入育苗区的人员、车辆、器具应严格消毒。

（4）蔬菜残株、废弃基质处理区，应按夏季主风向设在生产区下风向或侧风向处，并进行高温堆制发酵处理（图4-81）。

图4-81　集中无害化处理育苗废弃物

（5）成苗出场前，应对幼苗病虫害进行检验，携带病原菌、害虫（卵）的幼苗严禁出场。

各类育苗场对病虫害检测能力的要求见表4-50。

表4-50　各类蔬菜集约化育苗场对病虫害检测能力的要求

类别	检测室设置	配套水平	检测能力
Ⅰ	无	—	送检为主
Ⅱ	有或无	低	窄，送检为主，能自检主要病害、虫害
Ⅲ	有	高	广，应能自检细菌性病害、真菌性病害、病毒病、害虫等多种常见病虫害
Ⅳ	有	高	广，应能自检细菌性病害、真菌性病害、病毒病、害虫等多种常见病虫害

17.7　主要经济技术指标

（1）各项目投资占工程总投资的比例宜为：育苗设施65%～90%，辅助性设施1%～15%，配套设施2%～10%，管理及生活服务设施1%～10%，基本设备费0.5%～10%，其他费用2%～5%（表4-51）。

表4-51　各类集约化蔬菜育苗场工程建设投资估算指标

类别	总投资指标（万元）	育苗设施（%）	辅助性设施（%）	配套设施（%）	管理及生活服务设施（%）	其他（%）	基本设备费（%）
Ⅰ	200～400	80～90	1～2	2～3	1～2	2～3	0.5～2
Ⅱ	600～1 200	70～75	5～10	4～5	3～4	3～5	3～8
Ⅲ	1 500～2 000	65～70	10～15	8～10	5～10	2～5	5～10
Ⅳ	＞2 000	＞70	＜10	＜8	＜5	2～5	5～10

（2）育苗场主要建筑材料消耗　见表4-52。

表4-52　育苗场基建三材用量指标

结构类型	钢材（kg/m²）	水泥（kg/m²）	木材（kg/m²）
连栋温室	7～14	2～5	—

（续）

结构类型	钢材（kg/m²）	水泥（kg/m²）	木材（kg/m²）
日光温室	6～9	18～20	—
塑料大棚	3～4	0～0.5	—
砖混结构	15～30	120～180	0.01～0.02
轻钢结构	15～25	80～100	0.01～0.02

（3）育苗场生产用水、电、基质、肥料消耗估算　见表4-53。

表4-53　蔬菜集约化育苗场生产消耗指标范围

项目	水（m³/万株）	电（kW·h/万株）	基质（m³/万株）	肥料（kg/万株）
消耗指标	0.7～3	25～100	0.15～0.6	0.2～0.8

 主要参考文献

崔敏，张志国，时连辉，等，2007. 不同湿润剂对草炭湿润与湿润能力的影响[J]. 北方园艺(7): 54-56.

高晓旭，张志刚，段颖，等，2014. 高浓度营养液对黄瓜和番茄下胚轴徒长的抑制作用[J]. 植物营养与肥料学报, 20(5): 1234-1242.

胡文超，易东海，孙治强，2011. 不同粒径花生壳添加湿润剂op-10作为基质在黄瓜育苗上应用的研究[J]. 江西农业学报, 23(3): 11-13.

胡自成，宋新南，李昌烽，等，2011. 表面活性剂溶液物理特性研究进展[J]. 化工进展, 30(8): 1658-1663.

龙星，2014. 基于温湿度控制的工厂化育苗催芽室的研究与设计[D]. 武汉：华中农业大学.

饶毅萍，陈颖，冯永安，2009. 水的pH值和总硬度对黑豆种子萌发及其芽苗菜品质的影响[J]. 植物生理学通讯, 45(9): 907-909.

尚庆茂，2011. 蔬菜穴盘苗水分管理技术[J]. 中国蔬菜(9): 36-40.

王力，吴光华，杜新，2004. 林业苗圃喷灌系统设计[J]. 排灌机械, 22(6): 24-27.

吴玉发，2013. 水肥一体化自动精准灌溉施肥设施技术的研究和实现[J]. 现代农业装备(4): 46-48.

谢晓晖, 2018. 智能催芽室的研制 [J]. 福建农机 (4): 27-31.

张元国, 杨晓东, 孙莎莎, 等, 2022. 国内嫁接蔬菜品质研究现状与发展趋势 [J]. 园艺与种苗, 42(7): 33-37.

张志平, 2022. 设施内光谱防控害虫技术应用 [J]. 农业工程技术, 42(19): 17-22.

郑群, 宋维慧, 2000. 国内外蔬菜嫁接技术研究进展 (上)[J]. 长江蔬菜 (8): 1-4.

郑群, 宋维慧, 2000. 国内外蔬菜嫁接技术研究进展 (下)[J]. 长江蔬菜 (9): 1-5.

朱之培, 1980. 泥炭的性质 [J]. 化学世界 (9): 283-284.

Karnok K J, Xia K, Tucker K A, 2004. Wetting agents: What are they, and how do they work? A better understanding of how wetting agents work will lead to their more effective use on the golf course[J]. http: //www. kkarnok. com/courses/idl/ KarnokXiaTucker2004-WettingAgents. pdf.

Singha P, Singha J, Raya S, et al, 2020. Seed biopriming with antagonistic microbes and ascorbic acid induce resistance in tomato against Fusarium wilt[J]. Microbiological Research, 237: 126482.

» 第五章 《
蔬菜集约化育苗操作技术规程

1 白菜类蔬菜集约化育苗技术规程

白菜类蔬菜以柔嫩的叶片、叶球或花薹为食用器官,生长期间要求温和的气候环境,耐寒而不耐热,生长速度快,对氮肥需求量大。我国白菜类蔬菜以大白菜栽培面积最大,年种植面积约180万hm²(张凤兰等,2021),优势产区遍及黄土高原夏秋蔬菜优势区域、云贵高原夏秋蔬菜优势区域、北部高纬度夏秋蔬菜优势区域及黄淮海与环渤海设施蔬菜优势区域;普通白菜和菜薹则主要分布在长江流域冬春蔬菜优势区域、华南与西南热区冬春蔬菜优势区域,近年来宁夏等西北地区菜薹生产面积也快速增加。白菜类蔬菜的根系发达,生长速度快,适合育苗移栽,目前大白菜、娃娃菜、普通白菜集约化育苗已非常普遍(图5-1),但由于叶形开阔,叶柄嫩脆,移栽过程中容易损伤,因此培育适龄、叶柄短、"短簇叶形"幼苗是提高移栽效率、实现机械化移栽的关键。鉴于此,本节总结出白菜类蔬菜集约化育苗技术规程,以期为白菜类蔬菜生产提供技术支持。

视频内容请
扫描二维码

图 5-1　白菜类蔬菜集约化育苗

1.1　播种前准备

1.1.1　品种选择

选择符合当地生产、消费特点和茬口要求，抗病、耐逆、耐抽薹、丰产、品质优良的品种，可参考表5-1。

表5-1　白菜类蔬菜主推品种

种类	品种名称	千粒重 (g)	定植株数
大白菜	春播耐抽薹品种：春大将、良庆、阳春三月、今锦、吉锦、梅锦、傲雪迎春、阳春、金峰 夏播耐热、耐湿品种：夏霸王、靓品夏季、靓品热50天、夏丰 秋播品种：秋宝、四季王、87-114、改良青杂3号、胶蔬秋季王、义和秋 耐低温、耐抽薹越冬品种：北京新3号、秋绿60	3～6	早熟品种4 000～5 000株，中晚熟品种2 500～3 000株
普通白菜	耐寒冬春品种：春油1号、早熟5号、金品绿优美 耐热夏秋品种：国夏1号、夏苏青、超越808、超越909、夏冠青梗菜、耐热605	3～5	6 000～8 000株
娃娃菜	金福娃、黄金娃、福宝娃、大绿黄迷你、娃娃菜1号、秀丽	3～4	6 000～10 000株
菜薹	春茬：金秋红2号、九月鲜红菜薹、四九菜心、五彩红薹1号、五彩红薹2号、五彩红薹4号 秋茬：金秋红2号、油青粗条菜心、五彩红薹12、五彩翠薹1号、五彩翠薹4号、五彩紫薹1号、五彩紫薹2号	3～5	8 000～12 000株

（续）

种类	品种名称	千粒重(g)	定植株数
乌塌菜	塌地型品种：常州乌塌菜、上海大八叶、上海小八叶 半塌地型品种：合肥黄心、南京瓢菜	4～5	6 000～10 000株

注：表中部分数据由中国农业科学院蔬菜花卉研究所孙日飞研究员、安徽省农业科学院园艺研究所方凌研究员提供。

1.1.2 穴盘选择与消毒

基质育苗选用98孔、105孔、128孔的PS（聚苯乙烯）吹塑穴盘，长540cm、宽280cm，孔穴深度≥4.5cm。漂浮育苗选用200孔泡沫穴盘。培育大龄苗宜选用98孔穴盘，培育小苗龄可选用128孔穴盘。

新购穴盘用清水冲淋后可以直接使用，重复使用的穴盘应清洗、消毒、晾干后再使用。穴盘消毒可选择下列方法之一：①福尔马林浸泡。将穴盘在福尔马林100倍液中浸泡10min，取出后叠置，覆盖塑料薄膜，密闷7d后揭去薄膜，用清水将穴盘冲淋干净，晾干备用。②次氯酸钠浸泡。将穴盘在2%次氯酸钠溶液中浸泡2h，取出后用清水冲淋，晾干备用。③热水高温消毒。将穴盘用80℃热水浸泡20min，取出后晾干备用。④高锰酸钾消毒。将穴盘在高锰酸钾1 000倍液中浸泡10min，取出后用清水冲淋，晾干备用。⑤石灰水消毒。将穴盘在5%石灰水溶液中浸泡30min，取出后用清水冲淋，晾干备用。

目前荷兰Visser公司、SYSPAL公司相继推出了在线式水压冲洗设备，意大利Urbinati公司改进推出针对标准育苗穴盘的立式在线清洗机，并与紫外线杀菌设备配套使用，清洗杀菌效果良好，耗水量约16.7m³/h。农业农村部规划设计研究院提出了清洗—冲洗两段式高压清洗法，结合消毒液喷雾附着的方法，可一次性完成穴盘的清洗和消毒。

1.1.3 育苗设施与消毒

根据季节和地理气候条件，可选用日光温室、连栋玻璃温室或连栋塑料拱棚、塑料大中拱棚、网室等设施育苗。播种前彻底清理育苗设施内及周边杂物、杂草。育苗设施消毒可选择下列方法：①高温闷棚法。选择夏季高温休苗期的连续晴好天气，于室内地面洒水，关闭放风口（天窗）和出入口，密闭棚室，使室内温度保持在60 ~ 70℃，空气相对湿度80%以上，连续闷棚15d以上，可有效杀灭室内存活的病原菌、害虫及其虫卵。②石灰水消毒法。用浓度10% ~ 20%的石灰水喷洒设施周边、立柱、苗床等，注意石灰水要现用现配。③高锰酸钾－甲醛消毒法。按每1 000m³设施内部容积，将0.8kg甲醛加入4.2L沸水中，再加入0.8kg高锰酸钾，烟雾熏蒸48h，然后设施通风。④硫黄熏蒸法。按每1 000m³设施内部容积，将2.4g硫黄与4.5g锯末混匀，在设施内多点分散点燃，熏蒸12h，然后通风消除有毒气体后使用。⑤硫黄－敌敌畏熏蒸法。按每1 000m³设施内部容积，用硫黄粉3.5kg ＋50%敌敌畏乳油0.5kg，分散点燃，密闭设施24h，然后通风消除有毒气体后使用。⑥百菌清－敌敌畏熏蒸法。按每1 000m³设施内部容积，用75%百菌清粉剂0.5 ~ 0.7kg ＋80%敌敌畏乳油0.6kg，与锯末混匀后分散点燃，密闭设施24h，然后通风消除有毒气体后使用。⑦药剂喷雾法。采用广谱性杀菌剂，如75%百菌清可湿性粉剂500倍液，或50%多菌灵可湿性粉剂500倍液等喷施苗床、地面、墙体、骨架等，确保不留死角。

采用漂浮育苗时，在育苗池铺设厚度≥0.08mm的聚乙烯防渗膜。新膜无需消毒，重复使用的防渗膜可用30%漂白粉1 000倍液消毒。

1.1.4 育苗基质配制

选择洁净、经高温暴晒或药剂消毒的混凝土地面，或采用专用基质搅拌机，将草炭、蛭石、珍珠岩、无机肥料、植物促生菌等物料按比例有序、逐步添加，并混拌均匀。常用基质配方（体积比）：草炭∶蛭石＝2∶1；草炭∶蛭石∶珍珠岩＝3∶1∶1；草炭：蛭石：菇渣＝1：1：1；草炭：蛭石：珍珠岩＝6：1：3。基质中加入10^5～10^7cfu/cm^{3}枯草芽孢杆菌、解淀粉芽孢杆菌、木霉菌等植物促生菌剂。调配后的基质要求容重0.3～0.5g/cm^3，pH6.5～7.0，EC值0.75～1.50mS/cm（饱和浸提法），通气孔隙度20%，持水孔隙度50%左右。

1.1.5　育苗基质消毒

①高温消毒与植物促生菌接种法。将基质放入蒸汽消毒器中，在100～120℃高温条件下消毒1h，恢复常温后加入10^5～10^7cfu/cm^{3}植物促生菌剂。②药剂消毒法。每立方米基质加入50%多菌灵可湿性粉剂100～200g，或75%百菌清可湿性粉剂100～200g，或50%百菌清可湿性粉剂200g＋50%多菌灵可湿性粉剂100g，或30%噁霉灵水剂150mL，或95%噁霉灵可湿性粉剂30g，或54.5%噁霉·福可湿性粉剂10g，混合均匀，以杀灭基质中可能携带的真菌性病原菌。注意：杀菌剂和植物促生菌剂尽量避免同时使用。

1.2　播种

1.2.1　种子处理

经包衣或丸粒化处理的种子可以直接播种。未经消毒处理的种子可采用热水消毒，即将种子松散地放入网袋中，37℃水浴预热10min，50℃热水消毒20min，然后立即放入冷水中或用冷水冲淋降温，晾干后用种子重0.2%～0.3%的50%福美双可湿性粉剂拌种。或将种子在室温下用清水浸泡30min，然后用5%次氯酸钠溶液浸泡10min，清水冲洗干净后在无菌条件下风干，备播。

1.2.2　精量播种

播种前应进行出苗试验，并须注意4点：①所用基质必须是即将用于批量生产的基质；②种子必须与批量生产的种子一致，包括消毒方法也应相同；③幼苗第1片真叶展开后统计出苗率；④试验环境尽可能与育苗环境相同。

白菜类蔬菜种子为球形，非常适合机械播种。根据育苗规模，可以选用半自动或全自动播种机，或器具辅助的精量播种技术，播种深度5mm左右。推荐播种机型如表5-2所示。播种前基质相对湿度调节至35%～40%，即达到"手握成团，松开即散"的状态。

表5-2　与育苗规模相对应的播种机型推荐

单次育苗数量（万株）	推荐机型	播种速率（盘/h）	价格（万元/台）	效益评估
≤100	手持排式穴盘播种器	50～100	0.2～0.3	通常单人操作，是人工播种效率的1.5～2.0倍，播种精准度可达95%
100～200	手持翻盖式播种机	60～150	0.3～0.4	通常单人操作，是人工播种效率的3～6倍，播种精准度可达95%
200～500	步进、针吸式播种机	300～500	1.5～3.5	通常双人操作，是人工播种效率的5～8倍，播种精准度可达90%
500～1 000	滚筒式精量播种流水线	500～600	10～15	通常4人操作，播种精准度可达95%，可一次性完成基质填装、覆土和喷淋，综合播种效率是人工播种的10～20倍
≥1 000	滚筒式精量播种流水线	800～1 500	20～30	通常4人操作，播种精准度可达95%，可一次性完成基质填装、覆土和喷淋，综合播种效率是人工播种的20～40倍

注：以128孔穴盘为例，人工播种效率约为30盘/h，播种精准度65%左右，且不包括基质填装、覆土和喷淋用时。

1.2.3　播种量

白菜类蔬菜种子的千粒重一般为3.0～6.0g，或每克种子200～330粒，10mL体积种子约2 500粒。为了确保用苗需求，播种量通常应高出用苗量的20%。

1.3　苗期管理

为了便于管理，通常将苗期划分为4个阶段：第1阶段为出苗期，或称催芽期，即播种至子叶拱出；第2阶段为子叶平展期，即子叶拱出至子叶平展；第3阶段为真叶生长期，即子叶平展至真叶全部长出；第4阶段为炼苗期，主要进行环境和机械适应性驯化。

1.3.1　出苗期

出苗期3～5d，该阶段的管理目标是保证早出苗、出苗整齐和控制幼苗下胚轴徒长。为此，通常将播种后的穴盘运送至催芽室，码放在培养架隔板上，昼夜温度维持在23～25℃，空气相对湿度85%～90%，空气流速0.2～0.4m/s。萌发期不需要光照，但萌发后子叶拱出期间（即下胚轴在基质中伸长阶段）需给予适度光照，以利于抑制下胚轴早期快速伸长，实现下胚轴"短粗化"。子叶即将拱出基质表面时，及时将穴盘从催芽室搬运至育苗室。若穴盘延迟搬运至阳光充足的育苗室，子叶拱出后仍处于黑暗条件，则会造成下胚轴徒长，严重影响幼苗后期生长发育与管理，降低幼苗品质。

1.3.2　子叶平展期

子叶平展期3～4d。相对于大白菜和娃娃菜，普通白菜下胚轴更易徒长而形成"高脚苗"（图5-2）。为此，该阶段温度白天宜保持在（20±2）℃，夜间（14±2）℃，空气相对湿度和基质相对湿度逐步降至60%～70%；要求光照充足，但夏季或中午光照较强时需用遮阳网（遮阳率30%～50%）覆盖，避免强光、高温灼伤子叶；保持苗床空气流速0.4m/s左右。为弥合子叶拱出时造成

图5-2　白菜类蔬菜徒长幼苗

的下胚轴周围基质缝隙，可进行顶部小水轻洒。子叶平展期一般不需要施肥。

1.3.3　真叶生长期

真叶生长期10～15d，该阶段的管理目标是保证幼苗正常匀速生长。随着叶片数增加和叶面积增大，幼苗生长发育所需水分和养分也逐步增加，过度灌水施肥或水肥亏缺均不利于幼苗生长。为此，应保持基质含水量相对稳定，避免忽干忽湿；逐步提高肥料浓度和施肥量，肥料种类选择氮素含量较低的完全水溶肥，以减缓茎叶生长速率。1～2片真叶时（图5-3），可将完全水溶肥（N-P$_2$O$_5$-K$_2$O为10-10-30）稀释为2 000～3 000倍液施用；2片真叶展开以后，肥料浓度可增至1 500倍。

室内温度白天保持在（25±2）℃，夜间（20±2）℃，空气相对湿度和基质相对湿度均保持在60%～70%，光照强度应大于35 000 lx，并尽可能增加光照时间和空气流速，光照强度高时应进行遮阳处理。白菜类蔬菜幼苗叶面积大，蒸腾作用旺盛，切忌同时出现强光、高温、低湿、干旱情况，否则易引起叶片失水，造成萎蔫枯死。

图5-3　白菜类蔬菜幼苗真叶生长期

1.3.4　炼苗期

炼苗期2～3d，该阶段的管理目标是提高幼苗的耐逆性，增强对定植环境的适应能力和机械适栽性，早春育苗提高耐寒性，夏季育苗提高耐热性和耐旱性。为此，白天温度宜保持在 (15 ± 2)℃，夜间 (12 ± 2)℃，加大空气流动，空气相对湿度和基质相对湿度降至50%～60%，逐步增加光照时间和光照强度。炼苗期还可以通过加大穴盘间距的方式增强通透性，提高炼苗质量。

炼苗时间不宜过长，否则易造成幼苗根系褐化，降低根系活力和水肥吸收能力，并引发子叶和真叶黄化脱落，形成老化苗，延长缓苗时间，甚至降低定植成活率。白菜类蔬菜属于低温长日照植物，苗期生育适温为20～25℃，芽期或苗期经历一定时段的低温即可通过春化，后期遇长日照环境极易抽薹开花，不能形成叶球而失去经济价值。春季或寒区育苗，应保证播种后旬均温度达到20℃以上，低温时应注意加温和夜间保温；夏季育苗时为防止高温危害，晴天中午用遮阳网覆盖2～3h。

1.4　成苗质量

苗龄18～30d；株型紧凑，下胚轴长5～10mm，直径2～3mm；4～6片叶，叶片肥厚，开展度小，叶色深绿；根系嫩白密集，根毛浓密，根系将基质紧紧缠绕，形成完整根坨，适于机械化定植；对田间环境适应能力强，不易萎蔫，成活率高；不携带病原菌和害虫虫卵、幼虫（图5-4）。

图5-4　白菜类蔬菜成苗

1.5 储存与运输

成苗出圃前喷施1次75%百菌清可湿性粉剂800倍液，或10%吡虫啉可湿性粉剂1 500倍液，可达到杀菌或防虫的目的，做到带药定植。用户取苗时可将幼苗成排叠放在瓦楞纸箱或筐内。穴盘苗远距离运输时，冬季和早春要增强保温措施，防止幼苗受冻；夏天要注意降温保湿，防止萎蔫。储运期不宜超过10d，适宜储运温度为10～15℃。近距离定植时，可带穴盘运到田间。

1.6 核心技术

1.6.1 预防幼苗叶片失水黄化脱落

强光高温时叶片蒸腾作用加剧，导致幼苗叶片蒸腾量大于根系吸水量，茎叶呈现暂时性萎蔫（图5-5），下午随着太阳辐射减弱，气温降低，茎叶又逐渐恢复正常。这种因强光高温环境引发水分生理不平衡的日形态变化对于大多数蔬菜幼苗或植株是常态，但是早期白菜类蔬菜幼苗，特别是穴盘苗，叶片大而薄，茎叶脆弱，根系不发达，若发生这种现象极易引起子叶和真叶叶缘黄化、白化，幼苗倒伏，会造成无法恢复的枯萎落叶，为此，除保证幼苗根际充足的水分外，还应有短暂、适度的遮阳，确保幼苗不发生短暂性萎蔫，特别是子叶平展期。

图5-5 白菜幼苗失水萎蔫

1.6.2 先期抽薹防控技术

先期抽薹现象主要是苗期持续低温完成春化造成的，会导致白菜类蔬菜失去经济产量和商品价值，损失严重。可采用以下措施予以防控。

（1）选择耐抽薹品种 首先需要选择耐低温抽薹或冬性强的品种，这类品种一般具有较短的中心柱；其次，可选择生育期短的早熟品种，播种到采收一般不超过80d。

（2）把握适宜播种期 应根据当地气候条件和育苗设施条件选择适宜的播种期，避免幼苗已达到绿体春化形态，而育苗设施内部却长期处于低温环境的情况出现。

（3）加强苗期温度管理 育苗期间通过加温和保温措施，将育苗设施内最低温度控制在10℃以上，旬平均温度不低于20℃。

图5-6示白菜先期抽薹现象。

图5-6 白菜先期抽薹
（引自冯辉，2020）

1.6.3 根肿病防治技术

根肿病是由芸薹根肿菌（*Plasmodiophora brassicae* Woronin）侵染引起的一种土传病害，严重危害白菜类蔬菜的根系。植株感病后会导致根部膨大，影响养分吸收和水分的运输，地上部出现营养不良和萎蔫，严重时植株死亡（图5-7）。苗期根肿病发生主要源于种子和育苗基质带菌，应采用以下措施进行科学防控。

图5-7 白菜根肿病分级鉴定
（引自彭君和林处发，2019）

（1）种子处理 用70％百菌清可湿性粉剂600倍液浸种20min，或用1∶150的生石灰水浸种15min，均可取得良好效果（沈荣红，2010）。

（2）育苗基质热消毒 采用高温消毒可显著降低育苗基质中芸薹根肿菌孢子浓度和根肿病发生风险，且能改善育苗基质理化特性，抑制根肿菌孢子萌发和生长。

（3）生物防治 植物促生菌可通过拮抗作用、重寄生、酶溶作用、竞争营养及生存空间等抑制土壤芸薹根肿菌生长。配制育苗基质时，接种枯草芽孢杆菌可湿性粉、解淀粉芽孢杆菌菌剂、放线菌等，或用菌剂进行种子包衣，对苗期根肿病具有一定防效。苗期喷施2.0×10^6 cfu/g枯草芽孢杆菌粉剂400倍液，对白菜幼苗根肿病也有较好预防效果（吴庆丽等，2020）。

（4）酸碱度调节 芸薹根肿菌易在酸性土壤环境下生长繁殖，因此可以通过添加石灰粉适当提高育苗基质的pH，或在苗期选择生理碱性肥料调控根际pH，使pH接近7.0，从而抑制白菜类蔬菜苗期根肿病发生。

（5）化学防治　在基质带菌量（芸薹根肿菌休眠孢子）为 $3×10^3$ 个/mL 条件下，每立方米基质混拌50%氟啶胺悬浮剂10g或10%氰霜唑悬浮剂3g，对大白菜根肿病防效可达100%。

2　甘蓝类蔬菜集约化育苗技术规程

甘蓝类蔬菜属于十字花科，主要包括结球甘蓝、羽衣甘蓝、抱子甘蓝、球茎甘蓝、芥蓝、花椰菜（白菜花、松花菜）、青花菜等，叶片蓝绿色、肥厚、被有蜡粉，叶脉明显，喜冷凉湿润气候，不耐高温干旱，属于绿体春化型低温长日照作物，以叶片、叶球、短缩球茎、花薹、侧芽或花蕾为食用器官。我国甘蓝类蔬菜以结球甘蓝栽培面积最广，总产量最高，种植面积约90万 hm^2（杨丽梅等，2021）。其次是花椰菜，种植面积约52.01万 hm^2（单晓政等，2019）。甘蓝类蔬菜根系发达，再生能力较强，适于育苗移栽，但苗期对环境条件要求高，易徒长。本节对甘蓝类蔬菜新优品种以及基质配制、穴盘选型、苗期环境分段管理、成苗储运等集约化育苗关键技术进行总结，并针对甘蓝类蔬菜幼苗不耐盐、易徒长和虫害重等问题，提出了灌溉水质、幼苗株型调控、小菜蛾综合防治等核心技术。图5-8示甘蓝类蔬菜集约化育苗。

结球甘蓝　　　　　　　　　　　青花菜

图5-8　甘蓝类蔬菜集约化育苗

2.1 播种前准备

2.1.1 品种选择

选择符合当地生产、消费特点和茬口要求，抗病、耐逆、丰产、耐抽薹、商品性状优良的品种，可参考表5-3（杨丽梅等，2021）。

表5-3 甘蓝类蔬菜主推品种

种类	品种名称	千粒重（g）	定植株数
结球甘蓝	春茬：中甘21、中甘628、中甘56、京丰1号、中甘26、亮球、绿霸 夏茬：全胜、展望、捷甘250、强劲 秋茬：中甘606、中甘596、绿娃娃、旺旺、丽丽、前途、先甘011、先甘520 冬茬：中甘1305、中甘1327、中甘1266、先甘097、盈丰、东升、奥奇那	3~6	扁球形甘蓝2 200~3 000株；圆球形甘蓝3 500~4 500株；最多定植7 000~10 000株
抱子甘蓝	春夏茬：早生子持、绿橄榄 秋冬茬：福兰克林、探险者	3~5	2 500~3 500株
羽衣甘蓝	春夏茬：沃特斯、阿培达 秋冬茬：穆斯博	3~5	2 500~3 000株
花椰菜（白菜花）	春夏茬：雪宝、庆农80、庆农100、白玉80、羞月85、雪菲 秋冬茬：津品56、津品70、庆农65、庆农70、庆农80、利卡、卡耐罗	3~5	2 200~3 200株
花椰菜（松菜花）	津松75、津松70、优松60、庆农65、富贵80	3~5	2 000~3 000株
青花菜	春夏茬：耐寒优秀、绿雄90、马拉松、曼陀绿、炎秀、台绿6号、中青16、中青11、青城5544 秋冬茬：耐寒优秀、绿雄90、强汉（云南）、阳光、喜鹊、王子1号、国王11、浙青80、美青90、中青319、中青16、翠花、台绿3号	3~5	2 400~3 200株
芥蓝	中蔬芥蓝1号、德宝2号、绿宝、秋盛	4~5	早熟品种约7 000株，最多可定植2万株；晚熟品种约5 000株

注：表中部分数据由中国农业科学院蔬菜花卉研究所高富欣、李占省和天津市农业科学院蔬菜研究所孙德岭提供。

2.1.2 穴盘选择与消毒

甘蓝类蔬菜集约化育苗一般采用常规穴盘育苗和漂浮育苗（图5-9）。常规穴盘育苗选用98孔、105孔、128孔、200孔聚苯乙烯（PS）吹塑穴盘，漂浮育苗可选用200孔聚苯乙烯泡沫塑料（EPS）穴盘（表5-4）。培育30d以上大龄苗时，宜选用98孔、105孔穴盘，缺点是单位苗床面积的育苗量会相对减少；培育25d以下小龄苗时，可选择128孔、200孔穴盘，适当增加单位苗床面积育苗量，但会相应增加水肥供给频率，特别是在高温、干燥季节育苗。新购穴盘用清水冲淋后可直接使用，重复使用的穴盘应采用福尔马林、高锰酸钾等溶液浸泡消毒后再使用（尚庆茂，2021）。

地面穴盘育苗　　　　　漂浮育苗　　　　　移动苗床育苗

图5-9　结球甘蓝集约化育苗

表5-4　甘蓝类蔬菜育苗穴盘规格和孔穴容积

穴盘规格（长×宽／mm×mm）	孔穴数（孔）	孔穴深度（mm）	单孔上口（长×宽／mm×mm）	单孔下底（长×宽／mm×mm）	单孔容积（cm³）
540×280	98（7×14）	50	36×36	12×12	25.0
540×280	105（7×15）	40	36×35	14×14	20.0
540×280	128（14×14）	42	32×32	13×13	20.0
540×280	200（10×20）	43	25×25	10×10	14.0
670×340	200（10×20）	60	25×25	12×12	19.2

2.1.3 育苗设施与消毒

冬春低温、气候多变季节育苗时，宜选择环控条件较好的日光温室或连栋温室育苗；春、秋季节气候条件相对适宜，可选择建造成本低的塑料大棚、网室等育苗设施。育苗设施消毒示法参见"白菜类蔬菜集约化育苗技术规程"相关内容。

2.1.4 育苗基质配制

选择洁净、经高温暴晒或药剂消毒的混凝土地面，或采用专用基质搅拌机，将草炭、蛭石、珍珠岩、肥料、植物促生菌等有机、无机基质和生物物料按比例、有序、逐步添加，并混拌均匀。常用基质配方（体积比）：①草炭：蛭石 = 3∶1，每立方米基质加入三元复合肥（N-P_2O_5-K_2O 为 15-15-15）3.0 ～ 3.2kg；②草炭：蛭石：菇渣 = 1∶1∶1，每立方米基质加入尿素 1.5kg、磷酸二氢钾 0.8kg 或磷酸二铵 2.5kg（何伟明等，2010）。也可从专业基质生产厂家购置商品育苗基质。

育苗前，应测试基质 pH 值、可溶性电解质浓度（EC 值）、阳离子交换量（CEC 值）、孔隙度等指标，甘蓝类蔬菜育苗基质适宜 pH 为 5.8 ～ 6.5，EC 值为 0.75 ～ 1.00mS/cm（饱和浸提法）。基质偏酸或偏碱可分别用石灰粉或硫酸亚铁进行调节。CEC 值大，说明基质保肥能力强，可适当降低肥料施用量；CEC 值小，说明基质保肥能力弱，应适当增加肥料施用量。当基质孔隙度大，特别是通气孔隙度（也称大孔隙）占比高时，说明基质持水性差，应适当增加灌溉频度；反之，孔隙度小，特别是通气孔隙度占比低时，说明基质持水性强，应适当减少灌溉频度和单次灌溉量，尤其是冬、春低温季节，基质水分蒸发慢，根际低温、高湿"双因素同时久存"，极易引发苗期病害，因此低温季节育苗宜选用孔隙度较大的基质。

2.2 播种

2.2.1 种子处理

经包衣或丸粒化处理的种子可直接播种。未经消毒处理的种子可采用热水消毒处理，即将种子放入网袋中，用 37℃ 水浴预热 10min，50℃ 热水消毒 20min，然后立即放入冷水中或用冷水冲淋降温；也可以将种子在室温下用清水浸泡30min，然后用5%次氯酸钠溶液浸泡10min，清水冲洗干净后在无菌条件下风干，备播。

2.2.2 精量播种

播种前应进行种子出苗试验，并注意4点：①所用基质必须是即将用于批量生产的基质；②种子必须与批量生产的种子一致，包括消毒方法也应相同；③第1片真叶展开后统计出苗率；④试验环境尽可能与批量育苗环境一致。甘蓝类蔬菜种子为圆形，价格低，适合机械播种，且对播种精度要求相对较低。根据育苗规模，可选用半自动或全自动机械或器具辅助的精量播种技术，播种深度5mm左右。播种前，调整基质相对湿度至40%～50%，即达到"手握成团，松开即散"的状态。

2.2.3 播种量

甘蓝类蔬菜种子千粒重3～6 g，10 mL体积种子约2 000粒。为了确保用苗需求，播种量通常高出用苗量20%。

2.3 苗期管理

为了便于管理，通常将苗期划分为5个阶段：第1阶段为出苗期，或称催芽期，即播种至子叶拱出；第2阶段为子叶平展期，即子叶拱出至子叶平展；第3阶段为真叶生长期，即子叶平展至2叶1心；第4阶段为成苗期，即2叶1心至标准苗龄要求的真叶数等形态指标发育完成；第5阶段为炼苗期，标准苗龄要求的真叶数等形态指标发育完成至耐逆性等生理指标发育完成。

2.3.1 出苗期

该阶段的管理目标是保证出苗早、出苗整齐。为此，通常将播种好的穴盘运送至催芽室，码放在培养架隔板上，白天温度维持在（25±2）℃、14h，夜间温度维持在（22±2）℃、10h，空气相对湿度（90±5）%。该阶段不需要光照。或者直接在苗床上催芽，用聚乙烯塑料膜或纸张等覆盖保湿。春末、夏秋季节育苗，中午强光时若覆盖透明塑料膜，可导致基质温度高达40℃以上，种子被烫伤后出苗率和出苗整齐度显著降低，因此当遭遇强光辐射时，应采取遮阴、掀膜放热等措施。覆盖纸张、黑色塑料等不透明材料可能造成基质温度低于设施内环境温度，延缓出苗时间。因此，针对育苗环境的温度、光照、湿度等条件，灵活运用相应措施，对出苗齐、出苗全、出苗快非常重要。出苗期2～3d，待子叶拱出基质表面后及时运送至苗床。

2.3.2　子叶平展期

该阶段的管理目标是保证下胚轴长度适中，控制过度伸长以避免形成"高脚苗"。为此，白天温度宜维持在（22±2）℃，夜间（16±2）℃，空气和基质相对湿度逐步降至65%±5%。初期可采用遮阳网（遮阳率30%）覆盖，避免强光灼伤子叶，后期逐步加大光照强度和延长光照时间。为了弥合子叶拱出造成的下胚轴周围基质缝隙，可在苗盘顶部小水轻洒。子叶平展期3～4d，一般不施肥。

2.3.3　真叶生长期

真叶生长期6～8d，该阶段的管理目标是保证幼苗正常匀速生长。为此，白天温度宜维持在（23±2）℃，夜间（16±2）℃，空气和基质相对湿度保持在70%±5%。尽可能延长光照时间，光照强度应大于35 000 lx，但要避免强光直射。灌溉1～2次含微量元素水溶肥料（N-P$_2$O$_5$-K$_2$O为20-10-20＋TE，下同）1 500～2 000倍液，肥料溶液EC值≤0.8mS/cm为宜（张志刚等，2014）。在较高温度、较强光照条件下，幼苗生长迅速，对养分需求相对较大，可相应增加灌溉施肥频次或肥料浓度。

2.3.4　成苗期

该阶段的管理目标同真叶生长期，需保证幼苗匀速生长，控制过快生长。成苗期生长速率显著高于真叶生长期，为此白天温度宜维持在（25±2）℃，夜间（15±2）℃，空气和基质相对湿度降至65%±5%。尽可能延长光照时间，适当提高光照强度。灌溉1～2次含微量元素水溶肥料1 000～1 500倍液，肥料溶液EC值≤1.0mS/cm为宜。成苗期约6d，此阶段严禁长时间10℃以下低温，以防过早抽薹。

2.3.5 炼苗期

炼苗期3～5d。该阶段的管理目标是提高幼苗的耐逆性，增强对定植环境的适应能力。为此，白天温度宜维持在（18±2）℃，夜间（12±2）℃。加大空气流动，空气和基质相对湿度降至55%±5%。尽可能延长光照时间，适当提高光照强度。灌溉1次含微量元素水溶肥料（N–P$_2$O$_5$–K$_2$O为20–20–20＋TE）1 500倍液即可，肥料溶液EC值≤1.0mS/cm。若幼苗叶色深，可以减少施肥量，或者只灌溉清水。经过炼苗，幼苗机械强度增加，叶片呈现明显蜡粉。

漂浮育苗条件下甘蓝类蔬菜幼苗生长发育进程见图5-10。

播种后第4天　　　　　　　　　第6天

第10天　　　　　　第21天　　　　第31天

图5-10　漂浮育苗条件下甘蓝类蔬菜幼苗生长发育进程

2.4　成苗质量

苗龄25～35d。夏季温度高、幼苗生长速度快，苗龄短；冬季温度低，生长速度较慢，苗龄长。株高10～15cm，株型紧凑；茎粗2.0～3.5mm，节间短、粗壮；4～5片真叶，叶片肥厚、叶色深绿，并有白色蜡粉；根系嫩白密集，根毛浓密，根系将基质紧紧缠绕，形成完整根坨；不携带病原菌和害虫（虫卵和幼虫）（图5-11）。

图5-11　结球甘蓝（左）和青花菜（右）穴盘苗成苗

2.5　运输与储存

当遭遇恶劣天气，无法按预定时间移栽时，可采取减少灌水、降低施肥量甚至不施用肥料等措施，延缓幼苗生长速度。用户取苗时，可将幼苗成排叠放在纸箱或筐内（图5-12）。冬天和早春，穴盘苗远距离运输时应做好保温措施，防止幼苗受寒；夏天要注意降温保湿，防止幼苗萎蔫。近距离定植时，可用穴盘苗培养架或多层运输车带穴盘运到田间。甘蓝类蔬菜幼苗的储运期不宜超过10d，适宜储运温度为4～10℃（Sato et al., 1999），期间要减少灌水量和施肥量。

图5-12　甘蓝类蔬菜穴盘苗搬运（左）与出苗前包装（右）

2.6　核心技术

2.6.1　灌溉水质

不良水质不仅影响种子萌发，也不利于幼苗生长发育。理想的水质应具备：① pH5.8 ～ 6.5，大部分矿质养分可被溶解和吸收；② EC值低于0.75mS/cm，超过此值极易引起盐害；③ 碱度（以$CaCO_3$计）60 ～ 80mg/L为宜，过高时，随灌溉频度基质pH值会升高；④ Na^+浓度应低于50mg/L，Ca^{2+}浓度介于50 ～ 100mg/L，Mg^{2+}浓度介于25 ～ 30mg/L，较为适宜；⑤ Cl^-浓度应低于80mg/L，过高易造成幼苗根系发育不良；⑥ 硼（B）浓度应低于0.5mg/L，过高会引起种子萌发不正常。

2.6.2　幼苗株型调控技术

甘蓝类蔬菜幼苗下胚轴和节间易于过度伸长（俗称徒长，见图5-13），为增强幼苗对定植环境的适应能力、机械化移栽适应

图5-13　甘蓝类蔬菜徒长苗

性，须采用环境、养分、理化相结合的综合调控技术。

（1）环境调控　控温、降湿、增光是控制幼苗徒长的常用方法，但对于甘蓝类蔬菜幼苗，仅控制温度很难达到预期效果，必须同时调控3个环境因素，特别是在子叶平展期，基质相对湿度宜降至65% ±5%，这一点非常重要。

（2）物理、化学调控　通过风机增加气流流动，育苗设施内空气流速宜保持在0.5 ～ 1.0m/s。子叶平展期喷施生长抑制剂，可叶面喷施壮苗1号500 ～ 1 000倍液，每平方米育苗面积喷施100 ～ 150mL。视幼苗长势，在第1次喷施5 ～ 10d后进行第2次喷施，喷施浓度与剂量同首次，喷施时间宜选择阴天或傍晚。

（3）营养调控　甘蓝类蔬菜幼苗适宜的NO_3^-/NH_4^+-N比为2∶1。在高温或弱光等天气，应施用低铵态氮（13N-2P-13K-6Ca-3Mg）、低磷（N-P-K为14-0-14）等类型的肥料。育苗期间若遭遇低温、连阴天气，宜适当延长施肥间隔期。

2.6.3　小菜蛾综合防治技术

小菜蛾，又名小青虫、两头尖、吊丝虫等，生活周期短、世代重叠严重、抗药性强，是甘蓝类蔬菜苗期的毁灭性害虫。综合防治策略：①做好育苗棚室清洁消毒，避免任何可能携带虫源的材料进入。②室内悬挂频谱式杀虫灯和黄板。③室内释放稻螟赤眼蜂、斑螟分索赤眼蜂、拟澳洲赤眼蜂、菜蛾盘绒茧蜂、半闭弯尾姬蜂、菜蛾啮小蜂等天敌；④悬挂小菜蛾性信息素诱芯。⑤喷施苏云金杆菌、白僵菌、绿僵菌、阿维菌素、多杀菌素等生物制剂。⑥轮换交替施用虫螨腈、氯虫苯甲酰胺、甲氨基阿维菌素苯甲酸盐、溴虫腈、丁醚脲、氟啶脲等药剂。

3　茄果类蔬菜集约化育苗技术规程

茄果类蔬菜主要包括番茄、辣椒和茄子。每种蔬菜又分为若干类型，番茄根据用途分为鲜食番茄和加工番茄，根据生长习性分为无限生长型和有限生长型，根据果实大小分为大果型（单果质量≥150g）、中果型（单果质量100～149g）和小果型（单果质量≤100g）；辣椒根据果实形状可分为樱桃椒、圆锥椒、簇生椒、线椒和甜椒；茄子可分为圆茄、长茄和矮生茄。

茄果类蔬菜喜温暖，不耐霜冻；属中光性植物，温度适宜的条件下一年四季均可开花结果；根系发达，吸收水分和养分能力强，为半耐旱蔬菜；在pH6～7、有机质丰富的土壤中生长良好。相对而言，番茄不耐高温，辣椒不耐强光，茄子要求相对较高的温度和充足的光照。

我国番茄年栽培面积约110.9万hm²，产量6 483.2万t，其中设施番茄栽培面积64.2万hm²，露地番茄栽培面积46.7万hm²（李君明等，2021）。辣椒年播种面积约213.3万hm²（王立浩等，2021）。茄子年栽培面积约78.30万hm²（刘富中等，2021）。茄果类蔬菜苗期要求较高温度，根系再生能力强，生产上以育苗移栽为主。

3.1　播种前准备

3.1.1　品种选择

选择适宜当地土壤和气候条件、茬口安排以及消费习惯，耐逆、抗病、丰产、品质优良的品种。茄果类蔬菜主推品种如表5-5所示。

表5-5　茄果类蔬菜主推品种

种类	品种名称	千粒重（g）	667m²定植株数（株）
番茄	大中果型品种：苏粉11、苏粉14、苏粉16、东农722、东农727、中杂301、中杂302、华番12、华番13、浙粉706、浙粉708、浙杂503、青农866、皖杂15、满田2199、长丰10号、汴粉20、农1305、晋番茄11、金棚8号、秋盛、瑞星5号、瑞星金盾等 小果型品种：金陵靓玉、金陵梦玉、阳光、露比、浙樱粉1号、浙樱粉2号、沪樱9号、西大樱粉1号、圣禧、红珍珠、圣桃6号等	3.0～4.0	2 000～3 000

（续）

种类	品种名称	千粒重（g）	667m² 定植株数（株）
辣椒	灯笼椒品种：中椒0807、中椒麻辣1号、中椒1615、中椒115、中椒8号、中椒105、中椒107等 牛角椒品种：中椒薄皮辣1号、中椒牛角1号、中椒506、兴蔬皱皮辣、兴蔬皱辣3号、兴蔬皱辣4号、国福518、国福519等 羊角椒品种：博辣皱线1号、博辣皱线2号、博辣皱线4号、博辣皱线5号、中椒改良109、中椒209、博辣艳丽、博辣丰香、博辣青香、国福2018、国福913、国福326、陇椒3号、陇椒6号等 螺丝椒品种：中椒509、中椒皱皮辣、兴蔬曲美、京旋26、京旋105、陇椒8号、陇椒9号等 干制辣椒品种：博辣天骄2号、飞红、飞艳、红爪、美艳2号、美艳9号、湘辣708、湘辣702、圆珠4号等	4.5 ~ 6.0	3 000 ~ 5 000
茄子	适宜华北和西北地区栽培品种：园杂460、园丰7号、长杂216、京茄110、京茄338、海丰长茄5号等 适宜西南地区长季节栽培的嫁接品种：渝茄5号、渝茄7号等 适宜华南地区栽培品种：农夫2号、农夫3号、闽茄6号、赣茄2号等 适宜华东地区栽培品种：浙茄10号、沪黑6号、沪茄5号等 适宜长江中下游地区栽培品种：京茄130、迎春4号、紫龙9号、苏茄6号、皖茄15、皖茄050等 适宜东北地区栽培品种：龙杂茄9号、哈茄V8、辽茄13号、16Q06、16Q09等 绿茄品种：绿玉1号、驻茄15、绿天使、绿秀丽、翡翠绿等 白茄品种：象牙白茄2号、真糯烧烤茄等	4.0 ~ 6.0	2 500 ~ 3 000

注：部分品种参考自李君明等（2021）、刘富中等（2021）。

3.1.2　穴盘选择与消毒

番茄、茄子幼苗叶面积大，株型相对开阔，通常选用72孔、98孔、105孔聚苯乙烯（PS）吹塑穴盘；辣椒株型紧凑，开展度相对较小，通常选用105孔、128孔PS吹塑穴盘，孔穴深度≥5cm。漂浮育苗多选用200孔泡沫穴盘。冬春季培育大龄幼苗，宜选用孔穴容积较大穴盘；夏秋季培育小龄幼苗，可选择孔穴容积较小穴盘（图5-14）。新购穴盘用清水冲淋后可直接使用；重复使用的穴盘，特别是从种植基地回收的穴盘，必须清洗干净消毒后再使用（尚庆茂，2022）。

| 番茄 | 辣椒 | 茄子 |

图5-14 茄果类蔬菜集约化育苗

3.1.3 育苗设施与消毒

根据地理和气候条件、育苗茬口，选用日光温室、连栋温室、塑料大棚、网室等育苗设施。北方地区，冬春茬、早春茬宜选用放风口设有防虫网的日光温室，春茬、夏秋茬、秋茬宜选用配有防虫网、遮阳网的塑料大棚或连栋温室；南方地区，冬春茬、早春茬宜选用配有多层覆盖和防虫网的塑料大棚或连栋温室，春茬、夏秋茬、秋茬宜选用配有防虫网和遮阳网的塑料大棚或网室。

播种前，应检查育苗设施的结构坚固性、覆盖严密性以及环境调控设备。地面用混凝土硬化，或铺设碎石子、地布等材料。宜选用热镀锌防腐防锈处理的金属床架、钢丝网床面、铝合金窗框等移动式苗床，床面宽1 500 ～ 1 700mm，平整，抗变形能力强。苗床适宜高度30 ～ 60cm。苗床太低，下部通风不畅，灌溉水易溅落到苗床上；苗床太高，管理者难以探取到苗床中间的苗盘，从而降低工作效率，增加劳动强度。

育苗设施消毒可采用高温闷棚法、石灰水消毒法、高锰酸钾-甲醛消毒法、硫黄熏蒸法、硫黄-敌敌畏熏蒸法、百菌清-敌敌畏熏蒸法、药剂喷雾法（尚庆茂，2022）。

3.1.4　育苗基质配制

选择洁净、经高温暴晒或药剂消毒的混凝土地面，或采用专用基质搅拌机，将草炭、蛭石、珍珠岩、肥料、植物促生菌剂等有机、无机基质和生物物料按比例、有序、逐步添加，并混拌均匀。常用基质配方（V/V）有：草炭∶蛭石 = 2∶1，草炭∶蛭石∶珍珠岩 = 3∶1∶1，草炭∶蛭石∶菇渣 = 1∶1∶1，草炭∶蛭石∶珍珠 = 6∶1∶3，蛭石∶有机肥∶炉灰渣 = 7∶2∶1(孙治强等，1998；崔秀敏等，2001)。调配后的基质，容重0.3 ~ 0.5g/cm^3，pH6.5 ~ 7.0，EC值0.75 ~ 1.50mS/cm（饱和浸提法），通气孔隙度20%左右，持水孔隙度50%左右。

每立方米基质用50%多菌灵可湿性粉剂100g，或75%百菌清可湿性粉剂200g，或噁霉灵原药3g，将药剂用清水稀释为3 000 ~ 5 000倍液喷施基质，混合均匀，以杀灭基质中可能存在的真菌性病原菌。或每立方米基质混拌接种10^{10} ~ 10^{13}cfu/g植物促生菌促生防病，如枯草芽孢杆菌、解淀粉芽孢杆菌、地衣芽孢杆菌等。尽管杀菌剂多针对真菌，对细菌芽孢作用有限，仍建议杀菌剂和植物促生菌剂尽量避免同时使用。

3.2　种子处理

3.2.1　种子消毒

经包衣或丸粒化处理的种子可直接播种。未经消毒处理的种子可采用热水消毒，即将种子放入网袋中，37℃水浴预热10min，番茄和茄子种子50℃热水消毒25min，辣椒种子51℃热水消毒30min，然后立即放入冷水或用冷水冲淋降温。或者将种子在室温下清水浸种30min，然后用5%次氯酸钠溶液浸泡5 ~ 10min，清水冲洗干净后晾干，备播。

3.2.2　种子引发

种子引发可有效缩短种子萌发时间，提高种子萌发和幼苗生长整齐度。茄子种皮相对致密坚硬，休眠性较强，可选用以下引发方法：①500mg/L赤霉素水溶液浸种6h（董春娟等，2015）；②3% KNO_3水溶液浸种21h，种子质量与溶液体积比为1：3（陈磊等，2008）；③先将种子在室温下清水浸泡8h，其间搓洗2～3次，沥干水分后在洁净纱布上摊晾8～12h，再浸泡4～6h，然后再次摊晾8～12h，当手摸湿爽不黏时再进行催芽。

3.2.3　种子丸粒化

茄果类蔬菜的种子呈扁平状，或带有种皮毛（番茄），通过种子脱毛处理和丸粒化处理，可以大幅度提高播种速率和播种精准度。

3.3　精量播种

3.3.1　种子出苗率测定

播种前，必须进行种子出苗试验，并须注意4点：①种子必须与批量育苗用种一致，包括品种及生产批次。②种子处理方法与批量育苗一致，包括浸种温度和时间，或药剂种类和剂量等。③所用基质必须是即将用于批量生产的基质。④试验环境尽可能与批量生产出苗环境一致。⑤第1片真叶展开后，按照公式（1）计算出苗率。每次试验设3次重复，3次重复出苗率的平均值代表种子出苗率。若重复之间差异大于5%，视本次出苗率试验无效，应重新试验。

$$L = \frac{S}{100} \times 100\% \qquad (1)$$

式中：L为出苗率；S为出苗数。

3.3.2　播种量确定

按照《农作物种子检验规程　其他项目检验》（GB/T 3543.7—1995）测定种子千粒重，按照公式（2）测定成苗率，公式（3）计算播种量。为了确保生产用苗需求，播种量通常应高出生产用苗量10%～20%。

$$\delta = \frac{C}{Z} \times 100\% \qquad (2)$$

式中：δ为成苗率；C为穴盘内达到成苗质量要求的幼苗株数；Z为穴盘内幼苗总株数。

$$I = \frac{X}{L \times \delta} \times \frac{Q}{1\,000} \qquad (3)$$

式中：I为播种量（g）；L为出苗率；δ为成苗率；X为所需成品苗数；Q为种子千粒重（g）。

3.3.3 播种

根据育苗规模，可选用半自动或全自动机械或器具辅助的精量播种技术。播种深度5～10mm。对于小粒种子，浅播有利于提高出苗率和出苗整齐度。播种前，调整基质相对湿度至40%左右，即达到"手握成团，松开即散"的状态。基质装盘时应尽可能保证孔穴内基质填装量和紧实度一致，穴盘网格清晰可见（图5-15左）。若基质装填过量超出穴盘表面（图5-15右），易造成喷灌时水分漫流和后期幼苗串根。

图5-15　穴盘基质填装
（左：基质填装适量，穴盘网格清晰；右：基质填装过量）

3.4 催芽

茄果类蔬菜催芽方法主要有两种：①催芽室催芽。将穴盘运送至催芽室，码放于催芽架穴盘隔板上，在设定环境条件下催芽，当60%左右的种子拱出时，及时运送至育苗设施的苗床上。② 苗床催芽。将穴盘直接运送至育苗设施，摆放在苗床上，覆盖聚乙烯地膜，或微孔地膜，或无纺布等材料保湿，当60%左右的种子拱出时，及时揭去覆盖物。中午强光极易造成膜下40℃以上高温，应及时揭膜或"抖膜"降温，或者短暂加盖不透明覆盖物，防止热害。冬春低温季节，无纺布、报纸、黑色地膜等半透明或不透明覆盖物阻隔太阳辐射，易造成"逆温"，即覆盖物下基质温度低于气温，延迟出苗时间，并极易引发苗期病害，建议冬春季播种后采用透明地膜覆盖。茄果类蔬菜催芽适宜温度、湿度及时间可参考表5-6。

表5-6 茄果类蔬菜催芽适宜温度、湿度及时间

蔬菜作物	昼温（℃）	夜温（℃）	相对湿度（%）	催芽时间（h）
番茄	27～30	20～23	90～95	72～96
辣椒	28～30	20～23	90～95	96～120
茄子	30～32	23～25	90～95	96～120

3.5 苗期管理

3.5.1 环境调控

（1）温度 冬春茬、早春茬、春茬育苗，应采用多层覆盖、热水加热系统等保温加温措施维持幼苗正常生长发育所需温度，使番茄育苗设施内环境温度不低于11℃，辣椒和茄子育苗设施内环境温度不低于15℃。夏秋茬、秋冬茬育苗，应采用遮阳网覆盖、湿帘风机系统等降温措施维持幼苗正常生长发育所需温度，使番茄育苗设施内环境温度不高于35℃，辣椒和茄子育苗设施内环境温度不高于37℃。番茄、辣椒、茄子的苗期温度管理指标可参考表5-7。

表5-7 茄果类蔬菜苗期温度管理指标

幼苗发育阶段	番茄		辣椒		茄子	
	昼温（℃）	夜温（℃）	昼温（℃）	夜温（℃）	昼温（℃）	夜温（℃）
出苗至子叶平展	20～23	12～15	20～23	12～15	20～23	12～15
子叶平展至第1片真叶展开	22～25	14～17	22～25	14～17	22～25	14～17

（续）

幼苗发育阶段	番茄		辣椒		茄子	
	昼温 (℃)	夜温 (℃)	昼温 (℃)	夜温 (℃)	昼温 (℃)	夜温 (℃)
第1片真叶展开至 成苗要求真叶数	25～28	16～19	27～30	17～20	28～32	18～22
炼苗期	15～18	11～14	15～18	11～14	15～18	11～14

（2）空气相对湿度　采用通风、加热或洒水、弥雾等措施降低或提高育苗设施内的空气相对湿度，使设施内空气相对湿度保持在50%～60%，炼苗阶段降低至40%左右。

（3）光照　采用清洁透明覆盖材料、悬挂反光幕、安装补光灯等措施，增加光照强度和光照时间，采用遮阳网覆盖降低光照强度，使设施内光照时间保持在8～12h，随幼苗发育阶段逐步提高光照强度。出苗至子叶平展阶段为了防止强光灼伤幼苗，中午强光时段宜加盖遮阳网；炼苗阶段应接近自然光照强度。

（4）CO_2浓度　真叶生长期，采用通风、开启CO_2发生器等措施增加设施内CO_2浓度，使设施内昼间CO_2浓度达到600～800mg/kg，更有利于育成壮苗。

3.5.2　水肥管理

根据幼苗不同的发育阶段，采取水溶肥料和灌溉施肥方法补充水分和矿质养分。常用的含微量元素（TE）水溶肥料（配比）有20N-20P_2O_5-20K_2O＋TE、20N-10P_2O_5-20K_2O＋TE、12N-2P_2O_5-14K_2O-6Ca-3Mg＋TE，各种配比肥料交替使用。施肥频次因幼苗生长发育阶段和育苗环境条件而异，出苗至第1片真叶展开阶段，幼苗生长发育慢，需肥量小，应延长施肥间隔期，选择低磷肥料；育苗环境条件适宜，幼苗生长发育快，应缩短施肥间隔期。若遭遇低温、连阴天气，施肥间隔期应适当延长。

灌溉施肥可采用顶部喷灌和潮汐灌溉。喷灌可采用悬臂式喷灌机或手推式喷灌机，或人工将清水或配制好的肥料溶液从幼苗顶部喷洒灌溉；潮汐灌溉是采用潮汐式育苗床，将清水或配制好的肥料溶液从穴盘底部灌溉。茄果类蔬菜苗期水肥管理指标可参考表5-8。

表5-8　茄果类蔬菜苗期水肥管理指标

幼苗发育阶段	基质湿度（%）	施肥浓度（mg/kg）	每周施肥频次（次）
出苗至子叶平展	50～60	50～75	1～2
子叶平展至第1片真叶展开	50～60	75～100	1～2
第1片真叶展开至成苗要求真叶数	50～80	150～200	2～3
炼苗期	45～55	200～250	2～3

3.5.3　拼盘与疏盘

当幼苗第2片真叶出现后，取出穴盘中未出苗的基质，或挑出弱小苗，移植健壮幼苗，保证苗齐苗壮，俗称"拼盘"（图5-16）。挑出的弱小苗，集中合并至新的穴盘，强化温光水肥管理，促成育成壮苗。

当幼苗生长至4～5片真叶，株间、盘间开始郁闭时，适当加大穴盘间距，可改善通风和光照条件，促进壮苗形成，俗称"疏盘"（图5-17）。疏盘与炼苗相结合效果更好。

图5-16　辣椒幼苗拼盘

图5-17　番茄（左）和辣椒（右）幼苗疏盘

3.6　成苗质量

壮苗标准：番茄幼苗株高12～17cm，茎粗＞0.3cm，子叶完整，叶色正常，4～5片真叶；辣椒幼苗株高15～20cm，茎粗＞0.2cm，子叶完整，叶色正常，6～7片真叶；茄子幼苗株高12～15cm，茎粗＞0.3cm，子叶完整，叶色正常，4～5片真叶。根系嫩白密集，根毛浓密，根系将基质紧紧缠绕，形成完整根坨；无机械损伤，不携带病原菌和害虫（卵）。

3.7　储存与运输

成苗出圃前喷1次杀菌和防虫的药剂，俗称"送嫁药"，做到带药定植。成苗最好在盘运，可以保证株间3～5mm空间，减轻幼苗震动，减少根系基质脱落（也称散坨）。冬季和早春外界气温较低，穴盘苗远距离运输时要有保温措施，防止幼苗受寒；夏季外界光照强、气温高，要注意降温保湿，防止幼苗萎蔫（图5-18）。近距离定植，幼苗在盘运到田间。

茄果类蔬菜幼苗的储运期不宜超过6d，适宜储运温度为12～15℃，储运期间要减少灌水量和施肥量。

图5-18　茄果类蔬菜穴盘苗包装运输

3.8　核心技术

3.8.1　种子浮选

完成浸种后，将种子滤出并倒入盛有10%食盐水溶液的桶状容器中，充分搅拌后静置，可将瘪种与良种自然分开，即发育不完全的瘪种子会漂浮于溶液表面，而饱满的种子则下沉容器底部。选取下沉底部的饱满种子进行播种，有利于提高出苗率和出苗整齐度，节约人工和基质。此外，食盐水溶液还具有种子消毒作用。茄子种子食盐水溶液浮选及效果见图5-19。

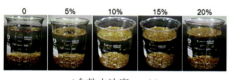

（食盐水浓度，m/v）

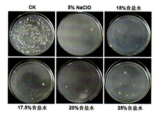

食盐水浮选对茄子种子表面杀菌作用

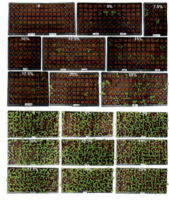

茄子种子经盐水浮选后，上浮（上）和下沉（下）种子的出苗情况（播种后17d）

图5-19　茄子种子食盐水溶液浮选及效果

3.8.2　幼苗徒长防控

茄果类蔬菜育苗以多孔连体穴盘为容器，株间距和根系发育空间小，基质缓冲能力弱，幼苗极易徒长。徒长苗形态及生理代谢迥异于正常苗，表现为胚轴及节间显著伸长，叶片开展度增大、变薄，根冠比降低，组织含水量提高，对生物和非生物逆境的适应性减弱。采用环境管理、物理刺激、施用植物生长调节剂等措施可有效控制幼苗徒长，以上3种措施联合应用时效果更佳。

（1）环境管理　弱光、高温、高湿（空气相对湿度和基质含水量）是幼苗徒长的关键诱因。下胚轴和上胚轴伸长期是幼苗徒长的关键时期，该时期加强环境管理，如降低温度和湿度，提高光照强度，延长光照时间，可以有效控制幼苗徒长。

（2）物理刺激　接触刺激（表5-9）、阻抑及振动处理等机械刺激对幼苗生长具有重要调控作用，可延缓茎及叶柄的伸长，从而抑制幼苗徒长。此外，增加紫外光质对幼苗徒长也有抑制作用。

表5-9　接触刺激对番茄幼苗徒长的抑制作用

（Keller & Steffen，1995）

处理	株高（cm）	对株高刺激效果（%）	茎粗（mm）	对茎粗刺激效果（%）	叶片干重（mg/cm²）	对叶片干重刺激效果（%）
接触刺激	17.5±0.05	−9	6.3±0.25	−17	2.9±0.10	−34
无接触刺激	19.2±0.57	—	7.6±0.22	—	4.4±0.09	—

注：接触刺激即番茄幼苗第2片真叶出现后，每日用木棍拨动幼苗80次，持续15d。

（3）施用植物生长调节剂　利用植物生长调节剂防控幼苗徒长是一种简单而有效的方法。生产上常用的植物生长调节剂主要包括矮壮素、烯效唑、多效唑、丁酰肼（比久）等，处理方法主要包括浸种、叶面喷施、灌根等。使用植物生长调节剂时要特别注意使用时期、方法和浓度，以避免产生药害。图5-20示番茄幼苗过量施用多效唑造成的伤害。

图5-20　番茄幼苗多效唑过量施用造成的药害

3.8.3　病毒病防治技术

病毒病是茄果类蔬菜生产上的重要病害，危害重，防控难，如黄瓜花叶病毒（*Cucumber mosaic virus*，CMV）、马铃薯S病毒（*Potato virus S*，PVS）、番茄褪绿病毒（*Tomato chlorosis virus*，ToCV）、番茄斑萎病毒（*Tomato spotted wilt virus*，TSWV）、番茄花叶病毒（*Tomato mosaic virus*，ToMV）、烟草花叶病毒（*Tobacco mosaic virus*，TMV）、马铃薯X病毒（*Potato virus X*，PVX）、马铃薯Y病毒（*Potato virus Y*，PVY）、蚕豆萎蔫病毒（*Broad bean wilt virus*，BBWV）、中国番木瓜曲叶病毒（*Papaya leaf curl China virus*，PaLCuCNV）和番茄黄化曲叶病毒（*Tomato yellow leaf curl virus*，TYLCV）等（陈利达等，2020）。病毒病发病症状主要有：

（1）花叶型　一般表现为叶片有斑驳，或深浅相间，或黄绿相间，病株一般比正常植株稍矮，叶片会出现皱缩。

（2）卷叶型　主要表现为叶片的边缘向上弯曲，小叶呈现球形状态，扭曲成螺旋状，叶脉间黄化，植株萎缩。

（3）条斑型　感病叶片出现茶褐色斑块，茎蔓则表现为黑褐色条斑。

（4）蕨叶型　发病植株比正常植株略显矮化，上部叶片部分或全部变为线状，中下部叶片微卷，花冠膨大。

从毒源、传播途径加强苗期病毒病防控，是确保茄果类蔬菜丰产的关键。防控措施：①选用抗病毒病品种。②育苗设施消毒。育苗设施使用前，彻底清除上茬残株、烂叶等生物残体，清洁灌溉管路系统，然后闷棚（室）湿热处理3～5d，或药剂熏蒸2～3次，最后再对苗床、地面、墙壁进行药剂消毒，做到不留死角。③种子消毒。种子带毒是病毒病发生的初侵染源，播种前用清水浸种3～4h，再用10%磷酸三钠溶液浸种20～30min，冲淋干净后备播；或者用0.1%高锰酸钾溶液浸种30min。④基质清洁卫生。基质原料来源、混拌环境和器具、操作人员等必须保证不携带病毒。⑤阻断病毒传播媒介。烟粉虱、蚜虫、蓟马等小型昆虫是病毒的主要传播媒介。育苗时，棚（室）通风口安装50～80目防虫网，育苗设施内每667m^{2}悬挂25 ～ 30张黄色和蓝色粘虫板，粘虫板底部距离幼苗顶端10 ～ 20cm。加强育苗棚（室）外围虫源生态防控。⑥防止接触传播。禁止在育苗设施内吸烟；接触过感病植株的生产工具、衣物等应及时清洗。⑦药剂防治。病毒病发生后，可选用宁南霉素（菌克毒克）、盐酸吗啉胍、吗胍·乙酸铜等药剂喷雾防治。烟粉虱等害虫可选用噻虫嗪、除虫菊素、氯噻啉、烯啶虫胺等药剂喷雾防治。

4　茄果类蔬菜集约化嫁接育苗技术规程

嫁接可有效克服茄果类蔬菜黄萎病（*Verticillium dahliae*）、青枯病（*Ralstonia solanacearum*）、疫病（*Phytophthora capsici*）、根结线虫病等土传病害，增强植株对低温、高温、干旱、盐胁迫、水涝等非生物逆境的耐性，提高根系对水分和养分的吸收能力，增加产量，改善品质。近年来茄果类蔬菜嫁接栽培面积快速增加，对嫁接苗的需求日趋旺盛。

4.1　砧木品种选择

砧木品种选择是嫁接能否成功的关键。应选择嫁接亲和力和共生亲和力强；抗产地主要土传病害，如黄萎病、青枯病、根腐病、疫病等，并与接穗对病毒病等冠层病害有协同抗性；耐产地高温、低温、干旱、水涝、盐渍等单一或复合逆境胁迫；对果实营养品质、风味品质、外观性状无副作用，增产作用大的砧木品种。我国目前茄果类蔬菜生产上使用的主要砧木品种如表5-10所示。

表5-10　目前生产上使用的茄果类蔬菜主要嫁接砧木品种

接穗种类	砧木品种	主要特性	选育公司
番茄	砧爱1号	无限生长型，根系发达，生长势强。具有*Ty2*、*Tm2a*、*Mi1*、*Frl*等抗性基因位点，对青枯病和根腐病有较好抗性。	京研益农（北京）种业科技有限公司

（续）

接穗种类	砧木品种	主要特性	选育公司
番茄	果砧1号	无限生长型，对病毒病、叶霉病、根结线虫病、枯萎病和黄萎病等多种土传病害具有复合抗性。植株生长旺盛，根系发达，适于保护地栽培。	北京育正泰种子有限公司
	久绿787	亲和力强，根系发达。对根结线虫病基本免疫，高抗青枯病、根腐病等。耐寒，适合早春茬设施栽培和露地栽培。	
	萨瓦	亲和力强。高抗青枯病、根腐病、髓部坏死病，免疫根结线虫病。耐热性和耐寒性均较突出，适合小果型番茄嫁接栽培。	
	千叶	高度亲和。对青枯病达免疫水平，高抗根腐病、根结线虫病。耐寒性、耐热性强，胚轴粗壮，适合大果型番茄嫁接。	
	桂茄砧1号	番茄嫁接专用砧木品种。嫁接亲和力好，成活率高，根系发达，嫁接植株长势旺盛，抗青枯病效果达98%，抗早衰，抗重茬，能促进早熟、高产。能保持原品种特性，不影响果实品质。	广西农业科学院蔬菜研究所
	金棚砧木1号	亲和力强，根系发达，长势旺。高抗枯萎病、黄萎病和南方根结线虫病。耐寒性强，嫁接后可显著增强耐寒性，增产效果显著。适合北方保护地越冬长季节栽培。	西安金鹏种苗有限公司
	金棚砧木2号	亲和力强，根系发达，长势旺，抗青枯病，嫁接后可显著提高植株长势和产量。	
	金棚砧木3号	亲和力强，根系发达，长势旺，抗青枯病、枯萎病和黄萎病。	
	1108番茄砧木、9904番茄砧木	抗青枯病、根结线虫病及番茄嵌纹病毒病等，嫁接亲和力强，适合大果型番茄嫁接栽培。	台湾杰农（瑞成）种苗有限公司
	科砧1号、科砧2号	亲和性强，高抗根结线虫病，丰产性好。	廊坊市农林科学院
辣椒	格拉夫特	嫁接亲和性强。茎和叶柄有表皮毛，根系发达，吸收水分和养分能力强。抗根结线虫病、疫病、茎基腐病、青枯病等土传病害，对不良土壤环境适应性强。	京研益农（北京）种业科技有限公司

（续）

接穗种类	砧木品种	主要特性	选育公司
辣椒	哈博	嫁接亲和性强，成苗率高，根系强大。高抗根腐病、疫病、青枯病、根结线虫病。抗寒能力强，增产效果显著。	北京育正泰种子有限公司
	强生佐木	高抗辣椒疫病、青枯病和病毒病。	
	藤野	高度亲和，愈合快，成苗率高。根系强大，抗根腐病、疫病、青枯病和根结线虫病。嫁接后提高植株耐寒性，降低茎叶侵染性病害发生率。	日本引进
茄子	托鲁巴姆	高抗黄萎病、青枯病、根腐病和根结线虫病、耐热、抗寒、耐干旱和耐盐碱能力强。根系强大，生长势强。亲和性好，成活率高，增产效果好。	野生资源
	茄砧1号	高抗根结线虫病、黄萎病、枯萎病、青枯病。嫁接成活率高，对茄子品质无不良影响。茎秆机械组织发达，不易倒伏。根系发达，嫁接后对低温干旱等逆境的抵抗能力增强。植株生长旺盛，坐果率高，增产效果显著。	京研益农（北京）种业科技有限公司
	亚辉	幼苗生长快，胚轴粗壮，无刺。抗根结线虫病、黄萎病，耐寒性强。	北京育正泰种子有限公司
	桂茄砧3号	茄子专用嫁接砧木，嫁接亲和性好，根系发达，生长势旺盛。高抗青枯病、枯萎病、黄萎病等病害。耐寒性好，适于保护地及露地嫁接栽培。	广西农业科学院蔬菜研究所
	无刺常青树	胚轴无刺，便于嫁接操作，对根结线虫病、枯萎病、黄萎病、青枯病、叶枯病等多种病害达到高抗或免疫水平。	日本岛根农园株式会社
	赤茄	高抗枯萎病。根系发达，茎粗壮，节间短，茎和叶面多刺。抗病范围较窄，不适合黄萎病发生重的地块应用。	野生资源
	刺茄	高抗茄子黄萎病。	
	野力巴木	根系发达，生长势强，高抗黄萎病、青枯病、立枯病、根腐病、根结线虫病。嫁接后吸水吸肥能力强，耐逆性强，不易早衰，增产效果好。	山东省昌邑市砧木研究所

4.2　砧木和接穗幼苗培育

培育健壮、整齐一致的砧木幼苗和接穗幼苗是高效嫁接育苗的首要环节。

4.2.1　播种量确定

根据种子千粒重、嫁接前成苗率、嫁接成活率、嫁接后成苗率以及生产需求量预测结果确定播种量（尚庆茂，2022）。

4.2.2　砧木种子处理

茄果类蔬菜砧木种子普遍野生性较强，种子小，休眠深，播种前进行种子处理，可促进萌发，提高萌发和出苗整齐度。可采用以下种子处理方法。

（1）变温处理　在常温下浸种6～24h使种子充分吸水，然后用5%次氯酸钠溶液浸泡5～10min，洁净水冲洗干净，将种子置于催芽箱，每日25～28℃、10～12h，5～8℃、12～14h变温管理，持续2～5d。

（2）层积处理　在常温下浸种6～24h使种子充分吸水，5%次氯酸钠溶液浸泡消毒，洁净水冲洗干净，平撒于装有2cm厚细沙的托盘中，并覆盖1.0～1.5cm厚的细沙，于4℃低温、细沙相对湿度70%～80%环境下放置3～5d，取出种子冲洗干净，晾干备播。为了防止层积用细沙带菌，可在使用前对细沙进行高温处理，或混拌杀菌剂。

（3）生长调节剂处理　用200～500mg/L赤霉素（GA_3）水溶液浸种6～24h，洁净、卫生条件下晾干，备播（张海芳等，2018）。

（4）化学药剂处理　用0.3%～2.0% K_3PO_4溶液或0.5%～1.0% KNO_3溶液浸种36～48h、0.1%～0.5% $NaNO_3$溶液浸种48h，均可使托鲁巴姆种子发芽率达85%以上（李桂荣和周宝利，2005）。

4.2.3　砧木播种

砧木播种日期取决于砧木品种选择、接穗品种选择、育苗方式和设施性能。播种前必须进行发芽试验，充分了解种子的萌发特性、出苗率，确定砧木提前播种天数。优良的砧木种子，萌发率可以接近100%。

根据发芽试验，番茄、辣椒砧木较接穗提前2～5d播种，茄子砧木较接穗提前3～25d播种。茄子砧木品种托鲁巴姆，出苗及2片真叶前生长慢，通常播种于平盘，然后分苗至72孔或105孔PS吹塑穴盘，孔穴深度≥5.0cm，播种深度0.3～0.5cm。若砧木种子萌发属于典型需光型，则创造光照环境对于提高种子萌发整齐度非常重要，因此这类种子不能在萌发过程中对穴盘进行完全遮光处理，或置于完全黑暗的环境。在种子上薄层覆盖小粒径蛭石，若覆盖过厚会延迟出苗时间，或导致出苗不整齐。

播种后将穴盘置于催芽室或温暖的区域。为了防止基质蒸发失水过快，可以用洁净的聚乙烯塑料薄膜覆盖穴盘。砧木种子萌发管理：昼夜气温保持25～30℃，空气相对湿度90%，基质EC值1.0～1.5mS/cm，pH5.8～6.5，光照强度4 500 lx左右，光照时间10h。幼苗拱出后立即去除覆盖的塑料薄膜，并保持80%左右空气相对湿度，防止幼苗种皮快速失水变干，无法正常脱落。若砧木下胚轴太短，可适当延长塑料薄膜覆盖时间，或延长黑暗时间至12h以上，刺激下胚轴伸长。

若种子萌发不一致，幼苗生长差异较大，必须进行分苗（俗称拼盘）。株高、茎粗是分苗的重要参考指标，与嫁接成活率密切相关，因此要将株高、茎粗一致的幼苗归在一起，从平盘或128孔穴盘移入105孔或72孔穴盘。分苗可使幼苗株间距增大，接受更多光照，促进株间空气流通，有利于抑制胚轴和节间伸长、增加茎粗，培育更健壮幼苗，为嫁接操作提供更大的便利。砧木幼苗生长在18～20℃较低气温下有利于茎增粗。茄子砧木品种托鲁巴姆平盘播种和拼盘后生长状况见图5-21。

图5-21　茄子砧木品种（托鲁巴姆）平盘播种（左）和拼盘后生长状况（右）

4.2.4　接穗播种

播种日期取决于前期发芽试验和生长试验。最佳播种时间是贴接时砧木与接穗切削位点茎粗相同。通常接穗品种较砧木生长快，但偶尔也有例外情况，如接穗生长较慢，需要比砧木提前1 ～ 2d播种。接穗多播种于128孔穴盘，播后覆盖0.5 ～ 0.8cm厚的珍珠岩。播种后10 ～ 12d，置于19℃左右较低温度环境下有利于接穗幼苗长势健壮和增强活力。播种后15d左右即可贴接。

4.2.5　苗期管理

播种后环境和水肥管理可参考本章"茄果类蔬菜集约化育苗技术规程"，同时应特别注意幼苗直立性，为贴接操作提供便利。

4.2.6　苗龄

嫁接前砧木和接穗苗龄以生理苗龄为主。幼苗下胚轴长3 ～ 5cm，粗1.5 ～ 3.5mm，叶色浓绿，1 ～ 3片真叶完全展开，干物质积累多，耐蒸腾失水能力强。

4.3　嫁接前准备

（1）嫁接必须在非直射光的环境下进行，如用彩钢板建造的嫁接车间，或覆盖遮阳网的塑料大棚或温室。

（2）检查愈合室，确保愈合室可以正常运行。或者在育苗设施内搭建50 ～ 80cm高的塑料小拱棚，覆盖洁净塑料薄膜。育苗设施外加盖遮阳网或外界光照不是很强时可以采用白色塑料薄膜覆盖。近年来，有些育苗企业在连栋温室内设置温、湿可控的简易愈合室，建造成本低，空间大，很有实用价值。

（3）配制手指用消毒液，如滴露消毒液。配制方法：取滴露消毒液约12mL，加入250mL温水，使有效浓度为0.22%。用此稀释液擦洗手指2～3次。

（4）准备硅胶柔性套管或嫁接夹、切削刀片等切削器具、标签、温度计、喷雾器等。套管和嫁接夹用福尔马林200倍液浸泡8h消毒。应尽量每次使用新切削刀片，或进行刀片消毒。切削刀片或器具每2h用沸水蒸煮消毒法或用75%医用酒精擦拭消毒法进行消毒处理。

（5）嫁接操作间温度保持在21～25℃。

（6）嫁接前，要加强幼苗管理，如砧木幼苗基质EC值宜保持在1.5～2.0mS/cm（饱和浸提法）。

（7）嫁接前2～3h，砧木幼苗禁止灌水，以防根压过高，嫁接接合部长时间大量伤流液流出。

（8）嫁接过程或接近嫁接苗时禁止吸烟。

4.4 嫁接（贴接）

我国茄果类蔬菜嫁接传统上多采用劈接法。劈接需要大苗龄砧木和接穗幼苗，切削次数多（6次），平口夹固定不牢靠，不利于机械化操作，因此重点对胚轴套管贴接方法进行介绍。

取砧木幼苗，选择下胚轴或上胚轴或第2片真叶下方节间，由下向上呈30°～45°斜向切除上部茎叶和生长点，保留下部根茎及其子叶、真叶（选择下胚轴部位切削时没有子叶和真叶），从顶端插入柔性套管；再取接穗幼苗，选择茎粗与砧木切削部位茎粗大致相同的位置，由上向下呈30°～45°斜向切除下部根茎，保留梢部，插入套管，保证接穗斜切面与砧木斜切面紧密贴合，完成嫁接（图5-22）。

贴接时应注意以下几点：①切削前应提前观测砧木和接穗幼苗下胚轴、上胚轴、节间粗度（或直径），并考虑是否使用嫁接残株，确定砧木和接穗各自的切削位点。②砧木和接穗切削角度应适宜，角度太小，不易切削，尖端易损伤；角度过大，切削面小，不利于固定和愈合。③宜用柔性硅胶套管、圆形或椭圆形嫁接夹固定嫁接苗。因平口嫁接夹固定不牢靠，搬运过程易松动，一般不建议采用。④套管纵向开口应垂直于砧木、接穗斜切面（图5-23）。

图5-22　辣椒上胚轴贴接操作方法
（由左向右依次是砧木切削、接穗切削、套管插入、接穗插入套管）

图5-23　砧木、接穗切削接合面与套管开口的方向

4.5　愈合期环境管理

茄果类蔬菜嫁接愈合期环境管理参数如下：

（1）嫁接后1～3d　白天温度保持在（25±2）℃，夜间（23±2）℃，番茄、辣椒稍低温度，茄子温度稍高，其他阶段如此；即使在愈合室，也建议覆盖塑料薄膜保湿，避免直射光，防止气流吹拂，空气相对湿度保持在95%左右；给予20～30μmol/（m²·s）散射光6h；不需灌水、施肥。

（2）嫁接后4～7d　白天温度保持在（25±2）℃，夜间（23±2）℃；短时间打开覆盖塑料薄膜排出过多湿气，空气相对湿度保持在90%左右；给予30～100μmol/（m²·s）光照6h，逐日增加光照强度；不需灌水、施肥。

（3）嫁接后8～10d　白天温度保持在（25±2）℃，夜间（22±2）℃；逐步撤去塑料薄膜覆盖，空气相对湿度保持在70%左右；给予100～300μmol/（m²·s）光照8～10h，逐日增加光照强度和光照时间；穴盘底部少量灌水，施用浓度为100mg/L的水溶肥（N-P$_2$O$_5$-K$_2$O为19-19-19，下同）。

（4）嫁接后11～13d　白天温度保持在（25±2）℃，夜间（18±2）℃；完全撤去塑料薄膜覆盖，空气相对湿度保持在60%左右；给予300～400μmol/（m²·s）光照10h，或逐步接受自然光照；穴盘底部少量灌水，施用浓度为200mg/L的水溶肥。

4.6　出圃前管理

嫁接苗出圃前应进行炼苗。对于冬春茬低温季节定植的幼苗，应进行耐寒性锻炼，降低育苗设施内温度，昼温维持在15～18℃，夜温10～12℃，保持空气相对湿度35%～50%，减少灌水，基质湿度降至45%左右，增强光照，促进干物质积累。对于夏秋高温季节定植的幼苗，应进行耐高温强光锻炼，提高育苗设施内温度，昼温维持25～35℃，夜温20～26℃，空气湿度相对35%～50%，减少灌水，基质湿度降至45%左右，并增强光照，延长光照时间。

定植前1～2d，嫁接苗叶面喷施或根际灌溉1次杀菌剂和杀虫剂，预防缓苗期病虫害发生。

4.7　成苗标准

嫁接后10～25d，接穗具2～4片真叶，叶片厚，叶色浓绿，节间粗壮，开展度适宜，接穗和砧木切削面愈合良好；株高10～15cm，茎粗3.5mm以上；根系白色、发达，成坨性好，未褐变老化；不携带病原和虫源（图5-24）。

图5-24　番茄下胚轴贴接苗（左）和辣椒上胚轴贴接苗（右）

4.8　核心技术

4.8.1　茄果类蔬菜嫁接残株再利用技术

利用茄果类蔬菜扦插茎基不定根再生性和腋芽萌发特性，可以实现嫁接残株再利用，节约用种成本，缩短砧木幼苗和接穗幼苗培育时间10～20d，节本增效显著。具体操作如下：

（1）砧木嫁接残株扦插再利用　嫁接时使用了砧木幼苗根系和茎下部，收集剩余的梢部（茎叶和顶端生长点），扦插至事先填装基质并充分灌水的穴盘孔穴中央，扦插深度1.0～1.5cm，覆盖塑料薄膜和遮阳网，保湿避光。扦插后第1～2天是不定根原基形成阶段，保持昼温26～28℃，夜温20～22℃，空气相对湿度90%～95%，弱光，避免直射光，光照强度≤1 000 lx；扦插后第3～5天是不定根发生和生长阶段，保持昼温24～26℃，夜温18～20℃，空气相对湿度85%～90%，早晨和傍晚揭开覆盖物，短时间少量通风，光照强度≤5 000 lx；扦插后第6～10天是不定根快速初步形成阶段，保持昼温22～26℃，夜温18～20℃，空气相对湿度逐步降至75%左右，逐步揭去遮阳网和塑料薄膜，增加光照强度和光照时间，光照强度≤20 000 lx；穴盘底部灌溉浓度为100～150mg/L的水溶肥（N–P_2O_5–K_2O为19–19–19）。第10天以后不定根已发生，并具备一定的水分、养分吸收能力，可以完全揭除覆盖物进行正常管理，直至幼苗达到嫁接形态指标，再次用于嫁接。

（2）接穗嫁接残株腋芽萌发再利用　嫁接时使用了接穗幼苗的梢部（茎叶和顶端生长点），收集剩余的根茎部分，加强水肥和环境管理，促进腋芽萌发和生长，形成侧枝（即新生幼苗）并达到嫁接形态指标，再次用于嫁接。接穗嫁接残株再利用的前提是嫁接切削位点至少位于上胚轴以上部位，子叶、真叶叶腋才可形成腋芽和新生幼苗（图5-25）。若接穗幼苗切削位点在下胚轴部位，则无法再利用。此外，维持完整、健康子叶或真叶，有利于腋芽萌发和再成苗。

番茄砧木残株扦插再生成株　　　　　　番茄接穗残株腋芽萌发成株

图5-25　番茄嫁接残株再利用

4.8.2　番茄双干嫁接苗培育技术

双干嫁接苗的理论基础是去接穗顶端优势促腋芽萌发，砧木根系强大的水分、养分吸收能力和抗早衰能力，最终形成生长势匀称、连续平衡结果的双干植株。实践意义是节约购苗成本，便于整蔓，增加产量。并不是所有的接穗品种和砧木品种均适合双干苗培育，腋芽萌发能力弱的接穗品种，或根系弱的砧木品种，不适合双干苗培育。

视频内容请扫描二维码

因接穗品种和育苗环境条件差异，番茄双干嫁接苗培育主要有3种方式。

（1）先嫁接，后培育双干苗　即当砧木和接穗幼苗达到嫁接所需生理苗龄后正常嫁接和管理，嫁接苗完全愈合后，接穗顶部平切，消除顶端优势，促进接穗下部子叶节或真叶节腋芽萌发，形成双干嫁接苗。适于腋芽萌发晚的接穗品种。

（2）先培育双干接穗苗，再嫁接　即当接穗幼苗第1～2片真叶展开后，在上胚轴或真叶下方茎间平切，待子叶节或真叶节腋芽萌发后，再与砧木幼苗嫁接，愈合形成双干或多干嫁接苗。适合腋芽萌发早的接穗品种。

（3）嫁接与接穗去顶同时进行　即当砧木和接穗幼苗达到嫁接所需生理苗龄后正常嫁接，同时在接穗上胚轴或真叶下方平切，愈合和腋芽萌发协同进行，直至形成双干或多干嫁接苗。适合砧木与接穗高度亲和的组合，否则接穗去顶会延缓愈合进程。

图5-26为番茄子叶节腋芽和真叶节腋芽形成的双干嫁接苗。

图5-26　番茄子叶节腋芽形成的双干嫁接苗（左）和真
叶节腋芽形成的双干嫁接苗（右）

5 瓜类蔬菜集约化育苗技术规程

瓜类蔬菜以瓠果为食用器官，包括西瓜、甜瓜、黄瓜、冬瓜、苦瓜、南瓜、瓠瓜、丝瓜、佛手瓜等。一年生或多年生攀缘性、短日照草本植物，喜温暖，不耐低温和霜冻，对温周期和光周期感应较敏感，低温和短日照条件有利于花芽分化和雌花的形成。

瓜类蔬菜在全国各地均有大面积栽培，2019年西瓜种植面积147万hm²，产量6 086万t（刘文革，2021），2018年甜瓜收获面积、产量分别为35.45万hm²、1 272.73万t（王娟娟等，2020），冬瓜年播种面积33.33万hm²（谢大森等，2020），"十三五"期间黄瓜年均播种面积122.97万hm²、产量6 623.08万t（张圣平等，2021）。

瓜类蔬菜喜温、不耐寒，根系发达，为了提早采收和降低成本，传统上育苗移栽为主。

图5-27示瓜类蔬菜集约化育苗。

西瓜 甜瓜

黄瓜 瓠瓜

图5-27 瓜类蔬菜集约化育苗

5.1　播种前准备

5.1.1　品种选择

应选择适合栽培地气候和土壤条件、消费特点和茬口要求，且抗病、耐逆、品质优良的品种，可参考表5-11。

表5-11　我国瓜类蔬菜生产主推品种

种类	主推品种	千粒重 (g)	每667m² 定植株数
西瓜	中晚熟品种：黑鲨、农科大18、农科大20、龙盛9号、龙盛佳越、津花24、京美10K02、凯丽、春喜100、秀雅2号、越欣、雪龙1号、雪峰新1号、冰花无籽、莱卡红3号、强黑1号、津蜜55、晋绿无籽3号、绿虎、暑宝8号等。 早中熟品种：苏蜜518、苏蜜618、丰华18、红裕18、怡兰、京美2K、兰芯、传祺1号、彩虹瓜之宝、众天美颜、满春、宁农科5号、苏蜜9号、苏梦1号、菊城红玲等。	大籽种子75～110，小籽种子25～60	中晚熟品种500～800株，早熟品种800～1000株，架式栽培可达1500～2000株
甜瓜	厚皮甜瓜品种：ⅣF117、ⅣF192、帅果9号、伊丽莎白、状元、京蜜8号、划时代4号、西蜜8号、酒研蜜1号、红瑞红、雪玲珑、翠雪6号、翠雪7号、农甜10号、丰蜜29、开опутimised优雅、海蜜9号等。 薄皮甜瓜品种：唯蜜、牛花花、花蜜99、京玉10号、博洋9号、湘甜脆玉、湘甜博脆、绿蜜60、甘甜7号、丘比特、宁甜2号、天美55、淮苏2号、龙甜6号、青龙、菊城翡翠、酥蜜3号、彩虹9号、辽甜19等。	厚皮甜瓜25～80，薄皮甜瓜8～25	1500～2000株
黄瓜	华北型保护地栽培品种：津优358、新农黄1号、中农37、中农50、京研118、津优319、中农33、津美79、京研优胜、科润99、津优336、京研109、绿园7号、津优316、津冬365等。 华北型露地耐热品种：津优409、京研夏美、中农38、京研春秋绿2号、粤丰等。 华南型品种：甘丰春玉、唐秋209、百福10号、力丰、龙早1号、东农812、盛秋2号、吉杂17、唐杂6号、龙园黄冠、龙园翼剑、燕青等。 水果型品种：京研迷你9号、津美11等。	20～45	2000～3000株

（续）

种类	主推品种	千粒重 (g)	每667m² 定植株数
冬瓜	小型品种：一串4号、圆宝、黛宝等、桂优5号。 中型品种：桂蔬7号、桂优1号、桂优3号、桂优6号、墨宝、穗小1号等。 大型品种：桂蔬1号、桂蔬3号、桂蔬6号、桂秀2号、桂秀5号、火箭炮黑皮冬瓜F₁、炮弹1号黑皮冬瓜、炮弹2号黑皮冬瓜、惠研铁心2号、黑优2号、亚蔬20-2、卓艺黑皮冬瓜F₁、桂蔬6号、铁柱2号等。	40～60	小型品种1 500～2 000株，中型品种800～1 500株，大型品种600～800株
西葫芦	中葫17、中葫16、京葫36、冬玉、法拉利、利园8号等。	100～150	1 000～1 500株
苦瓜	大白苦瓜、绿龙苦瓜、大肉2号、大肉3号、桂农科1号、2号、3号、5号、6号、10号、20号、春早新2号、湘丰新绿海、金田188、春丽、绿钻1号、超群春宝、闽研6号等。	120～150	100～500株
丝瓜	亚华翠绿、短棒2号、短棒丝瓜、湘研黄棒、皇冠3号、翡翠2号、桂冠5号、早佳、夏胜2号、天潍2号等。	80～120	800～1 500株

注：西瓜主推品种源自刘文革，2021；黄瓜主推品种源自张圣平等，2021。

5.1.2 穴盘选型与消毒

瓜类蔬菜幼苗，特别是南瓜、西瓜、黄瓜子叶面积远大于白菜类、甘蓝类和茄果类蔬菜，真叶也相对开展，蒸腾旺盛，根系易于木栓化，受伤后再生能力弱，通常选用50孔、72孔聚苯乙烯（PS）吹塑穴盘，孔穴深度≥5.5cm。

新购穴盘，清水冲淋后可直接使用，重复使用特别是从种植户回收的穴盘，必须清洗干净并消毒。

5.1.3 育苗设施与消毒

根据育苗地理和气候条件、育苗茬口，选用日光温室、连栋温室、塑料大棚、网室等设施，并在使用前严格进行消毒处理。

5.1.4 育苗基质配制

基质配制可采用草炭、蛭石、珍珠岩等材料，通用配方如草炭∶珍珠岩体积比2∶1，或草炭∶蛭石∶珍珠岩体积比3∶1∶1，均适合瓜类蔬菜。基础配方适量添加蚯蚓粪、褐煤粉、硅肥等，可促进种子萌发和幼苗生长。

瓜类蔬菜种子相对较大，内含营养物质多，叶面蒸腾面积大，根系发达，幼苗生长速度快，苗龄短。为此，育苗基质配制有4点值得考虑。①草炭、椰糠、蛭石、珍珠岩粒径宜小不宜大，或0～0.5mm粒径占比50%（体积比）以上，降低基质水分蒸发散失速率，增强根系固着力。②基质启动肥可以少添加，甚至不添加，特别是铵态氮。③每立方米基质混拌接种10^{10}～10^{13}cfu/cm^{3}可拮抗尖孢镰刀菌的菌剂。④基质pH应控制在6.0～7.2范围内。

5.2　种子消毒处理

热水消毒对瓜类蔬菜如西瓜、南瓜等种子存在伤害风险，不建议采用热水消毒方法。可采用以下3个消毒方法。

（1）次氯酸钠和福美双复合消毒法　5.25%次氯酸钠用水稀释5倍，搅拌均匀，倒入种子，浸泡1min，取出种子，自来水冲洗5min，摊在无菌滤纸上晾干，再用75%福美双可湿性粉剂拌种。此方法要求次氯酸钠消毒液必须现配现用，以防失效。

（2）高锰酸钾溶液浸种消毒法　配制0.1%高锰酸钾水溶液浸种1h，清水冲洗干净，晾干备播。

（3）带果斑病菌西瓜种复合消毒法　用0.5～1.0mol/L醋酸水溶液浸种30min，无菌水冲洗5次，36℃无菌条件下晾干，40℃预干燥24h，再置85℃下干热处理5d。西瓜种子酸性溶液与干热复合消毒效果见表5-12。

表5-12　西瓜种子酸性溶液与干热复合消毒效果

（野村白川，2001）

处理		发芽势	发芽率	发病率
酸性溶液处理	干热处理（℃，d）	（%）	（%）	（%）
0.5mol/L醋酸处理	80，5	64	68	0.0
30min	80，7	94	95	0.0

（续）

处理		发芽势	发芽率	发病率
酸性溶液处理	干热处理（℃，d）	（%）	（%）	（%）
0.5mol/L醋酸处理 30min	85，5	97	92	0.0
	85，7	65	97	0.0
	无	98	98	3.1
2%盐酸处理 30min	80，5	99	99	8.1
	80，7	92	92	0.0
	85，5	84	84	0.0
	85，7	72	74	0.0
无	无	90	90	3.2
	80，5	90	92	6.5
	80，7	70	88	2.3
	85，5	94	94	0.0
	85，7	84	84	0.0
无任何处理		96	98	100.0

5.3 播种

瓜类蔬菜种类多，种子大小各异，播种深度也不尽相同。通常根据种子横径确定播种深度。甜瓜、黄瓜播种深度10mm左右，西瓜、冬瓜、西葫芦、苦瓜、丝瓜播种深度15mm左右。

根据用苗量、种子质量、管理水平、成苗率等确定播种量（尚庆茂，2022）。

5.4 苗期管理

5.4.1 育苗阶段划分

为了抓住关键环节和便于管理，将整个育苗期划分为4个阶段：①出苗期，即播种后至幼苗拱出基质表面，核心是缩短种子萌发和出苗时间，防止"戴帽"出苗和下胚轴徒长；②子叶平展期，即幼苗拱出基质表面至2片子叶平展，心叶吐露，核心是促进下胚轴增粗，控制徒长和病害发生；③真叶发育期，即心叶吐露至具2～3片真叶，核心是适度控制叶柄伸长和叶面积快速增大，降低叶柄与茎的角度；④炼苗期，即幼苗具2～3片真叶至包装出圃，核心是增强幼苗抗逆性和适应性，表观上促进蜡粉形成。图5-28示黄瓜子叶平展期、真叶发育期和成苗。

图5-28　黄瓜子叶平展期（左）、真叶发育期（中）和成苗（右）

5.4.2　环境管理

（1）温度　瓜类蔬菜苗期温度管理参数见表5-13。

表5-13　瓜类蔬菜苗期温度管理参数

种　类	阶段1： 出苗期 昼（℃）/夜（℃）	阶段2： 子叶平展期 昼（℃）/夜（℃）	阶段3： 真叶发育期 昼（℃）/夜（℃）	阶段4： 炼苗期 昼（℃）/夜（℃）
西瓜、冬瓜、苦瓜、丝瓜	28～30/ 20～22	18～20/ 14～16	25～32/ 15～20	15～35[*]/ 12～25[*]
甜瓜[**]、黄瓜、西葫芦	25～28/ 18～20	18～20/ 13～15	25～28/ 15～18	15～32[*]/ 12～22[*]

注：*早春茬口幼苗进行低温耐寒性锻炼，夏秋茬口幼苗进行高温耐热性锻炼；**厚皮甜瓜相对薄皮甜瓜要求较高温度条件。

（2）湿度　包括育苗设施内空气相对湿度和基质相对湿度。通过弥雾发生器或地面洒水等方式提高育苗设施内空气相对湿度，通风、加热等方式降低育苗设施内空气相对湿度。第1阶段，保持空气相对湿度90％左右，基质相对湿度80％左右；第2阶段，维持空气相对湿度35％～45％，基质相对湿度50％左右；第3阶段，维持空气相对湿度45％～60％，基质相对湿度

50%～60%；第4阶段，维持空气相对湿度35%～40%，基质相对湿度40%～50%。

（3）光照 第1阶段，精准预测出苗时间，在幼苗即将拱出基质时，就给予5 000 lx左右光照，抑制下胚轴伸长；第2阶段，每日维持6～8h、20 000～30 000 lx，持续控制下胚轴伸长；第3阶段，每日维持8～10h、30 000～40 000 lx左右光照，促进幼苗稳定匀速生长；第4阶段，每日维持10h以上、40 000～50 000 lx左右光照，促进光合产物积累和蜡粉形成。

（4）养分管理 随着幼苗生长发育，采用梯次增量式灌溉施肥方式，第1、2阶段，基本不施肥；第3阶段，每周灌溉2～3次含微量元素水溶肥料（N-P_2O_5-K_2O＋微量元素为20-10-20＋TE或19-19-19＋TE）1 500～2 000倍液，在此阶段也可叶面喷施1～2次0.1% KH_2PO_4水溶液，增强P和K的供给；第4阶段，结合控水控湿增光，可施用1次含微量元素水溶肥料（N-P_2O_5-K_2O＋微量元素为20-20-20＋TE）1 000倍液。

（5）CO_2施肥 考虑到经济性和实操性，不建议整个育苗期内进行CO_2施肥。如有条件或幼苗偏弱，可选择在第3、4阶段的早晨或傍晚小拱棚覆盖条件下，配合光照、温度管理，拱棚内增施1 000～1 500mg/L CO_2气肥，促进光合作用。

正常管理条件下瓜类蔬菜幼苗生长发育进程见表5-14。

表5-14　正常管理条件下瓜类蔬菜幼苗生长发育进程（播种后天数，d）

种类	出芽	出苗	子叶平展	第1片真叶平展	第3片真叶平展
西瓜	3～5	5～7	10～15	15～20	25～32
甜瓜	1～2	2～3	8～10	15～18	25～30
黄瓜	1～2	2～3	6～8	10～12	20～25
冬瓜	5～6	7～8	10～12	15～18	23～30
西葫芦	2～3	3～4	5～7	10～15	20～25
苦瓜	5～7	7～10	12～15	20～28	30～35
丝瓜	5～7	7～8	10～15	15～20	25～30

注：薄皮甜瓜相对厚皮甜瓜生长快3～5d。

5.4.3　花芽分化调控

瓜类蔬菜多属于喜温短日照作物，花芽分化和雌花形成与温度、光照时间密切相关。低温、短日照促进雌花形成和降低雌花发生节位。育苗期间，特别是第2、3阶段（子叶平展期和真叶生长期），适当降低日均温特别是夜温，有利于雌花分化和形成。

当无法创造低温条件，第1、2片真叶生长期，可叶面喷施100～150mg/L乙烯利，促进雌花形成。

5.4.4　病虫害防治

采用农业防治、物理防治、生物防治、化学防治相结合的绿色综合防控技术。前期做好种子与基质消毒，保证水源的卫生，从源头阻断病源、虫源。基质添加植物促生菌剂。育苗期间，设施通风口、进出通道设置防虫网、室内悬挂诱杀灯、粘虫板，以及释放天敌等。

幼苗生长发育关键时期，如子叶平展期、炼苗期、出圃前，预防性施用杀菌剂和杀虫剂，如病害防治，可叶面喷施72.2%普力克600～800倍液，或15%噁霉灵500倍液，或70%甲基托布津800～1 000倍液，或3%噻霉酮水分散粒剂750～1 000倍液等；虫害防治可叶面喷施10%吡虫啉1 000～1 500倍液，或25%噻虫嗪5 000倍液等。

5.5　成苗质量标准

叶色浓绿，表面有蜡粉，株型紧凑，具2～3片叶，茎粗3.5～5.0mm，株高12～15cm，根系白色、粗壮，成坨性好，经生物检验无病原和虫源。

5.6　包装与运输

5.6.1　出圃前检验

出圃前检验主要包括3方面内容：①幼苗表观形态检验，如株高、叶色、茎粗、根坨，有无畸形苗，有无机械损伤等。②对照商品用苗核对品种、数量、播种时间、发往地和用户要求等。

③生物检验，包括病原和虫源，特别是检疫性病虫害。

出圃前叶面喷施100～500mg/L ABA（脱落酸）可抑制幼苗蒸腾作用，延缓萎蔫，提高幼苗储存质量（Hiroko Yamazaki 等，1995）。

5.6.2　包装

根据用户要求和运输距离等，采用瓦楞纸箱、塑料框、多层架等装运秧苗，确保适度空气流通性和不发生机械损伤。

5.6.3　运输

采用厢式货车等运输车辆，并要求配备隔热、避雨功能，提前做好防震准备。

5.7　核心技术

5.7.1　防止"戴帽"出苗技术

（1）原因分析　所谓"戴帽"出苗，就是出苗后种皮不脱落，夹着两片子叶，造成子叶机械伤害、热害和无法接受光照，幼苗生长弱，导致子叶基部绿色，前端黄化或褐化。常见于西瓜、西葫芦、冬瓜、苦瓜、丝瓜、瓠瓜等育苗（图5-29）。

主要原因有3个：①种子结构，种皮致密且厚硬，或种子发育不完全，如无籽西瓜。②播种深度不够。③基质湿度和空气湿度低，子叶即将拱出或刚拱出基质表面，表层基质和空气干燥，种皮很快干缩、硬化，不易脱落。

图5-29　瓠瓜"戴帽"出苗

（2）技术对策　主要对策有5个：①种子分选。根据种子饱满度，分别播种，饱满种子正常管理，非饱满或发育不完全种子浅播，并适当增加养分供给。②播种深度应适宜。过浅，基质压力不足，表层基质快速干燥，种皮干化。③育苗设施内，特别是基质表层和上方5cm空间，保持相对较高空气湿度，防止种皮快速干缩。为此，穴盘表面覆盖不宜过早揭除，发现表层干燥，可轻洒水，保持表层基质湿润。④短期遮阴，降低设施内光照强度和温度，减缓基质水分蒸发和种皮过快干缩。⑤种皮处理。对种子进行物理划刻或化学处理，降低种皮致密性，减小种子机械应力。

5.7.2　幼苗徒长防控技术

（1）原因分析　瓜类蔬菜幼苗极易发生徒长现象，主要表现为胚轴、节间和叶柄过长，叶色淡绿，叶片薄，叶面积大，叶柄和叶片平展和开阔，根量小，难以形成完整根坨；耐逆性和抗病性差，容易萎蔫；不便于移植。图5-30为西瓜、黄瓜下胚轴徒长幼苗。

图5-30　西瓜（左）和黄瓜（右）幼苗下胚轴徒长

主要原因有4个：①种子内含物多，营养丰富；②对高温、弱光、高湿环境高度敏感；③胚轴和茎中央有髓腔；④根系和输导组织发达，水分和养分吸收运输能力强。

（2）技术对策　主要对策有8个：①基质配制时不添加或少添加肥料，特别是速效铵态氮肥。②根据种类和品种、催芽与否、育苗设施内环境条件等，精准掌握出苗时间和播种后初始灌水量，避免幼苗拱出时基质仍处于高湿状态。③幼苗即将拱出基质表面时，及时给予光照条件。光照可以透过表层基质孔隙影响下胚轴伸长。④防止"戴帽"出苗，尽早使子叶全面接受光照条件。⑤在幼苗生长发育关键阶段，如第Ⅱ阶段子叶平展期，适当降低温度和空气湿度，增加光照强度和光照时间，严禁高温、高湿、弱光同时出现。⑥机械拨动幼苗，刺激幼苗机械组织发育，抑制幼苗纵向快速生长。每日机械拨动10次，连续4d，下胚轴长度降低25%（Thomas Björkman，1999）。⑦通过遮阴和增加设施内空气相对湿度，延长基质湿度保持在50%左右的时间，缩短高湿时间。⑧叶面喷施生长抑制剂，如500mg/L的矮壮素等。

6　瓜类蔬菜集约化嫁接育苗技术规程

土壤连作障碍严重制约瓜类蔬菜优质丰产高效。嫁接可有效克服瓜类蔬菜枯萎病（*Fusarium oxysporum* Schltdl.）、根腐病（*Monosporascus cannonballus* Pollack & Uecker）、疫病（*Phytophthora capsici* Leonian）、黄萎病（*Verticillium dahlia* Kleb.）、黑腐病（*Phomopsis sclerotiodes* Kesteren）、根结线虫病等土传病害，增强植株对病毒病（CMV、WMV-Ⅱ、PRSV、ZYMV、MNSV）抗性，缓解低温、干旱、弱光、盐胁迫、高湿、重金属胁迫伤害，提高根系水分和养分吸收能力，减少化学农药和化学肥料施用量（"双减"），增加产量，改善品质。

日本20世纪20年代，首先将西瓜嫁接于南瓜，随后又嫁接于瓠瓜，显著减轻了土传病害。目前，嫁接栽培技术已得到世界各地广泛认可，用于西瓜、甜瓜、黄瓜、苦瓜、冬瓜等瓜类蔬菜生产（Angela R. Davis 等，2008；彭莹等，2021；谭占明等，2021）。图5-31示瓜类蔬菜集约化嫁接育苗。

西瓜嫁接苗

黄瓜嫁接苗

甜瓜嫁接苗

瓠瓜嫁接苗

图5-31 瓜类蔬菜集约化嫁接育苗

6.1 砧木品种选择

砧木品种选择是嫁接能否成功的关键。为此，通常须考虑以下因素：

（1）亲和性 包括嫁接亲和性和共生亲和性。

（2）抗病性 基于产地土壤和接穗品种特性，选择抗产地主要土传病害的砧木品种。

（3）耐逆性 基于栽培茬口及气候条件、接穗品种特性，选择耐逆性强的砧木品种。

（4）适配性 选择与接穗品种生长特性相匹配的砧木品种，如接穗品种长势旺，可选择根系生长相对可控的砧木品种；反之，接穗品种生长较弱，可选择根系水分和养分吸收能力相对较强的砧木品种。

（5）丰产性 嫁接后增产作用显著，至少不减产。

（6）优质性　嫁接后能有效改善果实营养品质、风味品质和外观品质，至少不降低。

我国目前主要瓜类蔬菜嫁接砧木品种见表5-15。

表5-15　我国目前主要瓜类蔬菜嫁接砧木品种

接穗种类	砧木品种	砧木品种主要特性	来源
西瓜	京欣砧冠	瓠瓜与葫芦杂交而成的西瓜砧木。嫁接亲和力和共生性强，成活率高。嫁接后植株生长稳健，株系发达，吸肥力强。发芽整齐快捷，不易徒长，便于嫁接。耐低温，抗枯萎病，叶部病害轻，后期耐高温抗早衰，生理性急性凋萎病发生少。嫁接苗适合早春栽培及夏秋高温栽培。	国家蔬菜工程技术研究中心［京研益农（北京）种业科技有限公司］
	京欣砧王	嫁接亲和力和共生亲和力强，嫁接后植株生长稳健。发芽快，发芽势好，下胚轴较短粗且硬，不易空心和徒长，便于嫁接。抗枯萎病能力强，后期耐高温抗早衰，生理性急性凋萎病发生少。嫁接苗适合早春栽培，也适合夏秋高温栽培。	
	京欣砧优	瓠瓜与葫芦杂交而成。嫁接亲和力和共生性强，成活率高。嫁接后植株生长稳健，根系发达，吸肥力强。发芽快，发芽势好，出苗壮，下胚轴较短粗且硬，不易空心和徒长，便于嫁接。抗枯萎病能力强，后期耐高温抗早衰，生理性急性凋萎病发生少。嫁接苗适合早春栽培，也适合夏秋高温栽培。	
	勇砧	与一般砧木品种相比，表现出更强的亲和力，结合面致密，成活率高。发芽整齐，苗壮。嫁接苗在低温、弱光下生长强健，根系发达，吸肥力强，嫁接后果实大，能提高产量。高抗枯萎病，同时兼抗线虫病。后期耐高温抗早衰，生理性急性凋萎病发生少。嫁接苗适合早春和夏秋西瓜嫁接栽培。	
	京欣砧4号	嫁接亲和力和共生亲和力强，成活率高。发芽整齐。与其他砧木品种相比，下胚轴较短粗且深绿色，子叶绿且抗病，不易空心和徒长，便于嫁接，可提高产量。高抗枯萎病，对西瓜瓤色有增红功效。适合早春西瓜嫁接栽培。	

（续）

接穗种类	砧木品种	砧木品种主要特性	来源
西瓜	京欣砧3号	嫁接亲和力和共生亲和力强，成活率高。发芽整齐。嫁接苗在低温弱光下生长强健，根系发达，吸肥力强，嫁接后果实大，增产效果显著。高抗枯萎病，叶部病害轻，后期耐高温。抗早衰，生理性急性凋萎病发生少。适合早春和夏秋西甜瓜嫁接栽培。	国家蔬菜工程技术研究中心［京研益农（北京）种业科技有限公司］
	青研砧木1号	嫁接亲和性和共生亲和性强，低温生长性和坐果好。对枯萎病的抗性达100 %。适合多年连作，对西瓜品质无明显不良影响。嫁接后植株生长势强，有提高早期产量和单瓜重的作用。对土壤中养分利用率高，可减少底肥用量。嫁接苗适合西瓜保护地早熟和露地栽培，更适合收二茬瓜的大棚早熟栽培。	青岛市农业科学院
	强根	种苗健壮敦实，嫁接亲和力和共生亲和力特强，生长旺盛，根系发达，发芽整齐，下胚轴扎实，生长稳健，抗寒能力强，高抗枯萎病、蔓枯病、根结线虫病，并能增强接穗抗疫病、白粉病、霜霉病的能力，对瓜类品质影响甚小，不影响坐瓜节位，促进早熟，增产潜力大。适合西瓜不同季节的嫁接。	先正达集团股份有限公司
	勇士	根系强大，生长势旺盛，耐湿、耐旱、耐寒、耐热性强，下胚轴不易空心。嫁接苗生长快，坐果早而稳。不仅抗枯萎病，耐重茬，而且也可减轻叶面病害，能促进西瓜早熟，并能多茬结瓜，可提高商品瓜的品质和产量。既可作大果型二倍体西瓜和三倍体无籽西瓜的嫁接砧木，更宜作小型西瓜嫁接专用砧木；既能作早春大棚栽培西瓜嫁接砧木，更宜作夏、秋西瓜嫁接专用砧木。	台湾农友种苗有限公司
	山一	西瓜和甜瓜兼用砧木。亲和力强，不易徒长，高抗枯萎病，水肥吸收能力强。	北京育正泰种子有限公司
	绿盾	适合小型西瓜嫁接。抗枯萎病、根腐病、白粉病，后期具有较强耐热性，对西瓜品质无不良影响。	

（续）

接穗种类	砧木品种	砧木品种主要特性	来源
西瓜	超人	小籽类型南瓜砧木品质。开展度小，适合大密度育苗。胚轴黑绿，紧实，亲和力强。胚轴对温度、湿度不敏感，不易徒长。抗寒性突出，对果实外观、内在商品性影响小。	北京育正泰种子有限公司
甜瓜	沐耕719	薄皮甜瓜专用嫁接砧木，嫁接亲和力和共生亲和力强。出苗整齐一致，茎秆粗壮，根系发达，嫁接植株长势健壮，果实成熟期不易早衰，连续结瓜能力强，丰产性好，可显著提高果实品质。	青岛金妈妈农业科技有限公司
	德高铁柱	嫁接亲和力和共生亲和力好，嫁接成活率可达95%以上。低温生长性好，高抗枯萎病，生长强健，促进早熟，生长后期不易早衰，连续结瓜能力强，不影响甜瓜的品质。	山东德高蔬菜种苗研究所
	甜砧神力	根系发达，生长稳健，与甜瓜亲和力和共生力强，不早衰，可大幅度提高耐寒力和抗病力。提早成熟1周左右。果实膨大快，产量高，提高甜瓜的外观和糖度。	青岛新干线蔬菜科技研究所有限公司
	富士金根	高抗枯萎病、青枯病、黄萎病等多种土传病害，耐低温、弱光、高温，根系发达，适用于大棚及露地嫁接栽培。茎浓绿并密生绒毛，亲和力和共生力强，早熟性和连续结瓜力强，嫁接甜瓜产量可提高30%以上，并能提高甜瓜的风味品质，综合性状优良。	青岛海诺瑞特农业科技有限公司
	北国之春	高抗枯萎病、青枯病、黄萎病等多种土传病害，既耐低温弱光，又耐高温，根系发达，适于塑料大棚及露地嫁接栽培。茎浓绿并密生绒毛，亲和力和共生力强，成活率高，早熟性好和连续结瓜能力强，嫁接后不改变甜瓜原有风味、甜度、品质，综合性状优良。	
	众好玉和	高度亲和，子叶小，胚轴敦实，子叶节宽厚，前期耐低温，后期耐高热，不影响果实商品性。	北京育正泰种子有限公司
	健将	薄皮甜瓜嫁接专用砧木，高度亲和，抗寒性和耐热性俱佳。开展度小，胚轴浓绿，苗期不易徒长，生长后期不早衰。适于甜瓜保护地栽培。	

（续）

接穗种类	砧木品种	砧木品种主要特性	来源
甜瓜	达美	薄皮甜瓜嫁接专用砧木。抗苗期猝倒病、炭疽病，苗期低温弱光条件下不易徒长，高抗蔓割病、枯萎病，对果实形状、色泽、口味无不良影响。	北京育正泰种子有限公司
	银光	亲和力强，抗枯萎病，耐寒性和耐热性俱佳，适于厚皮甜瓜嫁接栽培。	
黄瓜	京欣砧5号	嫁接亲和力和共生亲和力强。发芽整齐，出苗壮。下胚轴短粗且深绿色，抗病，不易空心和徒长，便于嫁接。提早采收，瓜条无蜡粉，亮绿，果实品质好。	国家蔬菜工程技术研究中心［京研益农（北京）种业科技有限公司］
	京欣砧7号	嫁接亲和力和共生亲和力强，成活率高。发芽整齐，出苗壮，根系发达，耐低温性好。下胚轴短粗且深绿色，实秆不空心，便于嫁接，耐白粉病。促进黄瓜早熟，脱蜡粉能力强，嫁接瓜亮绿，显著提高果实品质。	
	刚强	苗率整齐，有较高的嫁接亲和力和共生力，根系庞大粗壮，具有极强的生命力，抗黑星病、霜霉病，耐低温，嫁接后瓜色泽鲜亮，瓜条顺直，比黑籽南瓜产量高出30%左右。	先正达集团股份有限公司
	砧见抗2012	根系为主根生长型，主根粗壮，纵向生长能力强，嫁接黄瓜长势健壮，坐瓜节位多，连续拉瓜能力强，油亮性持续稳定，高抗根腐病，后期死棵少，产量高，为沙土、壤土区域黄瓜嫁接用首选品种。	青岛金妈妈农业科技有限公司
	砧省薪452	籽粒大小均匀、饱满，出苗一致，一次性嫁接成活率95%以上。茎秆柔韧，适宜嫁接期长，成活率高，长势健壮，耐低温且低温下坐瓜性好。抗病能力强，对苗期白粉病、结瓜期枯萎病有一定抗性。	
	砧省薪431	出苗"戴帽"少，嫁接便利，容易管理，成活率高，省时省工，油亮性持续稳定，一致性达98%以上。	
	砧亮73-88	针对越冬一大茬亮条黄瓜区域选育的嫁接砧木。出苗整齐，苗期白粉病发生比例小，易管理，根系发达，抗病能力强，嫁接后植株长势更健壮，嫁接瓜条油亮，有效解决传统砧木乌瓜比例高、死棵严重的问题。	

（续）

接穗种类	砧木品种	砧木品种主要特性	来源
黄瓜	砧大力1966	丰产油亮型黄瓜砧木新品种。苗期长势健壮，子叶肥厚，茎秆深绿、粗壮，苗期对白粉病具有良好抗性，根系健壮，主根发达，抗逆能力强，耐低温，低温下坐瓜性好，连续坐瓜能力好，后期长势旺盛、不易早衰，丰产性佳。	青岛金妈妈农业科技有限公司
	金妈妈519	针对耐低温嫁接需要选育，解决了传统黑籽南瓜嫁接后不脱蜡粉、瓜条商品率低、死秧较重的问题，同时解决了传统油亮型黄瓜砧木越冬性能弱，长势弱、早衰问题。也适用于增强黄瓜品种长势的嫁接需求。	
	大力神	耐低温，嫁接亲和性和共生亲和性好，出苗整齐一致，抗枯萎病效果达100%，黄瓜嫁接后果面光亮，能显著改善黄瓜的商品性状，提高产值。	山东德高蔬菜种苗研究所
	青藤台木	日本引进品种。茎秆深绿，胚轴长，便于嫁接操作。根系庞大，耐低温性好，高抗枯萎病、白粉病、霜霉病和疫病。根量适中，前期不易出现营养生长过旺。嫁接后果实口味纯正，瓜条顺直，色泽油亮，大大提高其商品性。专门用于春秋、越冬保护地及露地黄瓜嫁接。	寿光润农种业有限公司
	亮丽王	耐低温、弱光、高温、高湿，吸肥、吸水力强，嫁接后可大幅度减轻黄瓜霜霉病、枯萎病及其他病害，可周年生长。嫁接后生产的黄瓜油亮、鲜嫩、脆甜，大大提高商品性。	
	金根4号	亲和力和共生力优，易于嫁接，容易成活。耐热、耐低温弱光，根系强大，嫁接后瓜条亮丽，品质优。适合冬春茬保护地栽培。	青岛海诺瑞特农业科技有限公司
	甬砧2号	嫁接亲和力和共生亲和性强。抗枯萎病和蔓枯病，生长势稳健，结瓜率高而稳定，耐低温，耐湿，耐瘠薄，增产效果明显，是克服连作障碍的有效砧木品种。	宁波农业科学院
冬瓜	极光	冬瓜嫁接专用砧木。出苗整齐，叶片小、厚实。与冬瓜高度亲和，高抗枯萎病、白粉病，耐低温。	北京育正泰种子有限公司

（续）

接穗种类	砧木品种	砧木品种主要特性	来源
冬瓜	冬瓜杂交砧木 F_1	亲和性好，根系发达，生长健壮，耐热耐寒，抗疫病、枯萎病、炭疽病和绵腐病等病害，商品性好，产量高。	辽宁营口市大维种业有限公司
	海砧1号	嫁接亲和性和共生亲和性强，高抗枯萎病、根结线虫病，增产效果显著。	海南省农业科学院蔬菜研究所
苦瓜	京欣砧8号	西瓜、甜瓜和苦瓜共用砧木。子叶中等大小，下胚轴短粗、深绿，适合穴盘嫁接育苗。砧木根系发达，砧穗嫁接亲和力好、成活率高、共生性强，可有效提高瓜类生长势和坐瓜率。适合西瓜、甜瓜和苦瓜早春及夏秋嫁接栽培使用。	国家蔬菜工程技术研究中心（京研益农（北京）种业科技有限公司）
	京欣砧9号	西瓜、甜瓜和苦瓜共用砧木。子叶中等大小，下胚轴短粗、深绿，适合穴盘嫁接育苗。嫁接亲和力好，共生亲和力强，成活率高。嫁接苗不易徒长，根系发达，吸肥力强，对果实品质影响小，可减轻枯萎病等病害的发生。适合西瓜、甜瓜和苦瓜早春和夏秋嫁接栽培使用。	
	苦砧组合9号	根系发达，茎秆粗壮，高抗死棵。嫁接植株长势健壮，叶色深绿、肥厚，主蔓发达，带瓜多，产量高，瓜条商品率高。	青岛金妈妈农业科技有限公司
	甘来	亲和性强，高抗枯萎病、根腐病，同时可提高接穗对霜霉病、炭疽病、病毒病的抵抗能力，优质增产效果明显。	北京育正泰种子有限公司
	金至尊	耐高温、高湿，胚轴深绿，髓腔小，亲和力强，根系强大，高抗枯萎病、细菌性根腐，同时可提高接穗细菌性溃疡病、白粉病抗性。保持苦瓜原有色泽、刺溜、形状、口味，并促进早熟，提高单产。适于早春、越冬茬设施栽培。	
	青园苦瓜砧	高抗霜霉病、抗青枯病、枯萎病、根结线虫病，嫁接成活率高，根系发达，植株生长势强，适于春、夏、秋苦瓜露地和保护地栽培。	平度市青园砧木有限公司

（续）

接穗种类	砧木品种	砧木品种主要特性	来源
苦瓜	苦瓜杂交砧木F₁	亲和力和共生力强，根系强大，耐热抗寒，高抗枯萎病等土传病害。	辽宁营口市老边区大维种业有限公司
	蓉砧1号	嫁接亲和力和共生亲和性好，高抗枯萎病、耐涝、耐旱能力强，生长快，生长势强，能有效地克服苦瓜连作障碍，改善品质，提高产量。	成都市农林科学院园艺研究所
	宜春肉丝瓜	抗根结线虫病，优质丰产性好。	江西省宜春地区农业科学研究所

6.2 嫁接前砧木和接穗幼苗培育

健壮、整齐一致砧木幼苗和接穗幼苗，可显著提高幼苗嫁接利用率、嫁接操作便利性和嫁接成活率，是嫁接育苗关键环节。

6.2.1 播种量确定

因涉及砧木、接穗幼苗嫁接利用率、嫁接成活率以及嫁接后成苗率，必须在瓜类蔬菜实生苗培育基础上，增加播种量。播种量计算公式如下：

$$I = \frac{X}{L \times \varrho \times \pi \times \delta} \times \frac{Q}{1\,000}$$

式中：I 为砧木或接穗播种量（g）；X 为所需嫁接苗成品苗数；L 为嫁接前砧木或接穗成苗率；ϱ 为嫁接利用率；π 为嫁接成活率；δ 为嫁接后成苗率；Q 为种子千粒重（g）。

6.2.2 播种时间

砧木和接穗播种时间，因种子萌发、幼苗生长特性以及嫁接方法而异。必须提前进行试验，然后确定砧木和接穗各自播种时间。两者多错期播种，如南瓜砧木嫁接黄瓜，接穗比砧木提前播种5d左右，即南瓜砧木播种后10d左右，黄瓜接穗播种后15d左右，开始嫁接。

6.2.3　嫁接前幼苗管理

瓜类蔬菜嫁接育苗，砧木通常播种于50孔PS吹塑穴盘，孔穴深度≥5.5cm，播种深度2cm；接穗幼苗多播种于平盘，每盘2 000粒左右，用细沙或珍珠岩覆盖，厚度1.5 ～ 2.0cm，也可以播种于288孔穴盘。

播种后环境和水肥管理可参考5.4.2，同时，应特别注意幼苗直立性。

6.2.4　嫁接适宜苗龄

嫁接前砧木和接穗幼苗苗龄，以生理苗龄为主。砧木幼苗下胚轴长5 ～ 8cm，粗5mm左右，叶色浓绿，子叶半开展，呈V形。接穗幼苗下胚轴长3 ～ 4cm，粗3mm以上，子叶多半开展。干物质积累多，自由水/束缚水比例低，耐蒸腾失水能力强。

6.3　嫁接前准备

6.3.1　愈合室检查与消毒

主要包括：①愈合室内及周边环境清洁，闲置物品全部清理，不留死角。②严格检查温控、湿控、光控、通风设备及工作状态，确保水电路安全和环控精准度。③清洁嫁接苗搁置架。④采用药剂熏蒸和喷雾消毒相结合的方法，对嫁接操作车间、愈合室进行彻底消毒。嫁接前5d采用百菌清和异丙威烟熏剂熏蒸48h，杀死空气中的广谱型真菌病原物和白粉虱等，嫁接前3d用0.2%二氧化氯消毒液进行喷淋消毒，密封24h，杀死环境中细菌性病原体，嫁接前1d用0.5%硫黄悬浮剂烟雾消毒，杀死角落或空气中白粉病病原物等。在嫁接操作车间、愈合室四周及苗床下撒入生石灰，预防真菌和细菌性病害，进出门口放置酒精消毒液，方便工作人员进出消毒（杨凡等，2020）。

6.3.2　嫁接器具准备及消毒

主要包括：①嫁接操作车间环境要求温度20 ～ 25℃，空气相对湿度70%左右，光照强度5 000 ～ 10 000 lx，避免强光直射，并彻底清洁与消毒。②准备足够的切削刀片，或手持切削器。③嫁接机清洁、消毒与调试。④嫁接操作平台清洁、消毒与调试。⑤制备75%消毒用酒精。⑥嫁接夹选型与消毒。使用陈旧的嫁接夹，应先用200倍福尔马林或500倍多菌灵浸泡8h，晾干备用。

6.3.3　砧木和接穗幼苗前处理

嫁接24 ～ 48h，微风吹拂或机械拨动方式去除砧木和接穗幼苗茎叶残留基质、杂物、灰尘，底部灌溉浓度为200mg/L的20% N：20% P_2O_5：20% K_2O 含微量元素水溶肥，并叶面喷施800倍50%多菌灵可湿性粉剂或64%杀毒矾600倍液。尽量做到嫁接后2 ～ 6d不灌溉施肥，预防高温、高湿、弱光条件下病害发生。

6.4　嫁接方法（贴接法）

瓜类蔬菜常用嫁接方法有顶插接法、靠接法、贴接法等，其中，贴接法砧木苗龄小，操作相对简单，更适于机械操作。下面重点介绍贴接法。

6.4.1　常规贴接法

取砧木幼苗，从一片子叶基部以刀片与胚轴成40°～ 45°角斜向切除砧木生长点和真叶，保留胚轴及相连子叶；再取

视频内容请扫描二维码

接穗，距离生长点下部2mm处，刀片与胚轴成40°～ 45°斜向切取接穗，保留两片子叶及相连下胚轴；将接穗的斜切面与砧木的斜切面紧贴，并用平面嫁接夹或柔性套管固定。接穗子叶伸展方向与砧木子叶伸展方向可以一致（呈平行），也可以垂直（呈十字），主要取决于斜切面大小。

相较于顶插接，贴接法去除了砧木生长点，从而防止了嫁接后砧木萌蘖再生，节约了去萌蘖人工，减少了病害发生。图5-32示南瓜砧木幼苗宽大子叶和嫁接后去砧木萌蘖。

图5-32 南瓜砧木幼苗宽大子叶（左）和嫁接后去砧木萌蘖（右）

6.4.2 断根贴接法

嫁接前，先将50孔穴盘装好基质，浇水至基质含水量85%～90%，再在孔穴正中央打取直径3mm、深度1.5cm左右圆孔，覆膜保湿。

取砧木幼苗，距离顶端生长点5 cm左右从基部平切，保证切取胚轴长度一致，再按照常规贴接法进行嫁接，最后扦插入预先准备好的50孔穴盘，扦插深度1.5 ～ 2.0cm。

通过断根，使嫁接苗高度整齐一致，基部再生不定根生长旺盛，吸收水分、养分能力强，很少发生老化现象。

6.4.3 砧木零子叶贴接法

在砧木幼苗顶端生长点下端2mm处以45°角向下斜切，接穗幼苗在距离子叶5 ～ 8mm下胚轴处也以45°角向下斜切，两个斜切面纵向垂直贴合，柔性塑料套管固定。

本方法彻底切除了砧木顶端生长点和子叶，防止了砧木顶端生长点萌蘖再生和后期多次去萌蘖，避免了伤口病原菌侵染以及砧木肥大子叶造成的株间郁闭，增加嫁接苗株间空气流动，显著降低病害发生率。

西瓜单子叶贴接苗和零子叶贴接苗见图5-33。

319

图 5-33　西瓜单子叶贴接苗（左）和黄瓜零子叶贴接苗（右）

6.5　愈合期环境管理

嫁接愈合涉及创伤响应、愈伤组织形成、细胞分化等一系列过程，根据愈合进程对温度、湿度、光照等环境因子进行综合调控（图 5-34），对于加快愈合进程和提高嫁接成活率有重要作用（储玉凡等，2021）。瓜类蔬菜嫁接愈合期环境管理参数见表 5-16。

表 5-16　瓜类蔬菜嫁接愈合期环境管理参数

管理参数	嫁接后天数（d）			
	1～3	4～6	7～10	11～13
砧木和接穗接合部细胞生物学特征	砧木和接穗接合面坏死层形成、细胞分裂和愈伤组织形成	砧木和接穗接合区细胞分化和维管束初连	砧木和接穗接合区细胞分化、粘连以及维管束重构	砧木和接穗接合区固化和稳定连接
昼温/夜温（℃）	26～28/22～25	25～27/22～25	25～28/20～23	25～30/15～20
空气相对湿度（%）	95±2	85±2	80±2	75±2
光照（lx，h）	1 000，6	3 000，6	10 000，8	20 000，10
水分	不灌水	不灌水	底部少量灌水	底部少量灌水
养分	不施肥	不施肥	灌溉施肥：100mg/L 水溶肥（N：P_2O_5：K_2O = 19：19：19）	灌溉施肥：200mg/L 水溶肥（N：P_2O_5：K_2O = 19：19：19）

图5-34 瓜类蔬菜嫁接愈合期管理

6.6 出圃前管理

嫁接苗出圃前，也应进行炼苗。对于冬春茬低温季节定植的幼苗，应进行耐寒性锻炼，降低育苗设施内温度，昼间维持15 ～ 25℃、夜间10 ～ 12℃，保持35％～ 50％的空气相对湿度，减少灌水，基质湿度降至45 ％左右，增强光照，促进干物质积累。对于夏秋高温季节定植的幼苗，应进行耐高温强光锻炼，提高育苗设施内温度，昼间维持28 ～ 35℃、夜间22 ～ 26℃，保持35％～ 50％的空气相对湿度，减少灌水，基质湿度降至45％左右，并增强光照，延长光照时间。

定植前1 ～ 2d，嫁接苗叶面喷施或根际灌溉1次杀菌剂和杀虫剂，预防缓苗期病害发生。

6.7 成苗标准

苗龄30 ～ 35d；具1 ～ 2片真叶，叶厚，开展度适宜，浓绿色；株高10 ～ 15cm，茎粗5mm以上；根系白色，发达，成坨性好；不携带病原和虫源。

6.8 核心技术

6.8.1 愈合期接穗基部不定根发生防控技术

发生原因：①接穗和砧木未紧密贴合；②砧木斜向切削角度

太小，或切削位点距离顶端
生长点较远，露出下胚轴中
央髓腔，接穗斜切面在砧木
髓腔发生不定根；③嫁接愈
合期一直处于高温高湿状态。
图5-35示黄瓜嫁接苗接穗发
生不定根。

图5-35　黄瓜嫁接苗接穗发生不定根

主要对策：①选用下胚
轴中央髓腔不发达的砧木品
种，髓腔越短、直径越小，越利于贴接。选用下胚轴短粗的接穗
品种，下胚轴越粗，切削面越大，越利于贴接。②砧木和接穗嫁
接前管理。通过环境和水肥管理，培育健壮、一致砧木和接穗幼
苗，有利于砧木和接穗切削面紧密贴合。③砧木不宜切削太深和
露出下胚轴中央髓腔，防止接穗斜切面萌发的根系进入砧木髓腔，
形成假成活，或接穗根系沿髓腔直达土壤，形成假嫁接（其实同
实生苗）。④选用与接合部直径、形状相宜的嫁接夹或套管，保证
固定牢靠。⑤愈合期实行阶段式环境管理，根据愈合进程及时调
整愈合环境温度、空气相对湿度和气流速度，抑制不定根发生。

6.8.2　嫁接接合部腐烂预防技术

原因：①嫁接夹或套管直径小和夹力过大，造成砧木和接穗
接合部胚轴组织机械损伤。②嫁接夹或套管内表面紧贴胚轴接合
部，伤流液无法排放，不透气。③砧木和接穗幼苗嫁接前被病害
侵染，或操作过程不卫生，导致病原菌侵染接合部。④愈合期顶
部喷灌，接合部触水腐烂。

主要对策：①选择与接合部粗度适宜的优质嫁接夹或套管，
做到既可以固定牢靠，又可排出伤流液，还具一定通透性。②确
保嫁接车间、嫁接器具、嫁接夹或套管、嫁接人员接触部位的卫
生安全。③通过嫁接前砧木、接穗壮苗培育，做到幼苗、基质不
带任何病原菌。④确需灌溉，采用穴盘底部灌溉，杜绝愈合期顶
部喷灌。

7　绿叶类蔬菜集约化育苗技术规程

绿叶类蔬菜主要以柔嫩的绿叶、叶柄和嫩茎为食用部分，种类较多。根据绿叶类蔬菜对温度条件的要求，可分为两大类：一类要求冷凉的气候，较耐寒，生长适温15～20℃，如菠菜、茼蒿、叶甜菜、芹菜、芫荽、茴香、苦菜、菊苣、冬寒菜、荠菜、叶用莴苣（生菜）等；另一类喜温暖，较耐热，生长适温20～25℃，如苋菜、蕹菜（空心菜）、番杏、落葵（木耳菜）、紫苏、紫背天葵、罗勒等。我国栽培面积广、育苗移栽率高的绿叶类蔬菜主要有芹菜、叶用莴苣、蕹菜、落葵（图5-36）。

芹菜　　　　　　叶用莴苣　　　　　　蕹菜　　　　　落葵

图5-36　绿叶类蔬菜集约化育苗

7.1　品种选择

芹菜分为水芹、旱芹、根芹、香芹、鸭儿芹，水芹主要在长江中下游地区种植，旱芹在全国各地均有种植。旱芹又可分为中国芹菜和西芹两种类型，中国芹菜别名本芹，叶片细长，香气较浓，较耐热；西芹叶柄肥厚，多为实心。目前我国大面积种植的芹菜多为西芹。叶用莴苣有散叶类型和结球类型，每种类型又因叶片颜色不同分为绿叶和紫叶。目前我国叶用莴苣生产以结球类型为主。蕹菜有子蕹和藤蕹2种类型。落葵有红花落葵、白花落葵和广叶落葵3种类型。

应根据栽培季节、设施条件和产品品质要求，选择适于栽培地土壤、气候条件的丰产优质品种。如：芹菜可选择西雅图、达芬奇、法拉利、文图拉、皇后、芹杂147等；叶用莴苣可选择大速生、波士顿奶油、罗马、哥斯拉、拳王201、KEX-1210、射手10、北生2号等；蕹菜可选择泰国金斧、云霄柳叶白梗、台湾308纯白柳叶、吉安大叶蕹菜、赣蕹1号、赣蕹2号、阔叶空心菜等；落葵可选择大叶落葵、红梗落葵、白花落葵等。

7.2 育苗设施

根据育苗季节选用日光温室、塑料拱棚、连栋温室、网室等保护性设施。育苗前必须认真检查设施牢固性、覆盖严密性，并对设施内部及周边进行杂草清除和消毒处理。

7.3 种子处理

7.3.1 芹菜种子

芹菜种子形状不规则，难以实现精量播种；种皮革质化，有油腺，透水性差；休眠程度高，当年繁制的芹菜种子普遍存在生理休眠现象，即使给予适宜的温度、湿度等环境条件仍不能正常萌发，待种子度过休眠期，或采取特殊技术措施打破休眠才能正常发芽。种子萌发适宜温度为15～20℃，范围较窄。因此，为了提高芹菜种子发芽率和出苗整齐度，常进行种子处理。

（1）种子消毒

方法1：用5%次氯酸钠溶液浸种25min（谭彬彬等，2022），或用0.2%高锰酸钾溶液浸种20min。

方法2：采用温汤浸种，可预防斑枯病。将种子在25～30℃温水中浸泡20～30min，然后缓缓加入5倍于种子体积的热水（48℃），边加水边搅拌，使种子受热均匀，持续30min，水温降至30℃后继续浸种20～24h。

方法3：将种子在25～30℃温水中浸泡2～3h，再放入40%甲醛240倍液中浸泡15min，清水冲洗干净后继续用清水浸泡

18～22h，风干后即可播种。该方法可有效预防叶斑病。

（2）种子引发

方法1：将精选后的芹菜种子浸泡于20% PEG-6000（聚乙二醇-6000）溶液中，搅拌均匀，15℃环境下静置24h，用水反复冲洗干净后于室温回干。

方法2：用10mg/L的GA_3溶液浸泡12h，0.1% H_2O_2消毒90s，置含有10mg/L GA_3的MS培养基上，第6天即可萌发，第14天萌发率可达70%以上（尤亚伟等，2007）。

（3）种子丸粒化　通过丸粒化，可以将芹菜种子由不规则状变为球形，体积增大20倍左右，从而适应机械精量播种（王宝驹，2020）。

（4）复合处理　种子用清水漂洗后，在50℃热水中浸泡30min消毒，然后用浓度为250mg/L赤霉素溶液浸种24h，保持白天温度20℃、夜间10℃，白天光照强度3 000 lx，种子发芽势和发芽率可达78.33%和94.33%（殷武平等，2021）。

7.3.2　叶用莴苣（生菜）种子

（1）低温处理　叶用莴苣种子高温季节（≥25℃）易出现热休眠。播种前先浸种24h，期间更换浸种水并冲淋2～3次，然后用湿布包裹种子，置于冰箱冷藏室（0～5℃）2～3d，备播。

（2）种子引发　将精选后的种子浸泡在5% PEG-8000（聚乙二醇-8000）溶液中，搅拌均匀，20℃环境下静置16h，捞出种子，清水冲洗5～6遍，风干备播（张紫薇和李景福，2017）。

（3）种子丸粒化　叶用莴苣种子为细长形，通过丸粒化变为圆形或椭圆形，体积增大5倍左右，有助于提高机械播种效率和精准度（王宝驹，2020）。

7.3.3　蕹菜

蕹菜种子近圆形，种皮厚，坚硬，吸水较困难。除去杂质和劣种，选择籽粒饱满、大小均匀一致、种皮完好的种子，70℃热水烫种1min，然后用浓度为0.2%的多菌灵溶液浸泡5min消毒，取出种子用23～30℃水浸泡20～24h，期间每隔6～8h换1次水。

浸种后再淘洗3～4次，冲洗干净附在种皮表面的黏液，晾干备播（张静等，2011）。

7.3.4 落葵

落葵的种子为球形，紫黑色，种皮厚而坚硬，吸水、透气困难，发芽率低，发芽时间长，出苗速度慢、整齐度差。将种子放在洁净容器内，用40～45℃温水浸泡0.5h，然后在28～30℃的水中浸泡1～2d，待种子充分吸水后即可进行催芽。浸泡过程中要不断揉搓，搓洗干净后在25～30℃条件下保湿催芽（汪润生，2016）。萌发时间需4～5d。

7.4 播种

7.4.1 播种期确定

根据育苗季节、品种特性、育苗方式等确定适宜的播种期。通常芹菜苗龄50～65d，叶用莴苣苗龄28～35d，蕹菜苗龄30～35d，落葵苗龄30～35d。

7.4.2 基质配制与装盘

通常以草炭、蛭石、珍珠岩、椰糠、废菇料等为原料混配育苗基质，主要配比有：草炭、蛭石、珍珠岩比例（体积比）为6∶1∶2，草炭、蛭石比例为3∶1，草炭、蛭石、废菇料比例为1∶1∶1。混配时，每立方米基质中加入三元复合肥（N-P-K为15-15-15）1.0～1.5kg，或加入尿素0.5kg、磷酸二氢钾0.7kg，肥料与基质混拌均匀后备用。基质pH6.0～6.9为宜。

干基质有较强的疏水性，首次灌水难以浇透，因此装盘前一定要通过喷水预湿基质，使基质相对含水量达到40%～50%。无论人工或者机械填装，基质必须均匀覆盖穴盘上表面，尽可能使每个穴盘填装量、填装紧实度均匀一致。基质填装后，用刮板刮平，并确保穴盘孔穴隔段清晰可见。

7.4.3 播种

芹菜种子千粒重0.3～0.4g，叶用莴苣（生菜）种子千粒重0.8～1.2g，蕹菜种子千粒重32.0～37.0g，落葵种子千粒重25.0g左右。播种前应测试种子出苗率，根据出苗率、种植面积科学确定播种量，包括播种穴盘数和单穴播种粒数。种子出苗率高于85%，建议单穴单粒播种，以省去后期移苗和间苗用时用工；种子出苗率70%～85%，可根据实际情况考虑单粒播种（后期需要补种或拼盘），或者单穴双粒播种（后期需要间苗）。

芹菜通常采用128孔或200孔穴盘育苗，播种深度0.5cm左右，丸粒化种子外层包裹有惰性物质等，尤忌播种过深。叶用莴苣、蕹菜宜选用105孔或128孔穴盘，落葵宜选用72孔或98孔穴盘。叶用莴苣播种深度0.5cm左右，蕹菜和落葵播种深度0.8～1.0cm。

根据批次播种量选择人工播种、半自动播种机或精量播种流水线播种等方式。以芹菜播种于128孔穴盘为例，半自动播种机每盘的播种成本约为人工播种的7.9%，自动化播种流水线每盘的播种成本最低，为人工播种成本的2.4%左右。考虑到播种机购置成本，建议育苗量为500万～1 000万株的育苗场购置半自动播种机，育苗量为1 000万株以上的育苗场可考虑购置自动化播种流水线（曹玲玲，2018）。

7.5　苗期管理

7.5.1　温度管理

为了精准调控幼苗生长发育，坚持"双变温"温度管理，即：①昼夜变温。保持"昼高夜低"，形成5～8℃的昼夜温差。②生长发育阶段变温。出苗前适度高温，促进种子萌发和出苗；出苗后，子叶生长期和胚轴伸长期适度低温，防止徒长；真叶生长期维持适宜温度，保证幼苗匀速健壮生长；炼苗期根据定植环境温度进行高温或低温管理，以提高幼苗的适应性（表5-17）。

表5-17 绿叶类蔬菜苗期温度（℃）管理

蔬菜种类	出苗前 白天／夜间	子叶生长期 白天／夜间	真叶生长期 白天／夜间	炼苗期 白天／夜间
芹菜	18～20/ 15～18	16～20/ 8～12	20～25/ 13～15	8～12/5～8（冬春季） 25～30/25～28（夏季）
叶用莴苣	15～20/ 13～18	15～18/ 8～10	18～20/ 10～12	8～12/5～8（冬春季） 25～30/25～28（夏季）
蕹菜	25～30/ 20～22	20～25/ 15～18	25～30/ 15～20	10～15/8～10（冬春季） 28～35/25～28（夏季）
落葵	25～30/ 18～20	20～25/ 15～18	25～30/ 15～20	10～15/8～10（冬春季） 28～35/25～28（夏季）

芹菜是绿体春化型蔬菜，幼苗3～4片叶即可感知低温，5～6片叶时最敏感，如果此时经历10～15d 10℃以下低温，幼苗定植后极易抽薹，影响商品性，因此冬季育苗时应避免长时间的低温（曹玲玲，2018）。叶用莴苣不耐炎热，气温高于28℃时极易造成幼苗徒长和提早抽薹。绿叶类蔬菜炼苗期不宜过长，3～5d为宜。

7.5.2 光照管理

一些芹菜、叶用莴苣品种的种子萌发属于典型需光型，给予适当的光照可促进种子萌发。因此，播种不宜过深，覆盖不宜过厚，出苗前给予3 000 lx左右光照，可促进种子萌发，提高出苗整齐度。

落葵子叶宽厚，相对能耐较高光照强度，芹菜、叶用莴苣、蕹菜子叶弱小，出苗初始阶段遭遇强光易被灼伤和萎蔫，为此应在晴天10～15时的强光时段进行遮阴，避免强光直射。随着子叶伸展、下胚轴伸长和幼苗快速生长，逐步增强光照强度和延长光照时间，如光照时间保持8～10h，光照强度20 000～25 000 lx，促进光合作用，抑制徒长。齐振宇等（2022）认为，光周期18h/d、日积累光照量13.0mol/（m²·d）的光照条件最适宜叶用莴苣幼苗生长。赵硕等（2019）认为，光强7 000 lx，红光：蓝光：白光为4：1：1更有利于蕹菜幼苗合成叶绿素。

除光照强度外，光质对幼苗生长的影响也不容忽视。研究表明，提高蓝光/红光比值，可显著促进蕹菜幼苗茎横向生长，增加茎粗（佐々木大 等，2013）。

7.5.3　湿度管理

出苗前，空气相对湿度保持在80%～85%；出苗后，空气相对湿度宜保持在65%～75%。播种后，首次灌水应使基质达到饱和吸水状态；出苗后，通过顶部喷灌，或底部潮汐灌溉，或漂浮灌溉，尽可能使基质相对湿度长时间维持在55%～60%，防止幼苗徒长。丸粒化种子吸水后包壳散裂在种子周围，基质含水量不足时容易争夺种子萌发所需水分，因此，丸粒化种子出苗期应使基质相对含水量比裸种高10%左右（王宝驹，2020）。

7.5.4　养分管理

与瓜类、茄果类蔬菜相比，绿叶类蔬菜幼苗干物质日积累量较小，因此对养分的需求量也较小。可以选择以下养分管理方式：①"3水1肥"。每灌溉3次清水，灌溉1次稀释1 000倍的肥料溶液。②"2水1肥"。每灌溉2次清水，灌溉1次稀释1 500倍的肥料溶液。③"1水1肥"。每灌溉1次清水，灌溉1次稀释2 000倍的肥料溶液。④"随水施肥"。每次随浇水灌溉稀释2 500～3 000倍的肥料溶液。⑤每周灌溉施肥1～2次，肥料溶液EC值从500mS/cm逐步递增至1 500mS/cm。

肥料可交替使用完全水溶肥（$20N-10P_2O_5-20K_2O + 2Ca + Mg + TE$）和水溶肥（N-P-K为15-0-19）。氮肥不宜过多，氮肥过多、温度过高时容易形成叶柄细长、叶片薄的徒长苗。另外，根据幼苗长势，可以适当叶面喷施0.2%磷酸二氢钾等叶面肥。

7.5.5　病虫害防治

绿叶类蔬菜病虫害主要有叶斑病、霜霉病、灰霉病、褐斑病、软腐病、枯萎病、根结线虫病、蚜虫、白粉虱、棉铃虫、斜纹夜蛾、斑潜蝇等。

防控措施：第一，从源头做好种子、育苗基质、操作器具、育苗环境等消毒处理。第二，创造最适于幼苗生长的温、光、水、肥、气等条件，促进幼苗健壮生长，提高幼苗自身抗性。第三，选用接种植物促生菌的功能性育苗基质，改善幼苗根际微生态，防止病原菌繁殖和蔓延。第四，积极应用物理防治技术，如：在设施通风口和人员出入口设置40目以上防虫网阻隔害虫传入；在幼苗上方5～10cm处悬挂黄板和蓝板；在育苗棚室内悬挂硫黄熏蒸器、多功能植保机等。第五，及时采用化学农药进行防治（表5-18）。

表5-18　绿叶类蔬菜苗期主要病虫害防治药剂与使用方法

防治对象	药剂名称、用量及使用方法
叶斑病	65%代森锌可湿性粉剂500倍液，或10%苯醚甲环唑（世高）水分散粒剂1 500～2 000倍液喷雾
霜霉病	69%安克·锰锌可湿性粉剂150～200倍液，或72%霜脲·锰锌可湿性粉剂100～150倍液，或50%烯酰吗啉可湿性粉剂100～150倍液，或5%嘧菌酯悬浮剂600倍液，或68.75%银法利悬浮剂600倍液喷雾
灰霉病	50%苯菌灵可湿性粉剂1 500倍液，或5%百菌清粉尘剂1 200～1 400倍液，或5%腐霉利（速克灵）可湿性粉剂1 200～1 400倍液喷雾
褐斑病	72%霜脲·锰锌（克露）可湿性粉剂500～600倍液，或65%代森锌可湿性粉剂600倍液，或50%代森铵可湿性粉剂800倍液喷雾
软腐病、枯萎病、根结线虫病	20%辣根素水乳剂4 000倍液灌根
蚜虫、斑潜蝇、白粉虱	1.5%天然除虫菊素水乳剂150～200倍液，或1%印楝素水剂150～200倍液，或50%抗蚜威（辟蚜雾）可湿性粉剂2 000倍液喷雾
斜纹夜蛾	10%虫螨腈（溴虫腈）悬浮剂1 500倍液，或20%虫酰肼悬浮剂1 000～2 500倍液喷雾
棉铃虫	3.2%阿维菌素乳油50～80倍液喷雾

7.6　成苗标准

幼苗生长整齐，茎和叶柄长度适宜，没有徒长；叶色浓绿，叶片肥厚；根系白色、发达，成坨性好；无病虫害。芹菜：具

4 ～ 6片真叶，株高10cm左右，苗龄50 ～ 65d。叶用莴苣：具4 ～ 5片真叶，最大叶长10 ～ 12cm，苗龄28 ～ 35d。蕹菜：具4 ～ 5片真叶，株高10 ～ 12cm，苗龄30 ～ 35d。落葵：具2 ～ 3片真叶，株高5 ～ 8cm，苗龄30 ～ 35d。芹菜幼苗生长过程及定植后生长情况见图5-37。

图5-37　芹菜幼苗生长过程及定植后生长情况

7.7　核心技术

7.7.1　徒长与防控

相对于落葵，芹菜、叶用莴苣、蕹菜幼苗生长期遇高温、高湿（特别是基质湿度）、高氮肥（特别是铵态氮），极易造成幼苗徒长，表现为下胚轴和叶柄过度伸长，叶片变薄，叶色淡绿，易萎蔫和诱发病害，不易于机械化移栽，因此，防控徒长是绿叶类蔬菜壮苗培育的关键技术。

防控措施：①合理调控环境温度、基质湿度和光照强度。切忌高温、高湿、弱光"三因子"长时间同时存在，确保幼苗匀速生长。②降低施肥强度和频度。施肥量不宜过高，肥料溶液EC值≤1.0mS/cm，选择硝态氮为主的氮肥。③苗期修剪。采用物理方法抑制或去除徒长的叶片。④施用生长抑制剂。苗期叶面喷施壮苗1号（中国农业科学院蔬菜花卉研究所工厂化种苗生产技术课题组研发）1 000 ～ 1 500倍液，或者用5 ～ 10mg/L多效唑可湿性粉剂灌根（Coro et al.，2014）。叶用莴苣徒长苗和壮苗见图5-38。

图5-38　叶用莴苣徒长苗（左）和壮苗（右）

7.7.2　平茬

平茬，即苗期修剪。绿叶类蔬菜集约化育苗通常不分苗，高密度条件下极易造成幼苗瘦弱、根系不发达，采用平茬的方法，水平剪除茂密、拥挤的叶片梢部，可延缓叶片生长速度，促进根系发育。如芹菜和叶用莴苣幼苗6～10cm高时，用剪刀或机械剪去幼苗梢部叶片，保留基质上方2～3cm幼苗生长点、心叶和外叶基部。整个育苗期间可以进行1～2次平茬。平茬可能增加苗龄，需要提前播种，准确把握育苗时间。叶用莴苣平茬后的生长情况见图5-39。

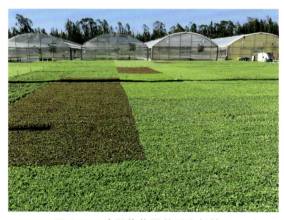

图5-39　叶用莴苣平茬后生长情况

8　葱蒜类蔬菜集约化育苗技术规程

　　葱蒜类蔬菜是百合科（Liliaceae）葱属（*Allium*）中以嫩叶、假茎、鳞茎、花薹为食用器官的草本植物，包括大蒜（*A. sativum* L.）、葱（*A. fistulosum* L.）、韭菜（*A. tuberosum* Rottl. ex Spr.）、洋葱（*A. cepa* L.）、韭葱（*A. porrum* L.）、细香葱（*A. schoenoprasum* L.）、胡葱（*A. ascalonicum* L.）和薤（*A. chinensis* G. Don），多具辛辣味，有杀菌消炎、增进食欲的作用，是佐餐佳品。葱蒜类蔬菜多数原产亚洲西部大陆性气候区，四季和昼夜温差较大、空气干燥、土壤湿度变化大的气候特点，使葱蒜类蔬菜形成鲜明的生物学特征特性：短缩的茎盘，喜湿的根系，耐旱的叶形，具有贮藏功能的鳞茎或假茎，抗寒耐热。葱蒜类蔬菜在我国栽培历史悠久，我国也是葱蒜类蔬菜生产和出口大国，2018年播种面积206.7万 hm²，其中大蒜播种面积80.0万 hm²，大葱播种面积60.0万 hm²，洋葱播种面积20.0万 hm²（樊继德等，2020）。

　　葱蒜类蔬菜，大蒜以鳞茎（蒜瓣）直播为主，葱、洋葱、韭菜则可采用集约化育苗移栽（图5-40）。

大葱　　　　　　　　　洋葱　　　　　　　　　韭菜

图5-40　葱蒜类蔬菜集约化育苗

8.1　品种选择

　　应选择对气候适应性强、抗病、丰产的优良品种，如表5-19所示。

蔬菜集约化育苗技术

表5-19　葱蒜类蔬菜优良品种及主要特性

种类	品种名称	主要特性	育种单位或来源
葱	辽葱1号	冬贮休眠型。适合东北、华北、西北地区越冬栽培，生长势强，生长速度快，青葱产量高	辽宁省农业科学院蔬菜研究所
	惠和2号	晚休眠耐抽薹类型。叶色浓绿，直立性好；耐低温，在天津以南地区可露地越冬，在河南南阳地区冬季可正常生长；抗病性好，品质优良	上海惠和种业公司
	五叶齐	冬贮休眠型。生长期间保持5片绿叶，如手指张开状，叶片上冲，心叶两侧等高；耐寒、耐热、耐旱、耐涝性好	天津宝坻区地方品种
	章丘大梧桐	冬贮休眠型。植株高大，株型直立；鲜食品质优良；一般株高1.5m，葱白长0.6 m，茎粗2～4cm，单株重0.5kg左右	山东章丘地方品种
	日本天光	晚休眠耐抽薹类型。植株粗壮、直立，叶片深绿色，表面被蜡粉，厚硬，叶鞘包裹紧密，葱白具光泽；耐热、耐低温，抗病性强	日本株式会社武臧野种苗圃
	长宝	晚休眠耐抽薹类型。葱白硬，紧实度高，有光泽；耐热、耐低温，根系发达，抗病性强	日本协和株式会社
	日本元藏	晚休眠耐抽薹类型。叶片直立，叶色深绿，叶鞘紧实；耐热、耐寒、耐旱、耐涝性均较好；辣味淡，香味浓；抗叶锈病能力强；春季和秋季均可栽培	日本株式会社武臧野种苗圃
洋葱	紫阳	韩国引进的紫皮中日照中熟洋葱杂交种，收获期在5月中下旬；植株生长势强，适应性广，产量高；鳞茎高扁圆形，外皮紫色，有光泽	北京世农种苗有限公司
	富红	韩国引进的紫皮中日照晚熟洋葱杂交种，收获期在5月下旬至6月初；植株生长势强，适应性广，产量高；鳞茎圆球形，外皮紫色，有光泽	湖山（北京）农业技术有限公司
	天正105	中日照中熟黄皮洋葱杂交种，收获期在5月中下旬；植株生长势强，叶色浓绿；鳞茎近圆球形，外皮金黄色，有光泽，假茎较细，收口紧，硬度好，内部鳞片辣味淡，口感好，是鲜食和熟食兼用品种	山东省农业科学院蔬菜研究所
	火星1号	中日照中晚熟紫皮洋葱杂交种，收获期在5月下旬；植株直立，叶色深绿，不易抽薹、分球等；鳞茎椭圆球形，外皮紫色、靓丽，内部着色快，颜色深，是理想的鲜食和熟食兼用品种，丰产性好	山东省农业科学院蔬菜研究所

（续）

种类	品种名称	主要特性	育种单位或来源
洋葱	克罗基特	荷兰引进的中晚熟黄皮洋葱杂交种，在甘肃等长日照主产区收获期为8月中下旬；鳞茎铜黄色、硬度好、产量高、耐储运；适应性广	上海实满丰种业有限公司
	红鹤	荷兰引进的晚熟紫皮洋葱杂交种，在甘肃等长日照主产区收获期为8月下旬；鳞茎紫色、硬度好、产量高、耐储运；适应性广，易栽培	纽内姆（北京）种子有限公司
韭菜	航研998	株型紧凑，直立性好，生长势强，叶鞘扁圆，叶色绿，年单株分蘖7个；浅休眠类型，休眠期极短，抗灰霉病，适于全国冬春设施及黄河以南露地栽培	平顶山市农业科学院
	韭宝	株型直立紧凑，假茎横切面扁圆形，叶片绿色，年单株分蘖3～5个；抗灰霉病和疫病，冬季不休眠，春季萌发早，适于全国各地冬春设施及黄淮以南露地栽培	平顶山市农业科学院
	棚宝	株型直立紧凑，假茎横切面圆形，叶片深绿色，年单株分蘖3～4个；冬季不休眠，春季萌发早，适于全国各地冬春保护地及露地栽培	平顶山市农业科学院
	平丰韭薹王	收获韭薹为主，亦可收获青韭；叶簇开展，叶端斜生，宽条状，叶片浓绿色，叶端锐尖，生长势较强；休眠类型，抗寒性和分蘖力较强；韭薹长而粗壮，蜡脂层较厚，耐贮；适于全国大部分地区露地和早春设施栽培	平顶山市农业科学院
	绿宝	株型直立紧凑，假茎横切面圆形，叶片绿色，年单株分蘖3个；冬季休眠期短，春季萌发早，适于全国各地早春保护地及露地栽培	平顶山市农业科学院
	平丰7号	株型紧凑，直立性好，生长势强，单株叶片数5～6片，分蘖能力强；冬季基本不休眠，抗寒性强，春季萌发早，适于全国设施和露地栽培	平顶山市农业科学院

注：葱、洋葱、韭菜优良品种分别由特色蔬菜产业技术体系葱、洋葱、韭菜岗位专家推荐。

8.2 育苗设施

根据育苗地域和育苗茬口气候条件，选择日光温室、连栋温室、塑料大棚、塑料小拱棚等设施进行育苗。育苗前应认真检查设施结构的牢固性、覆盖严密性，并做好设施内部及周边杂草清除和彻底消毒工作。

育苗设施消毒：每667m²可用45％百菌清烟剂或20％霜脲·锰锌烟剂或15%噁霜·锰锌烟剂250～350g烟熏杀灭病原菌；或用10%敌敌畏烟剂或15%吡·敌畏烟剂或10%抗蚜威烟剂或10%氰戊菊酯烟剂300～500g烟熏杀灭害虫。在棚室内设置5～6处烟熏点，于傍晚闭棚后点燃，第2天早晨通风排烟。视情况每隔7～10d熏1次，连熏2～3次。

若采用地面苗床，每平方米可用50%福美双可湿性粉剂或25%甲霜灵可湿性粉剂或50%多菌灵可湿性粉剂8～10g，加50%辛硫磷乳油800倍液均匀拌入10～15kg细土中配成药土，穴盘摆放前撒施于地面并翻入床土中（苗锦山等，2019）。

8.3 种子处理

8.3.1 种子消毒

葱蒜类蔬菜种子消毒可采用以下方法：

（1）晒种　播种前将种子在阳光下暴晒1～2d，杀灭种子表面的病菌，打破种子休眠，提高发芽率，增强幼苗抗病性。

（2）温汤浸种　将种子先置于55～60℃温水中并不断搅拌，保持水温10～15min，后至水温降到30℃左右时继续浸泡24h，可预防疫病和紫斑病。

（3）药剂浸种　将种子置于40%福尔马林300倍液种浸泡3h，冲洗干净，晾干备播，可预防大葱紫斑病，洋葱紫斑病、黑斑病、炭疽病；也可用2%次氯酸钠溶液浸种40min（董飞等，2011）；或用100～200mg/L二氧化钛水溶液浸泡洋葱种子，可有效提高种子萌发率（Haghighi & Silva，2014）。

（4）药剂拌种　每100g大葱种子用40%二嗪磷（二嗪农）粉剂3～5g拌种，或用种子重0.3%的35%甲霜灵（雷多米尔）拌种剂进行拌种，可预防霜霉病。

（5）渗调处理　洋葱种子在20℃条件下，用30%聚乙二醇（PEG-6000）浸泡8h，可显著提高种子萌发率，促进幼苗生长（单昕昕等，2021）。

8.3.2　种子丸粒化

将杀菌剂、杀虫剂、微量元素、生长调节剂、填充剂通过3%羟甲基纤维素溶液黏附于种子表面，使种子变为球形，体积增大10～20倍（图5-41），便于机械化精量播种，且可以预防病害发生。

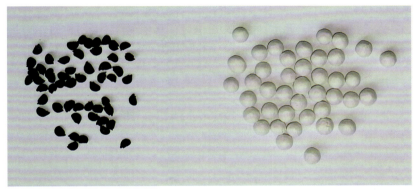

未经丸粒化种子　　　　　　　　　　　丸粒化后种子

图5-41　大葱种子丸粒化

8.4　播种

8.4.1　播种期确定

葱、洋葱、韭菜可春播、秋播，甚至周年栽培。气候温暖地区，例如我国长江中下游地区可露地越冬栽培，多在秋季育苗；气候寒冷的北方地区则多在春季育苗。应根据种植茬口和苗龄，确定合理的播种日期。

8.4.2　基质配制与装盘

（1）基质配制　葱、洋葱、韭菜集约化育苗基质可采用草炭：蛭石＝3：1（体积比），或草炭：珍珠岩＝3：1，或草炭：蛭石：牛粪＝6：2：5的比例配制。为了促进幼苗生长、防止病害发生，可每立方米基质添加三元复合肥（N-P$_2$O$_5$-K$_2$O为15-15-15）0.5～1.0kg、腐殖酸类有机肥3～5kg、有效活菌数1×10^{7}cfu/mL以上的复合生物菌剂。葱、洋葱、韭菜幼苗根系不发达，吸收能力弱，对基质湿度要求高，尽可能选择持水量较强、＜0.5mm粒径占比高的基质组分。要求基质pH为6.0～6.5，EC值≤1mS/cm（饱和浸提法）。

（2）穴盘选型

葱、洋葱、韭菜可选用128孔、200孔、228孔、288孔常规穴盘［长×宽×高＝540mm×280mm×（40～50）mm］。国内大葱集约化育苗企业，如山东省沃华农业科技股份有限公司引进日本成套技术设备，多采用与移栽机配套的220孔大葱专用穴盘。

使用回收的穴盘，特别是葱蒜类蔬菜育苗用过的穴盘，必须进行清洗和消毒处理。先用洗涤剂清洗干净穴盘上的残留污垢，然后用1%～3%高锰酸钾溶液浸泡5～10min，再用清水冲洗干净，晾干备用。

（3）基质装盘

①人工装盘。将配制好的基质装在穴盘中，用刮板从穴盘的一个方向刮向另一方向，使每个穴孔中都装满基质，然后每6～10张穴盘为一组垂直码放在一起，上面放1～2个空穴盘，用手均匀下压0.8～1.0cm。

②机械装盘。采用基质混拌、提升、填装、刮平、压穴一体化填装设备或播种流水线装盘，填装效率高，省工省力。

8.4.3 播种

韭菜宜选用当年采收的新种子，以保证出芽率高，出苗整齐。若是冷库低温保存1年以上的种子，播种前需在阳光下晒种和催芽（王利亚等，2019）。通常葱和洋葱每穴播种3～5粒，韭菜每穴播种5～8粒。

采用人工或精量播种机播种，按照每穴播种粒数，准确播入穴盘中央，并覆盖粒径0.5～2.0mm的蛭石或珍珠岩或育苗基质。

葱、洋葱、韭菜播种深度0.5～1.0cm为宜。播种过深，出苗率下降，播种过浅，胚轴容易长出基质表面。播种后，通过顶部喷灌或底部灌溉使基质相对含水量达到90%以上。

8.5 苗期管理

葱蒜类蔬菜苗期主要分为3个阶段：出苗期、幼苗生长期和炼苗期。

8.5.1 出苗期

从种子萌动到第1片真叶出现，葱和洋葱需7～10d，韭菜需10～15d。

出苗期的管理要点是促进种子萌发、尽快出苗。保持基质温度18～24℃，低于10℃，种子萌发和出苗时间延迟，高于30℃，萌发率和出苗率显著下降。通过灌水和覆盖塑料薄膜，保持基质含水量70%左右，使基质处于湿润状态。葱、洋葱和韭菜出苗期只发生1～2个根，子叶钩状拱出基质表面，后期逐渐伸直。

8.5.2 幼苗生长期

从第1片真叶出现到具有4～5片真叶，葱需60～80d，洋葱和韭菜需50～60d。

幼苗生长期的管理要点是促进幼苗根系生长，防止植株通过春化过程。保持白天温度16～24℃，夜间温度8～15℃；高于25℃会造成幼苗细弱，叶片发黄；低于10℃，幼苗生长缓慢。保持空气相对湿度60%左右，基质含水量65%左右。幼苗具有2～3片真叶后，每周灌溉施肥1～2次，可选用含微量元素水溶肥料（$N-P_2O_5-K_2O+TE$为20-10-20+TE或19-19-19＋TE），稀释2 000～3 000倍液施用。幼苗生长后期，视生长情况，叶面喷施0.5%尿素或0.2%磷酸二氢钾水溶液。光照强度维持在20 000 lx左右，尽可能增加光照时间。灌溉施肥尽量在上午10时之前进行，避开下午，特别是傍晚，防止水滴在叶片上长时间存留而引发病害。

该阶段幼苗顶端生长点不断分化叶原基，形成真叶，根系增多。葱、洋葱和韭菜都属于绿体春化型，当幼苗达到一定生理苗龄，7 ～ 10d 6℃以下低温可通过春化阶段，生长点开始花芽分化，叶原基停止分化，定植后在温暖、长日照条件下会提早抽薹开花。为此，应通过选择合适的播种期、施肥浓度和频度、环境温度等综合调控幼苗生长速率，保证低温期幼苗不具备春化生理苗龄，或幼苗具 4 ～ 5 片真叶后，使气温不长时间低于10℃。

8.5.3 炼苗期

定植前 5 ～ 7d，加大育苗设施通风量，不灌水或少灌水，保持基质含水量40% ～ 50%，增加光照强度和光照时间，促进根系生长发育和叶片表面蜡粉形成，以更好地适应定植环境。结合炼苗，于定植前 3d 每穴盘灌施200 ～ 300mL 60%吡虫啉悬浮种衣剂1 500 倍液，可有效预防根际虫害。

8.5.4 病虫害防治

葱蒜类蔬菜苗期病虫害主要有软腐病、灰霉病、葱须鳞蛾、甜菜夜蛾、斜纹夜蛾、蓟马、葱斑潜蝇、葱蝇、种蝇、葱蚜、白粉虱、桃蚜等。

做好育苗设施清洁和消毒，选用抗病耐逆优良品种，加强水肥管理外，积极采用生物防治、物理防治方法，科学应用化学防治措施，实现葱蒜类蔬菜苗期病虫害绿色生态防控。

（1）病害防治

①软腐病。可用77%氢氧化铜（可杀得）可湿性粉剂500倍液喷雾防治，每隔10d喷1次，连喷2次。

②灰霉病。可用50%异菌脲可湿性粉剂1 000 ～ 1 500倍液，或50%腐霉利可湿性粉剂2 000倍液，或50%乙烯菌核利可湿性粉剂1 000倍液，或65%乙霉威可湿性粉剂1 000倍液，或50%灰霉宁可湿性粉剂500倍液喷雾防治，每隔7 ～ 10d喷1次，连喷2 ～ 3次。

（2）虫害防治

①葱须鳞蛾、甜菜夜蛾、斜纹夜蛾。每 3 ～ 4hm^{2}设置1盏墨绿色单管双光灯或佳多牌频振式杀虫灯诱杀成虫。

②蓟马。可用10%氯氰菊酯乳油2 000倍液，或10%吡虫啉可

湿性粉剂1 500倍液喷雾，每隔7～10d喷1次，连喷2～3次。

③葱斑潜蝇、葱蝇、种蝇、白粉虱。害虫成虫活跃期，利用成虫趋黄性，在育苗设施内悬挂20cm×10cm的黄色粘虫板进行诱杀，每亩用40～60张。

④桃蚜。可用10%吡虫啉可湿性粉剂3 000～5 000倍液，或0.5%藜芦碱醇400～600倍液，或2.5%氟氯氰菊酯悬浮剂3 000倍液，或50%抗蚜威乳油3 000倍液喷雾防治，每隔7～10d喷1次，连续喷施3～4次。

8.6　成苗标准

大葱成苗标准：日历苗龄45～60d。植株健壮，不倒伏，株高15cm，假茎长10cm左右，假茎粗0.3cm左右，功能叶2～3片，叶色浓绿，根系发白，壮而不旺，无病虫害。定植前平茬，保留残叶2cm左右，根系部分3cm，根系紧密缠绕，形成完整根坨（苗锦山等，2019）。

洋葱成苗标准：日历苗龄50～60d。叶色浓绿，具4～5片叶，假茎直径0.6～0.8cm，硬实，无倒伏，叶片表面蜡粉较多（王付勇和杨爱军，2018）；根系紧密缠绕，形成完整根坨；无病虫害。

韭菜成苗标准：日历苗龄60～70d。株高18～20cm，叶色深绿，具5～6片真叶；根系紧密缠绕，形成完整根坨；无病虫害（刘海河和张彦萍，2011）。

图5-42示葱蒜类蔬菜幼苗根系。

洋葱　　　　　　　　　韭菜　　　　　　　　　大葱

图5-42　葱蒜类蔬菜幼苗根系

8.7 核心技术

8.7.1 促根技术

葱蒜类蔬菜的根系为弦线状须根，着生于短缩茎的茎盘上，幼苗茎盘小，根系数量少，吸收功能弱，因此促进根系生长发育是葱蒜类蔬菜集约化育苗的关键。主要促根措施如下：

（1）确保灌溉水质　除pH、EC值外，还应调整灌溉水中碳酸氢盐含量至适宜范围（60～100mg/L）。适宜的碳酸氢盐含量，有助于缓冲灌溉施肥对基质酸碱度的影响。

（2）科学施肥　基质配制过程中已添加足量肥料，苗期可以少施肥或延迟施肥时间；出苗期和幼苗生长早期，幼苗生长速率低，养分需求少，尽量少施肥，甚至不施肥；最适生长环境条件下，施肥浓度和频度也应随之增加，反之，若生长环境条件较差，如低温或高温、弱光等，施肥浓度和频度则应降低。总之，切忌施肥过多，造成盐分在基质积累，损害根系生长和生理功能（Miyamoto，1989）。此外，平衡营养也很重要，缺氮、缺钾会导致分蘖洋葱根数显著减少（付学鹏等，2019）。

（3）施用生长调节剂　施用10～15mg/L吲哚丁酸，可以显著促进分蘖洋葱根系生长（付学鹏等，2019）。

8.7.2 平茬技术

平茬，即在葱、洋葱幼苗叶片长度达到12～15cm时进行2～3次平切，防止幼苗萎蔫和倒伏，便于机械化移栽。平茬后叶片存在伤口，1～3d内应尽量降低空气湿度，禁止顶部喷灌，使伤口尽快干燥、愈合，防止病原菌侵染和病害发生。洋葱幼苗平茬处理后生长状况见图5-43。

图5-43　洋葱幼苗平茬处理后生长状况

主要参考文献

常晓丽，袁永达，张天澍，等，2017. 小菜蛾生物学特性及防治研究进展[J]. 上海农业学报，33(5): 145-150.

蔡鹏，蒋馨，李跃建，等，2015. 不同理化处理对托鲁巴姆种子萌发的影响[J]. 西南农业学报，28(2): 728-732.

曹玲玲，2018. 芹菜集约化穴盘育苗关键技术[J]. 中国蔬菜(12): 91-93.

陈磊，朱月林，李明，等，2008. KNO_3引发对$Ca(NO_3)_2$单盐胁迫下茄子种子萌发和幼苗抗氧化特性的影响[J]. 西北植物学报，28(7): 1410-1414.

陈利达，石延霞，谢学文，等，2020. 我国不同地区番茄主要病毒病种类的分子检测与分析[J]. 华北农学报，35(1): 185-193.

迟燕平，殷涌光，韩玉珠，2008. 高压脉冲电场对茄子陈种子萌发影响[J]. 北方园艺(30): 21-23.

储玉凡，翟挺楷，林碧英，等，2021. 愈合期不同光照强度对黄瓜嫁接苗的影响[J]. 中国瓜菜，34(1): 49-54.

崔秀敏，王秀峰，孙春华，等，2001. 番茄育苗基质特性及其育苗效果[J]. 上海农业学报，17(3): 68-71.

董春娟，李亮，尚庆茂，2015. 引发对茄子种子萌发及相关酶活性的影响[M]// 高丽红，郭世荣. 现代设施园艺与蔬菜科学研究. 北京: 科学出版社.

董飞，陈运起，刘世琦，等，2011. 种子消毒方法对大葱无菌苗培养的影响[J]. 中国蔬菜(18): 74-76.

高青云，张思雨，王惟萍，等，2019. 带根肿菌育苗基质消毒药剂筛选[J]. 中国蔬菜(1): 32-36.

樊继德，陆信娟，刘灿玉，等，2020. 江苏省葱蒜类蔬菜产业发展现状及对策建议[J]. 长江蔬菜(8): 24-26.

樊治成，高兆波，李建友，2004. 我国葱蒜类蔬菜种质资源和育种研究现状[J]. 中国蔬菜(6): 38-41.

付学鹏，张欢，宫思宇，等，2019. 不同矿质营养缺乏及吲哚丁酸对分蘖洋葱根系生长的影响[J]. 北方园艺(18): 1-9.

葛晓光, 1995. 蔬菜育苗大全 [M]. 北京: 中国农业出版社.

何伟明, 司亚平, 张宝海, 2010. 抱子甘蓝穴盘育苗技术规程 [C]. 北京: 全国首届蔬菜规模化高效育苗技术经验交流会.

李君明, 项朝阳, 王孝宣, 等, 2021. "十三五"我国番茄产业现状及展望 [J]. 中国蔬菜 (2): 13-20.

廖自月, 林碧英, 王悦, 等, 2020. 不同梯度光照强度对黄瓜嫁接苗愈合及幼苗质量影响 [J]. 热带作物学报, 41(4): 701-708.

林桂荣, 周宝利, 2005. 化学处理对托鲁巴姆 (Solanum torvum) 种子发芽的影响 [J]. 种子, 24(7): 26-31.

刘富中, 舒金帅, 张映, 等, 2021. "十三五"我国茄子遗传育种研究进展 [J]. 中国蔬菜 (3): 17-27.

刘海河, 张彦萍, 2011. 韭菜穴盘育苗关键技术 [J]. 长江蔬菜 (5): 11.

刘文革, 2021. "十三五"我国西瓜遗传育种研究进展 [J]. 中国瓜菜 (12): 1-9.

吕兆明, 王福国, 赵艳艳, 2021. 不同砧木嫁接对压砂田地膜覆盖西瓜生长发育及产量与品质的影响 [J]. 中国瓜菜 (7): 35-38.

苗锦山, 张笑笑, 棣圣哲, 等, 2019. 大葱穴盘育苗关键技术 [J]. 中国蔬菜 (6): 101-103.

彭莹, 童辉, 殷武平, 等, 2021. 湖南露地苦瓜春季嫁接育苗关键技术研究 [J]. 中国瓜菜, 34(12): 92-95.

齐振宇, 胡玉屏, 蔡溧聪, 等, 2022. 发光二极管日积累光照量对辣椒、黄瓜和生菜幼苗生长的影响 [J]. 浙江大学学报 (农业与生命科学版), 48(2): 141-153.

单昕昕, 张仕林, 陈晖, 等, 2021. PEG引发对洋葱种子萌发及幼苗生理指标的影响. 北方农业学报, 49(2): 129-134.

单晓政, 张小丽, 文正华, 等, 2019. 京津冀花椰菜产业现状、发展趋势及对策建议 [J]. 蔬菜 (5): 43-46.

沈荣红, 2010. 大白菜根肿病综合防治技术 [J]. 中国蔬菜 (23): 26-27.

孙治强, 张慧梅, 王吉庆, 等, 1998. 番茄工厂化育苗木糖渣基质与肥料配比研究 [J]. 农业工程学报, 14(3): 177-180.

王宝驹, 2020. 生菜和芹菜高效节本集约化穴盘育苗新技术 [J]. 中国瓜菜, 33(6): 75-76.

王翠翠，陈安琪，董文阳，等，2021. 虫螨腈与Bt混配对小菜蛾的田间防效及虫螨腈在西兰花上的残留消解动态[J]. 农药学学报，23(5): 922-929.

王付勇，杨爱军，2018. 洋葱工厂化穴盘育苗技术[J]. 长江蔬菜(16): 16-17.

王贵斌，马金彩，杨红芬，等，2017. 枯草芽孢杆菌结合3506-2基质使用防治甘蓝根肿病药效试验初报[J]. 农药科学与管理，38(4): 58-62.

王立浩，张宝玺，张正海，等，2021. "十三五"我国辣椒育种研究进展、产业现状及展望[J]. 中国蔬菜(2): 21-29.

王利亚，陈建华，胡超，等，2019. 塑料大棚韭菜越冬穴盘基质育苗技术[J]. 中国瓜菜，32(9): 94-95.

汪润生，2016. 木耳菜高产栽培技术[J]. 中国园艺文摘，32(12): 178-179.

谭杉杉，仇亮，段奥其，等，2022. 次氯酸钠处理种子对芹菜幼苗可溶性糖含量及相关基因表达的影响[J]. 植物生理学报，58(1): 165-172.

谭占明，轩正英，张娟，等，2021. 不同砧木嫁接对黄瓜产量和品质的影响[J]. 分子植物育种，19(2): 679-686.

吴庆丽，贾刚，秦刚，等，2020. 生防菌应用模式对普通白菜根肿病的防治效果[J]. 中国蔬菜(4): 80-83.

谢大森，江彪，刘文睿，等，2020. 优质、抗病冬瓜多样化育种研究进展[J]. 广东农业科学(11): 50-59.

杨凡，蔡毓新，田昭然，等，2020. 黄瓜双断根嫁接工厂化育苗关键技术[J]. 中国蔬菜，33(5): 90-92.

殷武平，袁祖华，彭莹，等，2021. 不同浸种和催芽处理对芹菜种子发芽的影响[J]. 中国瓜菜，34(11): 100-103.

尤亚伟，王玉珍，李霞，2007. GA_3对于芹菜种子休眠打破及TDZ对芹菜分化的影响[J]. 华北农学报，22(增刊1): 61-63.

张凤兰，于拴仓，余阳俊，等，2021. "十三五"我国大白菜遗传育种研究进展[J]. 中国蔬菜(1): 22-32.

张海芳，王艳芳，李超，等，2018. 回干对茄子砧木'托鲁巴姆'种子药剂处理效果的影响[J]. 中国瓜菜(1): 28-31, 37.

张静，杜庆平，汤鹏先，等，2011. 赤霉素对蕹菜芽苗菜生长影响[J]. 北方园艺(22): 33-35.

张圣平, 苗晗, 薄凯亮, 等, 2021. "十三五" 我国黄瓜遗传育种研究进展[J]. 中国蔬菜(4): 16-26.

张紫薇, 李景福, 2017. BR和PEG处理生菜种子对其高温萌发的影响[J]. 基因组学与应用生物学, 36(8): 3125-3132.

张志刚, 尚庆茂, 董春娟, 2014. 结球甘蓝穴盘育苗播后灌溉施肥技术研究[J]. 华北农学报(增刊): 349-352.

赵硕, 赵柯涵, 陈子义, 等, 2019. 蕹菜芽苗菜对LED光强和光质的生长响应[J]. 中国蔬菜(6): 51-57.

Coro M, Araki A, Rattin J, et al., 2014. Lettuce and celery responses to both BAP and PBZ related to the plug cell volume[J]. American Journal of Experimental Agriculture, 4(10): 1103-1119.

Gaion L A , Braz L T , Carvalho R F , 2018. Grafting in vegetable crops: a great technique for agriculture[J]. International Journal of Vegetable Science, 24(1):85-102.

Haghighi M, Silva J A T D, 2014. The effect of $N-TiO_2$ on tomato, onion, and radish seed germination[J]. Journal of Crop Science and Biotechnology, 17(4): 221-227.

Keller E, Steffen K L, 1995. Increased chilling tolerance and altered carbon metabolism in tomato leaves following application of mechanical stress[J]. Physiologia Plantarum, 93: 519-525.

Miyamoto S, 1989. Salt effects on germination, emergence, and seedling mortality of onion[J]. Agronomy Journal, 81: 202-207.

Rahm M, Islam T, Jett L, et al., 2021. Biocontrol agent, biofumigation, and grafting with resistant rootstock suppress soil-borne disease and improve yield of tomato in West Virginia[J]. Crop protection, 145: 105630.

Sato F, Yoshioka H, Fujiwara T. 1999. Effects of storage temperature on carbohydrate content and seedling quality of cabbage plug seedlings[J]. Envrion Control Biol, 37(4): 249-255.

Thomas Björkman, 1999. Dose and timing of brushing to control excessive hypocotyl elongation in cucumber transplants[J]. Hort Technology, 9(2): 224-226.

» 第六章 《
蔬菜集约化育苗常用检测方法

蔬菜集约化育苗，唯有以"数字"定工艺、定质量，才能实现真正意义上的标准化。但是，数字的获取方法，首先必须公认、通用、标准，否则，一切无从谈起。

1 蔬菜种子健康检测

种子健康检测，就是检测种子内外是否带有真菌、细菌、病毒、线虫杂草种子等生物病原体。种子既是种传病害的受体，田间病害主要的初侵染来源，同时又是蔬菜病害跨地区、远距离传播和流行危害的重要载体，确保种子健康，可以最大限度地降低种子病害传播的危害性。蔬菜集约化育苗，密度高，规模大，商品性销售为主，种子健康检测尤为重要。

1.1 抽样

抽样是种子健康检测首要步骤。种子健康检测是对从种子批中抽出的样品检测，重要的是样品要能代表种子批。种子健康检测扦样方法见图6-1。

种子批
同一来源、同一品种、同一年度、同一时期收获和质量基本一致、
在规定数量之内的种子

初次样品
从种子批的一个扦样点所扦取的一小部分种子

混合样品
由种子批内扦取的全部初次样品混合而成

送检样品
送往种子检测机构检验、规定数量的样品

试验样品
在实验室中从送检样品中分出的部分样品，用于测定某一检验项目

图6-1　蔬菜种子健康检测扦样方法
（引自魏梅生等，2014）

1.2　检测方法

（1）直接检测　适用于较大的病原体或种子外表有明显特征的病害，如麦角、线虫瘿、虫瘿、黑穗病孢子、螨类等。必要时，可应用双目显微镜对试样检查，取出病原体或病粒，称量或计算粒数。

（2）吸胀检测　为使种子实体、病症或害虫容易观察到或促进孢子释放，把试样浸入水中或其他液体中，种子吸胀后检查其表面或内部，最好用双目显微镜。

（3）洗涤检测　用于检查附着在种子表面的病菌孢子或颖壳上的病原线虫。分取试样2份，每份5g，分别倒入100mL三角瓶中，加无菌水10mL，置振荡机上振荡，光滑种子振荡5min，粗糙

种子振荡10min。将洗涤液移入离心管内，在1 500 ～ 2 000r/min的速度下离心3 ～ 5min。用吸管吸去上清液，留1mL的沉淀部分，稍加振荡。用干净的细玻璃棒将悬浮液分别滴于5片载玻片上。盖上盖玻片，用400 ～ 500倍的显微镜检查，每片检查10个视野，并计算每视野平均孢子数，据此计算病菌孢子负荷量，利用公式计算每克种子的孢子负荷量。

（4）剖切检测　取试样5 ～ 10g（中粒种子5g，玉米、大粒种子10g）用刀剖开或切开种子的被害或可疑部分，检查害虫。

（5）染色检测

高锰酸钾染色法：取试样15g，除去杂质，倒入铜丝网中，于30℃水中浸泡1min，移入1%高锰酸钾溶液中染色1min。然后用清水洗涤，倒在白色吸水纸上用放大镜观察，挑出粒面上带有直径0.5mm以上斑点的种子，即虫为害籽粒，计算害虫含量。

碘或碘化钾染色法：取试样50g，除去杂质，放入铜丝网中或用纱布包好，浸入1%碘化钾或2%碘酒溶液中1 ～ 1.5min。取出放入0.5%的氢氧化钠溶液中，浸30s。取出用清水洗涤15 ～ 20s，立即检验，如豆粒表面有1 ～ 2mm直径的圆斑点，即为豆象感染粒，计算害虫含量。

比重检验法：取试样100g，除去杂质，倒入食盐饱和溶液中（食盐35.9g溶于1 000mL水中），搅拌10 ～ 15min，静止1 ～ 2min，将悬浮在上层的种子取出，结合剖切检测，计算害虫含量。

软X射线检验：用于检查种子内隐匿的害虫，通过照片或直接从荧光屏上观察。

（6）培养后检测　种子经过一定时间培养后，检查种子内外部和幼苗上是否存在病原菌或危害症状。

吸水纸法：适用于种传真菌病害的检验，尤其是对许多半知菌，有利于分生孢子的形成和致病性真菌在幼苗上的症状显现。

沙床法：适用于某些病原体的检验。去除沙中杂质并通过1mm孔径的筛子，将沙粒清洗，高温烘干消毒后，放入培养皿内加水湿润，种子排列在沙床内，然后密闭保持高湿，培养温度与纸床相同，待幼苗顶到培养皿盖时进行检查（一般7 ～ 10d）。

琼脂皿法：主要用于检查发育较慢的潜伏在种子内部的病原菌，也可用于检查种子外表的病原菌。

除了以上传统方法，目前已开发酶联免疫法和多种分子生物学检测方法，但一般常规检测，通常采用滤纸的吸墨纸法和用市售培养基的培养法来检疫种子中的病原菌，无需特殊的仪器和设备。

国际种子检验协会（International Seed Testing Association，简称ISTA）颁发的《国际种子检验规程》（蔬菜部分），明确提出了每种蔬菜及主要病害检测所需的种子粒数、使用材料、检疫方法程序、评判标准等。

为了确保检测结果的可靠性，在方法中清晰地列出了注意事项，其中包括为避免影响检疫结果的试验材料之间的相互感染，要求对所用的器皿、手套等进行消毒；所用试剂、合成的培养基要有品质管理，必须使用标准的对象病原菌菌株，应聘用熟悉植物病理学管理人员和要求有合适的实验室管理。

1.3　检测结果

检测结果用供检样品感染种子的质量百分率和病原体数目表示。种子健康检测报告，应写明所检测病原的学名、采用的检测方法。由于种子健康检测的结果总是会出现假阳性和假阴性这两类错误，不可能是绝对正确的，因此，阴性的检测结果应标明容许量标准（如：感染水平低于1%的概率为95%），阳性检测结果应标明种子感染的百分率。

2　番茄细菌性溃疡病病原检测（LAMP 法）

本方法引自吉林省地方标准DB 22/T 2812—2017。

番茄细菌性溃疡病是由密执安棒形杆菌密执安亚种（*Clavibacter michiganensis* subsp. *michiganensis*）引起的一种维管束病害，从番茄苗期到收获期均可发病。病原通过种子、种苗及未加工果实的运输远距离传播，通过农事操作和雨水灌溉近距离扩散传播。

环介导等温扩增（loop-mediated isothermal amplification，LAMP），是一种新型的核酸扩增方法，其特点是针对靶基因的6个区域设计4种特异引物，在Bst DNA聚合酶作用下，以特异性引物为延伸起点，在60～65℃恒温条件下通过链置换反应进行的DNA扩增，扩增产物是一系列复杂的大小不等的DNA混合物。

根据番茄细菌性溃疡病病原的特异性基因*tomA*的核苷酸序列（GenBank 登录号为HE861510），设计LAMP内引物、外引物和环引物各一对，特异识别*tomA*基因的6个独立区域。在反应溶液中加入含有靶标核苷酸序列的DNA，在Bst DNA聚合酶的作用下启动链置换反应，生成茎环DNA混合物。扩增反应结束后加入SYBR Green I荧光染料，即可通过产物双链DNA与染料结合后颜色变化，观察判定结果。

SYBR Green I是一种高灵敏度的DNA荧光染料，可以嵌入方式结合到双链DNA的小沟内。当它与双链DNA结合时，荧光信号是游离状态的800～1 000倍。在不发生扩增反应时，SYBR Green I染料分子的荧光信号不发生改变，颜色显现为橙色；当发生扩增反应时，随着双链DNA的增加，SYBR染料的荧光信号也随之大幅度增强，其信号强度可代表双链DNA分子的数量，同时颜色由橙色变成绿色。

2.1 试剂和材料

（1）LAMP引物　包括外引物1、外引物2、内引物1、内引物2、环引物1和环引物2，其核苷酸序列分别为：

——外引物1：5′-CGCTGGGCTTGACCGA-3′

——外引物2：5′-CCCACCGATCGATCCTTCC-3′

——内引物1：5′-TACTCCGGATCGCAGCAGCTAGAGCACGACATGGCGG-3′

——内引物2：5′-CGTGACCTCGATCACGGATGCGTAACG

CTCCATCACAGTGG-3′

——环引物1：5′-GGAGATCAGACCATGGCCCTTTA-3′

——环引物2：5′-GCGGCGATGACAGAGCA-3′

注：引物纯度以HPLC级为宜。

（2）引物混合溶液　配制上述所列引物混合溶液，外引物1、外引物2、内引物1、内引物2、环引物1和环引物2的浓度依次为5μmol/L、5μmol/L、40μmol/L、40μmol/L、5μmol/L和5μmol/L。

（3）Bst DNA聚合酶　浓度为8U/μL。

（4）10×LAMP反应缓冲液　含200mmol/L Tris-HCl（pH8.8）、100mmol/L KCl、100mmol/L(NH$_4$)$_2$SO$_4$、80mmol/L MgSO$_4$、8mmol/L甜菜碱。

（5）dNTPs溶液　由浓度均为10mmol/L的dATP、dCTP、dGTP、dTTP四种脱氧核糖核苷酸溶液等体积混合而成。

（6）显色剂　1 000×SYBR Green I荧光染料。

（7）水　重蒸馏水或符合GB/T 6682规定的二级水。

（8）细菌DNA提取试剂盒。

2.2　仪器设备

离心力12 000×g以上离心机，恒温水浴锅移液器。

2.3　操作方法

（1）取5g样品加10mL灭菌去离子水研磨至细胞匀浆，4 000×g离心，取上清液。

（2）试样DNA提取　按细菌DNA提取试剂盒说明书，提取样品中的细菌DNA。

（3）LAMP反应溶液配制　在200μL反应管内依次加入灭菌去离子水或超纯水13.5μL、试样DNA 2μL、检测引物混合溶液1μL、Bst DNA 聚合酶1μL、10×LAMP反应缓冲液2.5μL、dNTPs溶液5μL，用移液器吸头吹打混匀。在反应管盖内侧中央位置加入2μL显色剂，盖紧管盖。

（4）LAMP反应及条件　将反应管在恒温水浴锅中63℃孵育40min进行反应，然后80℃孵育5min，终止反应。

2.4　结果观察

反应终止后，上下颠倒混匀反应管内液体，通过观察颜色判断试验结果。反应溶液显现绿色为阳性，说明种子携带病原；反应溶液显现橙色为阴性，说明种子不携带病原（图6-2）。

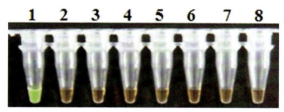

图6-2　LAMP特异性检测结果
1.呈绿色，表示阳性，携带病原　2～8.呈橙色，表示阴性，未携带病原

3　茄果类蔬菜种苗番茄黄化曲叶病毒检测技术规程

本方法引自天津市地方标准DB12/T 1007—2020。

番茄黄化曲叶病毒（*Tomato yellow leaf curl virus*，TYLCV），属于双生病毒科菜豆金色花叶病毒属病毒，因该属病毒在自然条件下只能由烟粉虱以持久方式传播，又被称为粉虱传双生病毒，是一类具有孪生颗粒形态的植物DNA病毒，广泛分布于热带和亚热带地区，在烟草、番茄、南瓜、木薯、棉花等重要经济作物上造成毁灭性危害。

3.1　主要仪器和试剂

3.1.1　仪器

高速离心机、灭菌锅、PCR仪、凝胶成像系统、电泳仪、旋

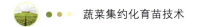

涡振荡器、分析天平（感量1/10 000g）。

3.1.2　试剂

（1）PBS缓冲液

NaCl 8.10g、NaH$_2$PO$_4$ 0.18g、Na$_2$HPO$_4$ 1.97g、蒸馏水1 000mL，pH 7.4。

（2）商用植物DNA提取试剂盒或DNA提取试剂　DNA提取试剂主要有Lysis缓冲液和乙酸钾缓冲液。

（3）裂解缓冲液　100mmol Tris-HCL，pH 8.0；50mmol/L EDTA，pH8.0；1% SDS；10μg/mL RNase A。

（4）乙酸钾缓冲液　乙酸钾缓冲液3.0mol/L，pH5.5。

（5）凝胶电泳试剂　琼脂糖、TAE Buffer、核酸染料GoLdenview。

（6）PCR试剂　Master Mix。

3.2　操作方法

3.2.1　取样

应以种子来源、育苗时间和育苗地点等相同的同一品种的种苗为一个种苗批次，每个种苗批不得大于10 000株。如果该批种苗标记或能明显地看出该批种苗在形态上有异质性的证据时，应拒绝取样。对一批种苗进行抽取样品时，按对角线五点、棋盘式或分层取样，每点取样10～20株，取样应有代表性。

将种苗样品均匀剪取植株茎尖和新叶幼嫩组织，加入石英砂后于低温条件下充分研磨，获得研磨组织物。

3.2.2　DNA的提取

病毒DNA的提取可以采用商用植物DNA提取试剂盒或DNA提取试剂，按照提取步骤和方法进行，或者采用如下标准方法进行。

（1）从研磨组织物中收集20～100mg研磨组织，放置于1.5mL的离心管内（已经加入0.65mL的Lysis缓冲液），搅拌均匀。每个离心管震荡30s，然后离心2min（12 000r/min）。

（2）将0.5mL上清液转入一个新离心管中，加入100μL乙酸钾缓冲液（3.0mol/L，pH5.5）。将离心管反复倒置几次充分混匀后，再离心2min（12 000r/min）。

（3）取0.5mL上清液转入一个新的离心管中（内含0.5mL异丙醇），将管内液体充分振荡后，离心5min（12 000r/min）。去除上清液后加入0.75mL的70%乙醇溶液，振荡后离心30s，去除上清液，此步骤重复3次。最后去除上清液后，获DNA样品，将其置于无菌、通风干燥处30min以上，使样品干燥。再将DNA溶解于10 ～ 200μL ddH₂O中。

3.2.3　PCR检测步骤

对样本进行PCR检测。采用番茄黄化曲叶病毒标准带毒组织DNA为阳性对照，健康组织DNA为阴性对照，用灭菌ddH₂O为空白对照，每样本重复3次。

3.2.4　PCR产物序列分析

对种苗组织DNA进行PCR扩增，目的扩增片段为543bp，可对扩增产物双向测序，与GenBank中TYLCV和GenBank中相关序列进行序列相似性比对分析，以验证样品种苗组织研磨物检测结果的准确性。

3.3　结果判定

扩增后取2μL PCR反应产物在1%的琼脂糖凝胶电泳后，置凝胶成像仪下观察DNA特异性条带。TYLCV病毒扩增的目的片段长度为543bp。该引物只是针对TYLCV的特异区结合，通过PCR反应可扩增出543bp目的片段，而对于其他的模板DNA则不能扩增出相应的片段。由此，可以根据特异543bp片段的有无作为判断是否感染TYLCV的标准。

检验结果为阴性，可报告为未检出番茄黄化曲叶病毒；检验结果为阳性，可报告为检出番茄黄化曲叶病毒。并可进行PCR产物序列分析，对结果进行确认。

3.4 样品保存

茄果类蔬菜种苗样品可以其植株、幼嫩组织或DNA的形式经登记后保存。番茄黄化曲叶病毒的样品应于－80℃保存，保存期为1年。

4 蔬菜种子出苗率测定

有别于发芽率、发芽势测定，出苗率测定与集约化育苗紧密相关，测定结果是种子质量及处理方法、基质配制、前期灌溉施肥和环境管理重要参照，对节约用种用工、提高育苗效益具有重要意义。

4.1 用具

供试种子、穴盘、育苗基质、卷尺等。

视频内容请
扫描二维码

4.2 操作步骤

（1）将待测批次种子混合均匀，随机取种子100粒。

（2）将种子完全晾干后，播种于填装有育苗基质的穴盘孔穴中央，播种深度参照生产需求。试验所用育苗基质应与生产所用育苗基质相同。

（3）用清水喷淋，直至穴盘排水孔有水渗出。

（4）幼苗第1片真叶展开时，记录出苗数和幼苗生长情况，特别是畸形苗如子叶扭曲、残缺，顶部生长点缺失等，并量取株高（表6-1）。

（5）按下列公式计算出苗率和出苗整齐度。

$$出苗率（\%）= \frac{出苗数（株）}{100} \times 100$$

$$出苗整齐度 = \frac{幼苗平均株高（cm）}{幼苗株高标准差}$$

（6）每批次种子重复3次，3次重复出苗率的平均值代表种子出苗率。3次重复间允许有5%以内的差异。若重复间差异大于5%，视本次出苗率试验无效，应重新试验。

表6-1　蔬菜出苗率试验记录表

重复	供试种子数（粒）	出苗数（株）	出苗整齐度	畸形苗数（株）	记录时间（日／月／年）
Ⅰ	100				
Ⅱ	100				
Ⅲ	100				

5　蔬菜育苗基质相对含水量测定

装盘时基质初始相对含水量直接影响到穴盘中基质的通气孔隙度。目前，多数育苗人员控制基质初始相对含水量40%～60%，且部分育苗人员仅凭感觉判定基质相对含水量。基质初始相对含水量的差异，引起基质通气孔隙度的变化（表6-2），进而导致幼苗早期生长发育不一致。育苗人员应尽量保持各育苗批次间所用基质初始相对含水量的一致性或稳定性。因此，在基质装盘前，测定基质相对含水量，并使其达到适宜的范围，对集约化育苗非常重要。

5.1　基质相对含水量的定义

即基质中水分重量占基质总重量的百分率（%）。公式表示为：

$$基质相对含水量（\%）= \frac{IW - DW}{IW} \times 100$$

式中：IW为已知体积基质的原初重量，单位为g；DW为相同体积的基质烘干后的重量，单位为g。

5.2　测定步骤

（1）取容积一致的3个铝盒，分别标识并称取重量（g）。

（2）从待测基质选取3份有代表性的样品，装入铝盒，装入量为铝盒容积的50%左右为宜。称取铝盒和基质的重量（g）。

（3）将盛有基质的铝盒放入105℃的烘箱中24h，再次称取铝盒和烘干基质的重量（g）。

（4）分别计算3个铝盒所装基质的相对含水量，最后平均获得最终的基质相对含水量（%）。

5.3 其他

对于多数穴盘育苗人员，基质初始相对含水量50%～70%是适宜的。基质初始相对含水量小于50%，基质通气孔隙度过小，影响穴盘苗生长发育；基质初始相对含水量大于70%，不便装盘，也增加劳动强度。

表6-2旨为帮助育苗人员预先评估基质加水量。譬如，育苗人员使用干的草炭、蛭石（或珍珠岩）混合基质，每立方米混合基质中加入100L水，即可使基质相对含水量达到50%。如果是湿的基质，则需要先测定相对含水量，然后再参照表6-3添加相应的水量。假如经测定基质相对含水量是20%，则加入75L水，即可使基质相对含水量达到50%。

基质加入水分后，至少应保持1～2h，使水分完全渗入基质，然后装盘。最好做到基质加入水分后放置过夜，使水分充分平衡。

表6-2　草炭、蛭石或草炭、珍珠岩混配基质水分容积随基质
相对含水量的变化（基质容重0.1g/cm³）

基质相对含水量（%）	水分占比（L/m³）
10	12
20	30
33	60
50	120
60	180
67	240
72	300
75	360

表6-3　每立方米干基质达到某一相对含水量所需的水分添加量

基质目标相对含水量（%）	水分添加量（L）
10	11.1
15	17.6
20	25.0
25	33.3
30	42.8
35	53.8
40	66.7
45	81.8
50	100.0
55	122.2
60	150.0
65	185.7
70	233.3
75	300.0
80	400.0

注：基质为草炭、蛭石或草炭、珍珠岩混合基质，基质容重为0.1g/cm³。

6　蔬菜育苗基质容重测定

采用环刀法进行测定。

6.1　主要用具

环刀、分析天平（感量0.01g）。

6.2　操作方法

新鲜基质样品均匀装入套有环套的环刀［已知环刀的体积（V）和质量（m）］中，装满，用重量65g的小圆盘轻放在基质上，3min后取走小圆盘，再去除环套，削平多余基质。此时应保持基质样品与环刀口相平，称重（M）。重复3～4次。测定新鲜基质含水量（W）。计算含水量时，以水分重除以新鲜基质重，再乘100。

6.3 结果计算

$$基质容重（\gamma）= \frac{(M - m) \times (1 - W)}{V \times 100}$$

式中：γ 为基质容重（g/cm³）；M 为环刀装满基质后的重量（g）；m 为环刀的重量（g）；W 为基质的含水量（%）；V 为环刀的体积（cm³）。

计算结果保留3位有效数字。

7 蔬菜育苗基质孔隙度、pH和EC值一体化测定方法

7.1 仪器设备

环刀（容积为100cm³）、量筒、烧杯（250mL 3个，50mL 3个）、玻璃棒、pH计、电导仪、漏斗、滤纸、移液管、容量瓶、三角瓶、天平（1/100、1/10 000）。

7.2 试剂

无 CO_2 蒸馏水：将蒸馏水置于烧杯中，加热煮沸3~5min，冷却后放在磨口玻璃瓶中备用。

pH标准缓冲溶液：

（1）pH4.00标准缓冲溶液（25℃） 称取10.12g邻苯二甲酸氢钾（$KHC_8H_4O_4$）（105℃烘干2~3h后准确称取），加入无 CO_2 蒸馏水，完全溶解后，定容至1 000mL。

（2）pH6.86标准缓冲溶液（25℃） 分别称取烘干（105℃，2~3h）的磷酸二氢钾（KH_2PO_4）3.39g、无水磷酸氢二钠（Na_2HPO_4）3.53g，加入无 CO_2 蒸馏水，完全溶解后，定容至1 000mL。

（3）pH9.18标准缓冲溶液（25℃）　称取四硼酸钠（$Na_2B_4O_7 \cdot 10H_2O$）3.80g，加入无CO_2蒸馏水，完全溶解后，定容至1 000mL。

三种标准缓冲溶液在不同温度下的标准pH值见表6-4。

表6-4　三种标准缓冲溶液在不同温度下的标准pH值

温度（℃）	不同标准缓冲溶液的pH值		
	邻苯二甲酸氢钾	混合磷酸盐	四硼酸钠
5	4.01	6.95	9.39
10	4.00	6.92	9.33
15	4.00	6.90	9.27
20	4.01	6.88	9.22
25	4.01	6.86	9.18
30	4.02	6.85	9.14
35	4.03	6.84	9.12
40	4.04	6.84	9.00

0.01mol/L KCl标准溶液：准确称量KCl（105℃烘干30min）0.745 6g，溶于1 000mL无CO_2蒸馏水中。

7.3　测定方法

7.3.1　基质孔隙度测定

（1）填装基质　将环刀底部用不带孔的盖子盖紧，从上部装入风干基质，然后盖上带孔的盖子，称重（W_1，g）。基质紧实度尽量与育苗时相同。重复3～4次。

（2）浸泡　带孔的盖子朝上，将环刀放入水中浸泡24h，取出后擦掉环刀表面的水，立即称重（W_2，g）。加水浸泡时要让水位略淹没过环刀顶部。

（3）收集滤液　将环刀倒置在铺有滤纸的漏斗上，静置3h，用干净烧杯收集从基质中自由排出的水分，直至没有水分渗出为止，称取环刀、基质及其中持有水的总重（W_3，g）。

（4）基质孔隙度计算

总孔隙度TP（%）＝（$W_2 - W_1$）/$W_2 \times 100$

通气孔隙度AP（%）＝（$W_2 - W_3$）/$W_2 \times 100$

持水孔隙度WHP（%）＝$TP - AP$

7.3.2　基质pH测定

（1）pH计校准　开机预热10min，将电极用蒸馏水清洗干净，放入一种pH标准缓冲溶液中进行校准（以接近待测液pH值的缓冲溶液为好），使该标准缓冲溶液的pH值与仪器标度上的pH值相一致，然后移出电极，用蒸馏水冲洗、滤纸吸干后，插入另一标准缓冲溶液中，检查仪器的读数。最后移出电极，用蒸馏水冲洗、滤纸吸干后待用。

（2）pH测定　取孔隙度测定中收集的部分滤液，插入电极并轻微摇动电极，使其与浸提液更好地接触，待读数稳定后记录浸提液的pH值。反复3次，用平均值作为测量结果。

7.3.3　基质EC值测定

开机预热30min，使用0.01mol/L KCl标准溶液进行校准。

用蒸馏水冲洗电极并将电极浸入KCl标准溶液中，控制溶液温度恒定为（25.0±0.1）℃、（20.0±0.1）℃、（18.0±0.1）℃和（15.0±0.1）℃，使电导率读数达到不同温度下的相应值（表6-5）。

表6-5　不同温度下0.01mol/L KCl溶液电导率值

温度（℃）	15	18	20	25
电导率（mS/cm）	1.141	1.220	1.274	1.408

取孔隙度测定中收集的部分滤液，把电导仪电极浸泡于滤液中，轻轻摇动电极使之与滤液充分接触，待读数稳定后记录滤液的EC值。反复3次，用平均值作为测量结果。

8　蔬菜育苗用水碱度测定

水的碱度是指水中能够接受[H$^+$]离子、与强酸进行中和反应的物质含量。水中产生碱度的物质主要由碳酸盐产生的碳酸盐碱度和碳酸氢盐产生的碳酸氢盐碱度，以及由氢氧化物存在而产生的氢氧化物碱度。所以，碱度的形成主要是由于碳酸氢盐、碳酸盐以及氢氧化物和其他一些弱酸盐类的存在所引起。这些盐类的水溶液都呈碱性，可以用酸来中和。

一般采用连续滴定法测定水中碱度。首先以酚酞作指示剂，用HCl标准溶液滴定至终点时溶液由红色变为无色，HCl用量为 P（mL）；接着以甲基橙为指示剂继续用同浓度HCl溶液滴定至溶液由橘黄色变为橘红色，HCl用量为 M（mL）。如果 $P > M$，则有 OH$^-$ 和CO$_3^{2-}$ 碱度；$P < M$，有CO$_3^{2-}$ 和HCO$_3^-$ 碱度；$P = M$ 时，则只有CO$_3^{2-}$ 碱度；如 $P > 0$，$M = 0$，则只有 OH$^-$ 碱度；$P = 0$，$M > 0$ 则只有HCO$_3^-$ 碱度。根据HCl标准溶液的浓度和用量（P 与 M），求出水中的碱度。

通过对蔬菜育苗用水中碱度测定，评定蔬菜育苗用水水质，以及对其水质进行改善，得到适宜的蔬菜育苗用水。

8.1　主要用品

20mL酸式滴定管、250mL锥形瓶、250mL移液管、无CO$_2$蒸馏水、已知浓度HCl溶液、用90%乙醇溶液配制的0.01%酚酞指示剂、0.1%甲基橙水溶液指示剂。

将蒸馏水或去离子水煮沸15min，冷却至室温，pH值应大于6.0，电导率小于2μS/cm。无CO$_2$蒸馏水应储存在带有碱石灰管的橡皮塞盖严的瓶中。所有试剂溶液均用无CO$_2$蒸馏水配制。

8.2　操作步骤

（1）用移液管吸取3份水样和无CO$_2$蒸馏水各50mL，分别置入250mL锥形瓶中，加入4滴酚酞指示剂，摇匀。

（2）若溶液呈红色，用已知浓度HCl溶液滴定至刚好无色（可与无CO_2蒸馏水的锥形瓶比较），记录用量（P）。若加酚酞指示剂后溶液无色，则不需用HCl溶液滴定。

（3）再于每瓶中加入甲基橙指示剂3滴，混匀。

（4）若水样为橘黄色，继续用已知浓度HCl溶液滴定至刚刚变为橘红色为止（与无CO_2蒸馏水中颜色比较），记录用量（M）。如果加甲基橙指示剂后溶液为橘红色，则无需用HCl溶液滴定。

8.3　结果计算

$$总碱度（CaO计，mg/L）= \frac{C（P+M）\times 28.04}{V} \times 1\ 000$$

$$总碱度（CaCO_3计，mg/L）= \frac{C（P+M）\times 50.05}{V} \times 1\ 000$$

式中：C表示HCl标准溶液的浓度，单位为mol/L；P表示酚酞为指示剂滴定终点时消耗HCl标准溶液的量，单位为mL；M表示甲基橙为指示剂滴定终点时消耗HCl标准溶液的量，单位为mL；V表示水样体积，单位为mL；28.04表示氧化钙的摩尔质量（$1/2CaO$，g/mol），50.05表示碳酸钙的摩尔质量（$1/2CaCO_3$，g/mol）。

9　蔬菜育苗用水硬度测定

水的硬度主要指Ca^{2+}、Mg^{2+}的含量。硬度低于3mmol/L的水称为较软的水，硬度3～6mmol/L的水称为普通水，硬度6～8mmol/L的水称为较硬的水，硬度在10mmol/L以上的水称为高硬度的水。泉水、深井水硬度较高，雨水、河水、池塘水硬度较低。

在pH＝10的NH_3-NH_4Cl缓冲溶液中，铬黑T（指示剂）与水中Ca^{2+}、Mg^{2+}形成紫红色络合物，然后用EDTA标准溶液滴定至终点，置换出铬黑T使溶液呈现亮蓝色。根据EDTA标准溶液的浓度和用量便可求出水样中的总硬度。如果在pH>12时，Mg^{2+}以Mg（OH）$_2$沉淀形式被掩蔽，加钙指示剂，用EDTA标准溶液滴定至溶液由红色变为蓝色，即为终点。根据EDTA标准溶液的浓度和用量求出水样中Ca^{2+}的含量。

科学评定蔬菜育苗用水硬度，可为改善水质和苗期管理提供参考。

9.1　主要用品

50mL滴定管。

10mmol/L EDTA标准溶液：称取3.725g EDTA钠盐（Na$_2$-EDTA·2H$_2$O），溶于水后倒入1 000mL容量瓶中，并定容至刻度。

铬黑T指示剂：称取0.5g铬黑T与100g氯化钠（NaCl），充分研细混匀，盛放在棕色瓶中，塞紧。

pH=10缓冲溶液：称取16.9g NH$_4$Cl溶于143mL浓氨水中，加Mg-EDTA盐全部溶液，用水稀释至250mL。

2mol/L NaOH溶液：将8g NaOH溶于100 mL新煮沸放冷的水中，盛放在聚乙烯瓶中。

9.2　操作步骤

9.2.1　总硬度的测定

（1）吸取50mL水样3份，分别放入250mL锥形瓶中。

（2）加5mL缓冲溶液。

（3）加0.2g（约1小勺）铬黑T指示剂，溶液呈明显的紫红色。

（4）立即用10mmol/L EDTA标准溶液滴定至蓝色，滴定时充分摇动，使反应完全，记录用量 $[V_{EDTA (1)}]$。由下式计算：

$$总硬度（Ca^{2+}计，mmol/L）=\frac{C_{EDTA}\times V_{EDTA (1)}}{V_0}$$

总硬度（以CaCO$_3$计，mg/L）=总硬度（Ca^{2+}计，mmol/L）×100.1

式中：C_{EDTA}表示EDTA标准溶液的浓度，单位为mmol/L；$V_{EDTA(1)}$表示用EDTA标准溶液滴定消耗的量，单位为mL；V_0表示水样的体积，单位为mL；100.1表示碳酸钙的摩尔质量（CaCO$_3$，g/mol）。

9.2.2　钙硬度的测定

（1）吸取50mL自来水水样3份，分别放入锥形瓶中。

（2）加5mL缓冲溶液。

（3）加0.2g（约1小勺）铬黑T指示剂，溶液呈明显的紫红色。

（4）加1mL 2mol/L NaOH溶液（使水样pH达到12～13），加0.2g（约1小勺）钙指示剂（水样呈明显的紫红色），立即用EDTA标准溶液滴定至蓝色，记录用量［$V_{EDTA(2)}$］。由下式计算：

$$总硬度（Ca^{2+}计，mg/L）= \frac{C_{EDTA} \times V_{EDTA\,(2)}}{V_0} \times 40.08$$

式中：$V_{EDTA(2)}$ 表示EDTA标准溶液滴定消耗的体积（mL），40.08表示钙的摩尔质量（Ca，g/mol）。

9.3　结果记录

表6-6为灌溉用水硬度测定记录表。

表6-6　灌溉用水硬度测定记录表

水样编号	1	2	3
$V_{EDTA\,(1)}$（mL）			
平均值			
总硬度（mmol/L）（CaCO$_3$计，mg/L）			
$V_{EDTA(2)}$（mL）			
平均值			
钙硬度（Ca^{2+}，mg/L）			

10   蔬菜穴盘苗根系成坨性观测方法

观测蔬菜穴盘苗成苗根系成坨性，以筛选出适于定植特别是适于机械化定植的穴盘苗根系成坨性调控技术。

10.1   主要用品

量筒、照相机、塑料膜。

10.2   操作步骤

（1）按照正常温、光、水、肥等管理方法，培育蔬菜穴盘苗至成苗标准。

（2）测定前24h穴盘苗灌水至饱和持水量。

（3）目视法观察根坨表面根系分布，包括根系分布密度、粗根系占比、根坨紧实性等。

（4）对整株幼苗和根坨拍照，留存。

（5）选择洁净场地，并铺干净塑料膜，塑料膜长、宽≥100mm。

（6）用大拇指、食指从穴盘中轻轻捏取幼苗，保持根坨向下，并平移至塑料膜上方，松手使幼苗从70cm高度垂直自由落体。

（7）拍摄根坨在塑料膜上散落状，留存。

（8）收集与根坨分离、散落状分布的基质，置于量筒中，轻轻蹾三下，尽可能使紧实度与在穴盘中相同，记录散落基质体积（V_2）。

（9）计算散坨率（％）

$$散坨率（\psi，\%）= \frac{V_2}{V} \times 100$$

式中：ψ表示散落率，单位为％；V_2表示散落基质体积，单位为mL；V表示供试穴盘孔穴容积，单位为mL。

（10）每个穴盘随机取10株，分别计算散坨率，求平均数，获得该穴盘幼苗的散坨率。

图6-3示紧实的穴盘苗根坨。

图6-3　紧实的穴盘苗根坨
（由左至右依次是番茄、西瓜、大葱、黄瓜穴盘苗）